高等学校小学教育专业教材

高 等 代 数

主编 唐忠明 戴桂生

南京大学出版社

图书在版编目(CIP)数据

高等代数 / 唐忠明,戴桂生编.—南京:南京大学出版社,2000.1(2021.7 重印)

ISBN 978-7-305-03479-4

Ⅰ.高… Ⅱ.①唐…②戴… Ⅲ.高等代数—高等学校—教材 Ⅳ.015

中国版本图书馆 CIP 数据核字(1999)第 57963 号

丛 书 名 高等学校小学教育专业教材
书　　名 高等代数
主　　编 唐忠明　戴桂生
责任编辑 秦　涛
装帧设计 赵　庆
责任校对 任玉清
出版发行 南京大学出版社
(南京市汉口路 22 号　南京大学校内　邮编 210093)
印　　刷 南京人民印刷厂
经　　销 全国各地新华书店
开　　本 850×1168　1/32　印张 6.25　字数 160 千
2021 年 7 月第 1 版第 16 次印刷
印　　数 38001—41500
定　　价 20.00 元

ISBN 978-7-305-03479-4

高等学校小学教育专业教材

编写委员会名单

前　言

培养具有较高学历的小学教师是江苏省社会主义现代化建设和基础教育事业发展的迫切需要，也是我国师范教育改革发展的必然趋势。1984 年，江苏省南通师范学校在全国率先进行培养专科程度小学教师的五年制师范教育试验；1998 年，通过联合办学形式，组建南京师范大学晓庄学院，在全国率先进行培养本科程度小学教师的试验，使江苏省较早启动了以高学历、高素质为基本特征的“跨世纪园丁工程”。10 多年来，试验院校为基础教育输送了一大批新型小学教师，提升了小学教师的学历结构，提高了小学教育教学质量，受到了教育行政部门和用人单位的普遍欢迎。但自试验以来，江苏省乃至全国还没有一套专为培养本专科程度小学教师而编写的小学教育专业教材，这不能不说是一种缺憾。

1997 年 6 月，江苏省教委根据原国家教委师范教育司《大学专科程度小学教师培养课程方案(试行)》的基本精神，组织制订并印发了《江苏省五年制师范课程与学习手册》，对培养专科程度小学教师的目标、规格、课程体系作了明确规定，对各专业所开设课程的目标、内容和要求作了具体说明。1999 年 6 月，又对《江苏省五年制师范课程与学习手册》中小学教育专业课程方案进行了修订，正式颁布了《江苏省五年制师范小学教育专业课程方案(试行)》(以下简称《方案》)，标志着江苏省培养专科程度小学教师的五年制师范教学内容和课程体系的确立。“九五”期间，原国家教委师范司组织成立了“面向 21 世纪本专科学历小学教师专业建设”

课题组，江苏省教委和南京师范大学承担了其中一系列的子课题研究任务，编写教材纳入了课题组的预期研究成果，这为教材建设提供了理论和实践上的准备。为了着力解决培养本专科程度小学教师学校教材紧缺的燃眉之急，进一步规范和完善教学管理，切实保证教学质量，江苏省教委组织编写了这套高等学校小学教育专业教材。

这套教材以全面贯彻党的教育方针，全面提高教育质量为宗旨，以教育要“面向现代化、面向世界、面向未来”为指针，以《方案》为依据，体现素质教育思想和改革创新精神，体现大学文化程度和为小学教育服务的内在要求，遵循小学教师成长的规律和学科教学特点，加强通识教育，注重文理渗透，强化职业能力培养，合理安排教材结构，科学构建教材体系。在教材编写过程中，充分汲取了省内外试验院校的教学经验，并注意借鉴国际师范教育教学改革的先进成果，在确保科学性的前提下，进一步突出教材内容的时代性、针对性和系统性，坚持师范性和学术性统一，基础性和发展性并重，使教材体系更加符合培养面向21世纪本专科学历小学教师的需要。

全套教材按照“整体规划、分步实施、逐步到位”的教材建设目标进行编写。第一批主要编写《方案》中规定的学科专业必修课、教育专业必修课和部分选修课的教材，共计38本。

学科专业课教材有：《文学理论》、《中国古代文学》、《中国现当代文学》、《外国文学》、《汉语》、《写作》、《普通逻辑概要》、《儿童文学》、《人文社会科学基础》、《高等代数》、《数学分析》、《空间解析几何》、《概率与统计》、《算术基本理论与数论初步》、《微机辅助教学软件设计》、《普通物理》、《现代科技概论》等17本。

教育专业课教材有：《教育基本原理》、《教育技术教程》、《教育技艺原理与训练》、《教育科研方法》、《儿童心理学》、《班队管理》、《小学语文教材概说》、《小学数学教材概说》、《小学语文教学概论》、《小学数学教学概论》等10本。

选修课(必选)教材有:《大学语文》、《高等数学》、《中国文化概说》、《教育思想史》、《素质教育论》、《教育现代化》、《家庭社区教育》、《教育伦理学》、《现代教育思潮》、《小学教育个案研究》、《小学教育比较研究》等11本。

本套教材由国内学养深厚的知名专家学者担任主编,一大批具有丰富教学经验和较高学术水平的学科带头人集体参与编写,确保了教材质量。

本套教材适用于培养大学本、专科学历小学教师的全日制学校,也可以作为在职小学教师本专科学历进修、继续教育和自学考试的指定教学用书。

培养本专科学历小学教师是一项面向未来的探索.小学教育专业建设尤其是教材建设尚处在起步阶段。由于缺乏经验,加上编写时间仓促,难免存在一些不足之处,各地在具体使用过程中有什么问题或建议,请及时与江苏省教委师范教育处联系,以便修订完善。

高等学校小学教育专业
教材编写委员会
1999年8月

目　录

第1章　线性方程组的消元解法 ………… 1

§1　数域 ………… 1

§2　线性方程组 ………… 2

§3　线性方程组的消元解法 ………… 10

第2章　一元多项式 ………… 17

§1　一元多项式的定义及运算 ………… 17

§2　整除性 ………… 20

§3　最大公因式 ………… 24

§4　因式分解 ………… 28

§5　多项式的根 ………… 32

§6　复数域和实数域上的多项式 ………… 33

§7　有理根 ………… 35

第3章　行列式 ………… 38

§1　引言 ………… 38

§2　行列式的定义 ………… 40

§3　行列式的性质 ………… 43

§4　行列式的按行(列)展开 ………… 55

*§5　行列式的完全展开 ………… 61

§6　克莱姆法则 ………… 63

第4章　矩阵 ………… 67

§1　矩阵的运算 ………… 67

§2　逆矩阵 ………… 75

§3　初等矩阵 ………… 79

*§4　分块矩阵 ………… 85

*§5　复数的矩阵模型 ………… 88

第5章　向量空间和线性变换 …… 90
§1　n维向量 …… 90
§2　向量空间 …… 93
§3　线性组合 …… 97
§4　线性相关性 …… 103
§5　基　维数 …… 109
§6　矩阵的秩 …… 114
§7　坐标 …… 120
§8　线性变换 …… 123
第6章　线性方程组的解的结构 …… 128
§1　同解定理的证明和有解的判定 …… 128
§2　齐次线性方程组的解的结构 …… 129
§3　非齐次线性方程组的解的结构 …… 134
第7章　矩阵的对角化 …… 138
§1　矩阵的相似 …… 138
§2　特征值和特征向量 …… 139
§3　可对角化 …… 144
第8章　欧几里得空间 …… 150
§1　定义及性质 …… 150
§2　正交基与正交子空间 …… 155
§3　正交矩阵与正交变换 …… 160
*第9章　二次型 …… 164
§1　二次型 …… 164
§2　标准形 …… 169
§3　复数域上的二次型的规范形 …… 174
§4　实数域上的二次型的规范形 …… 175
§5　正定二次型 …… 179
§6　实对称矩阵的对角化 …… 183
§7　定理9.12的证明 …… 186

第1章　线性方程组的消元解法

讨论数学问题，必须明确数的范围，也就是说要给定一个数集．范围太狭窄，会引起很多麻烦．怎样的范围比较合适？我们引进数域的概念．矩阵是线性代数的重要工具．我们介绍矩阵和矩阵的初等变换．讨论解线性方程组的计算方法．

§1　数　　域

我们过去熟悉的数集有自然数集 **N**，整数集 **Z**，有理数集 **Q**，实数集 **R**，复数集 **C**.

同一个问题，在不同的数集中，会有不同的答案．小学低年级学生说 2 不能除 3，意思是在 **N** 中，$2x=3$ 无解，也就是说 2 除 3 的结果不在 **N** 中．但是，在 **Q** 中，$2x=3$ 有唯一解，也就是说 2 除 3 的结果在 **Q** 中.

在给定的数集中，我们常关心两个数的运算结果是否仍然在这个数集中．任何两个 **Q** 中的数加、减、乘、除（除数不为零）的结果都在 **Q** 中．**R**，**C** 也有这个性质．但是在 **Z** 中，设 $a, b\in \mathbf{Z}$，$\frac{a}{b}$不一定在 **Z** 中．我们把 **Q**，**R**，**C** 的共同点抽象出来，得到数域的定义.

定义 1.1　设 F 是复数集 **C** 的一个子集．如果它满足：

1）$0, 1\in F$；

2）任何两个 F 中的数加、减、乘、除（除数不为零）的结果都在 F 中；那么我们称 F 为一个**数域**.

条件 2）也称为对加、减、乘、除封闭.

Q, **R**, **C** 是数域. **N**, **Z** 不是数域.

定理 1.1 任何数域包含有理数域 **Q**.

证明 设 F 是一个数域. 因为 $0, 1\in F$,设 $n\in \mathbf{N}$, $n=1+1+\cdots+1$(n 个 1 相加),故 $n\in F$. $-n=0-n\in F$. 设 $m, n\in \mathbf{Z}$(m 不为零),$\dfrac{n}{m}\in F$. 故 F 包含 **Q**. □

以后,我们总是固定一个数域 F,所有的数都取自于 F,除非另加声明.

习题 1.1

1. 证明两个数域之交是一个数域.

2*. 证明: $F=\{a+b\mathrm{i}\mid a, b\in \mathbf{Q}\}$(i 是虚数单位)是一个数域.

§2 线性方程组

2.1 线性方程组

我们已经熟悉二元一次方程组,三元一次方程组. 一般地

$$\begin{cases}a_{11}x_1+a_{12}x_2+\cdots+a_{1n}x_n=b_1,\\ a_{21}x_1+a_{22}x_2+\cdots+a_{2n}x_n=b_2,\\ \quad\vdots\\ a_{s1}x_1+a_{s2}x_2+\cdots+a_{sn}x_n=b_s.\end{cases}\tag{1.1}$$

称为一个(n 元)线性方程组. 其中 $x_1, x_2, \cdots, x_n$ 代表 n 个未知量. s 是方程的个数. $a_{ij}(i=1, 2, \cdots, s, j=1, 2, \cdots, n)$称为方程组的系数,其中第一个足标 i 表示它在第 i 个方程,第二个足标 j 表示它是 x_j 的系数. $b_i(i=1, 2, \cdots, s)$称为常数项.

设 $k_1, k_2, \cdots, k_n$ 是 n 个数,如果 $x_1, x_2, \cdots, x_n$ 分别用 $k_1, k_2, \cdots, k_n$ 代入后,(1.1)中每一个式子都变成恒等式,则称

$(k_1, k_2, \cdots, k_n)$是(1.1)的一个解.(1.1)的解是一个由 n 个数组成的有序数组.(1.1)的解的集合称为(1.1)的解集合.解集合是空集则称无解.解线性方程组就是找出解集合.两个线性方程组有相同的解集合,就称它们是同解的.

2.2 矩阵的定义

回忆二元一次方程组的加减消元法:

例 1

$$\begin{cases} x_1-2x_2=-7, \\ 2x_1+3x_2=21. \end{cases}$$

解 第一个方程乘以(-2)加到第二个方程,得

$$\begin{cases} x_1-2x_2=-7, \\ 7x_2=35, \end{cases}$$

第二个方程乘以 7^{-1},得

$$\begin{cases} x_1-2x_2=-7, \\ x_2=5, \end{cases}$$

第二个方程乘以 2 加到第一个方程,得

$$\begin{cases} x_1=3, \\ x_2=5. \end{cases}$$

书写上述过程时,我们可以略去"x_1","x_2","$=$",而保留它们的位置(消失的项写零),写成

$$\begin{bmatrix} 1 & -2 & -7 \\ 2 & 3 & 21 \end{bmatrix} \longrightarrow \begin{bmatrix} 1 & -2 & -7 \\ 0 & 7 & 35 \end{bmatrix} \longrightarrow$$

$$\begin{bmatrix} 1 & -2 & -7 \\ 0 & 1 & 5 \end{bmatrix} \longrightarrow \begin{bmatrix} 1 & 0 & 3 \\ 0 & 1 & 5 \end{bmatrix}.$$

我们给这种对象一个名字.

定义 1.2 设 s, n 是正整数,由 $s\times n$ 个数排成 s 行(横的),n 列(纵的)的表

$$
\begin{bmatrix}
a_{11} & a_{12} & \cdots & a_{1n} \\
a_{21} & a_{22} & \cdots & a_{2n} \\
\vdots & \vdots & & \vdots \\
a_{s1} & a_{s2} & \cdots & a_{sn}
\end{bmatrix} \tag{1.2}
$$

称为一个 $s\times n$ **矩阵**.

矩阵中的数叫矩阵的**元素**. 常用大写拉丁字母 $\boldsymbol{A}, \boldsymbol{B}, \boldsymbol{C}$ 等表示一个矩阵. 有时为了表达矩阵的形状是 $s\times n$ 的,我们写 $\boldsymbol{A}_{s\times n}$,也可写$(a_{ij})_{s\times n}$,它的第 i 行的第 j 列的元素是 a_{ij}.

2.3 术语

定义 1.3 两个矩阵 $\boldsymbol{A}, \boldsymbol{B}$,如果 $\boldsymbol{A}$ 的行数等于 $\boldsymbol{B}$ 的行数,$\boldsymbol{A}$ 的列数等于 $\boldsymbol{B}$ 的列数(也称形状相同),$\boldsymbol{A}$ 的每一个元素与 $\boldsymbol{B}$ 的相应位置的元素都相等,我们就称 $\boldsymbol{A}$ 与 $\boldsymbol{B}$ 相等,记为 $\boldsymbol{A}=\boldsymbol{B}$.

1×1 矩阵(a)可以粗糙地等同于一个数,在不致引起混淆的时候,也写成 a. $s\times 1$ 矩阵,有时也用小写希腊字母 α, β 等表示.

$n\times n$ 矩阵叫方矩阵. n 称为它的阶. 方矩阵的从左上角到右下角的对角线称为**主对角线**. 主对角线以下(上)的元素都是零的方矩阵称为上(下)三角的矩阵. 主对角线元素都是 1,其余都是零的 $n\times n$ 矩阵,叫(n 阶)**单位矩阵**,记为 $\boldsymbol{E}_n$(或简记为 $\boldsymbol{E}$)

$$
\boldsymbol{E}_n=\begin{bmatrix}
1 & 0 & \cdots & 0 & 0 \\
0 & 1 & \cdots & 0 & 0 \\
\vdots & \vdots & & \vdots & \vdots \\
0 & 0 & \cdots & 1 & 0 \\
0 & 0 & \cdots & 0 & 1
\end{bmatrix}, \quad \text{而 } \boldsymbol{E}_4=\begin{bmatrix}
1 & 0 & 0 & 0 \\
0 & 1 & 0 & 0 \\
0 & 0 & 1 & 0 \\
0 & 0 & 0 & 1
\end{bmatrix}.
$$

元素都是零的 $s\times n$ 矩阵,称为**零矩阵**,记为 $\boldsymbol{O}_{s\times n}$(或 $\boldsymbol{O}$). $(-a_{ij})_{s\times n}$称为 $\boldsymbol{A}=(a_{ij})_{s\times n}$的**负矩阵**,记为$-\boldsymbol{A}$.

定义 1.4 把矩阵(1.2)的行列互换所成的矩阵

$$\begin{bmatrix} a_{11} & a_{21} & \cdots & a_{s1} \\ a_{12} & a_{22} & \cdots & a_{s2} \\ \vdots & & & \vdots \\ a_{1n} & a_{2n} & \cdots & a_{sn} \end{bmatrix}$$

称为原矩阵的**转置**. 矩阵 A 的转置记为 A^{T}.

如果 $\boldsymbol{A}^{\mathrm{T}}=\boldsymbol{A}$,则称 $\boldsymbol{A}$ 是对称的. 如果 $\boldsymbol{A}^{\mathrm{T}}=-\boldsymbol{A}$,则称 $\boldsymbol{A}$ 是反对称的(它们必是方矩阵).

在 $s\times n$ 矩阵 $\boldsymbol{A}$ 的相邻的某两行之间画一条横线,相邻的某两列之间画一条竖线,$\boldsymbol{A}$ 就分成 4 块,每一块都构成了一个小矩阵,分别是 $\boldsymbol{A}_1$, $\boldsymbol{A}_2$, $\boldsymbol{A}_3$, $\boldsymbol{A}_4$,则 $\boldsymbol{A}$ 表示成

$$\begin{bmatrix} \boldsymbol{A}_1 & \boldsymbol{A}_2 \\ \boldsymbol{A}_3 & \boldsymbol{A}_4 \end{bmatrix}.$$

仅在相邻的某两列间画一条竖线,$\boldsymbol{A}$ 表示成$(\boldsymbol{A}_1 \mid \boldsymbol{A}_2)$. 在每两列之间画竖线,$\boldsymbol{A}$ 表示成$(\alpha_1 \mid \alpha_2 \mid \cdots \mid \alpha_n)$,(有时也记为$(\alpha_1, \alpha_2, \cdots, \alpha_n)$),$\alpha_j$ 就是 A 的第 j 列(组成的 $s\times 1$ 矩阵). 这些写法有时比较简明.

(1.2)称作线性方程组(1.1)的系数矩阵,而

$$\left[\begin{array}{cccc:c} a_{11} & a_{12} & \cdots & a_{1n} & b_1 \\ a_{21} & a_{22} & \cdots & a_{2n} & b_2 \\ \vdots & & & \vdots & \vdots \\ a_{s1} & a_{s2} & \cdots & a_{sn} & b_s \end{array}\right]$$

称作(1.1)的增广矩阵.

2.4 初等变换

解二元、三元一次方程组时,我们熟悉下述变形.

定义 1.5 线性方程组的下述变形之一,称为线性方程组的**初等变换**.

1) 用一个非零的数乘某一个方程.

2) 将一个方程的倍数加到另一个方程上.

3）交换两个方程的位置.

定理 1.2 线性方程组经初等变换后，得到的线性方程组与原线性方程组同解.

第 6 章中，我们将用矩阵的语言，来证明它.

定理 1.2 不用矩阵的证明 其实只要对作一次初等变换来证明. 以初等变换 2)为例：在线性方程组(1.1)中，把第 j 个方程的 c 倍加到第 i 个上去，得到线性方程组(∗). (∗)的第 i 个方程是

$$(a_{i1}+ca_{j1})x_1+(a_{i2}+ca_{j2})x_2+\cdots+(a_{in}+ca_{jn})x_n=b_i+cb_j,$$

其余方程不变. 设$(k_1, k_2, \cdots, k_n)$是(1.1)的一个解，则

$$a_{i1}k_1+a_{i2}k_2+\cdots+a_{in}k_n=b_i,$$
$$a_{j1}k_1+a_{j2}k_2+\cdots+a_{jn}k_n=b_j,$$

我们有

$$(a_{i1}+ca_{j1})k_1+(a_{i2}+ca_{j2})k_2+\cdots+(a_{in}+ca_{jn})k_n$$
$$=(a_{i1}k_1+a_{i2}k_2+\cdots+a_{in}k_n)+c(a_{j1}k_1+a_{j2}k_2+\cdots+a_{jn}k_n)=b_i+cb_j.$$

因此$(k_1, k_2, \cdots, k_n)$也是(∗)的解. (1.1)也可以由(∗)的第 j 个方程的$(-c)$倍加到第 i 个方程得到. □

线性方程组的初等变换，相应于增广矩阵的变换如下.

定义 1.6 矩阵的下列 3 类变换，称为矩阵的行的初等变换.

第一类，用一个非零的数乘某一行；

第二类，把一行的倍数加到另一行上；

第三类，交换两行的位置.

相仿地，可以定义矩阵的列的初等变换. 行与列的初等变换总称初等变换.

用初等变换的语言，定理 1.2 写成：

定理 1.2' 线性方程组的增广矩阵，经过行的初等变换后，相应的线性方程组与原方程组同解.

代数学的一个特点是：不满足于研究个别的具体的问题，而是要研究一般的问题. 对于线性方程组来说，就是要研究一般的

线性方程组(方程的个数 s,未知量的个数 n,都是任意的自然数,系数 a_{ij}和常数项 b_i 都是任意的数.)的解法.

研究一般的问题,常常考虑,第一步,可以进行什么样的变换;第二步,变换后的与原来的有什么联系;第三步,确定尽可能简单的一种或者几种形式;第四步,经过上述变换是否都能变成这些形式;第五步,给出上述形式的问题的答案.

定义 1.5 做的就是上述第一步. 定理 1.2'就是第二步,其联系是解集合不变,就是说是等价变换. 现在来做第三步. 显然,线性方程组中,每一个方程所含的未知量越少越好. 对应的增广矩阵具有下述形式.

形为

$$\begin{bmatrix} 1 & 2 & -1 & 2 & 0 \\ 0 & 0 & 3 & -1 & 1 \\ 0 & 0 & 0 & 1 & 3 \\ 0 & 0 & 0 & 0 & 0 \end{bmatrix}, \quad \begin{bmatrix} 0 & 1 & 1 & -1 & 0 \\ 0 & 0 & 1 & 1 & 4 \\ 0 & 0 & 0 & 0 & 2 \end{bmatrix}$$

的矩阵,称为**阶梯形的矩阵**.

形为

$$\begin{bmatrix} 1 & 2 & 0 & 0 & -1 \\ 0 & 0 & 1 & 0 & 2 \\ 0 & 0 & 0 & 1 & 4 \\ 0 & 0 & 0 & 0 & 0 \end{bmatrix}, \quad \begin{bmatrix} 0 & 1 & 0 & 0 & 0 \\ 0 & 0 & 1 & -2 & 0 \\ 0 & 0 & 0 & 0 & 1 \end{bmatrix}$$

的矩阵,称为行最简形的矩阵.

行最简形的矩阵的特点是:首先它是一个阶梯形的矩阵,其次在每一个上台阶的地方的元素都是 1,在每一个这种元素的正上方的各元素都是零.

2.5 化行最简形

现在来做第四步.

定理 1.3 任何矩阵都可以经过行的初等变换变成(阶梯形)行最简形.

先看一个例子.

例 7 用行的初等变换将 $\boldsymbol{B}$ 变成行最简形,

$$\boldsymbol{B}=\begin{bmatrix} 0 & 0 & 6 & 2 & -8 \\ -1 & 3 & -6 & -4 & 6 \\ 2 & -6 & 8 & 0 & 0 \\ 1 & -3 & 5 & 2 & -3 \end{bmatrix}.$$

它的第一列的第一行的元素是零,适当交换行使其不为零.

$$\boldsymbol{B}\xrightarrow{r_1\leftrightarrow r_4}\begin{bmatrix} 1 & -3 & 5 & 2 & -3 \\ -1 & 3 & -6 & -4 & 6 \\ 2 & -6 & 8 & 0 & 0 \\ 0 & 0 & 6 & 2 & -8 \end{bmatrix},$$

它的第一列的第一行元素不是零,第一行的适当的倍加到其余各行,就可以把其余各行的第一列元素变成零.

$$\xrightarrow[r_3+(-2)r_1]{r_2+r_1}\begin{bmatrix} 1 & -3 & 5 & 2 & -3 \\ 0 & 0 & -1 & -2 & 3 \\ 0 & 0 & -2 & -4 & 6 \\ 0 & 0 & 6 & 2 & -8 \end{bmatrix}, \qquad (1.3)$$

这时,前两列构成的矩阵已经是行最简形了. 再化右边一块,第三列的第二行元素不为零,第二行的适当的倍加到其余各行,可以把第三列的其余元素变成零.

$$\xrightarrow{\substack{r_1+5r_2 \\ r_3+(-2)r_2 \\ r_4+6r_2}}\begin{bmatrix} 1 & -3 & 0 & -8 & 12 \\ 0 & 0 & -1 & -2 & 3 \\ 0 & 0 & 0 & 0 & 0 \\ 0 & 0 & 0 & -10 & 10 \end{bmatrix},$$

$$\xrightarrow[r_3 \leftrightarrow r_4]{(-1)r_2} \begin{bmatrix} 1 & -3 & 0 & -8 & 12 \\ 0 & 0 & 1 & 2 & -3 \\ 0 & 0 & 0 & -10 & 10 \\ 0 & 0 & 0 & 0 & 0 \end{bmatrix},$$

现在,前三列构成的矩阵已经是行最简形了. 再继续上述过程,有限步后,可以得到行最简形的矩阵了.

$$\xrightarrow[r_2+(1/5)r_3]{r_1+(-4/5)r_3} \begin{bmatrix} 1 & -3 & 0 & 0 & 4 \\ 0 & 0 & 1 & 0 & -1 \\ 0 & 0 & 0 & -10 & 10 \\ 0 & 0 & 0 & 0 & 0 \end{bmatrix},$$

$$\xrightarrow{(-1/10)r_2} \begin{bmatrix} 1 & -3 & 0 & 0 & 4 \\ 0 & 0 & 1 & 0 & -1 \\ 0 & 0 & 0 & 1 & -1 \\ 0 & 0 & 0 & 0 & 0 \end{bmatrix}.$$

□

这个例子具有一般性,将其一般化,就可以得定理 1.3.

定理 1.3 的证明:设

$$\boldsymbol{A}=\begin{bmatrix} \boldsymbol{A}_1 & \boldsymbol{A}_2 \\ \boldsymbol{O} & \boldsymbol{A}_4 \end{bmatrix}, \tag{1.4}$$

其中 A_1 是行最简形,是形为$(i-1)\times(j-1)$的矩阵,它的下面是零矩阵. 不妨设 A_4 是一个第一列元素不全为零的矩阵,不妨设它的左上角的元素 a_{ij}不为零(不然,交换适当的两行可以满足这一点). 将 A 的第 i 行的$(-a_{hi}/a_{ij})$倍加到第 h 行($h=1, 2, \cdots, i-1, i+1, \cdots, s$), A 变成

$$\begin{bmatrix} \boldsymbol{B}_1 & \boldsymbol{B}_2 \\ \boldsymbol{O} & \boldsymbol{B}_4 \end{bmatrix},$$

其中 B_1 是行最简形的,形为$(p-1)\times(q-1)$的矩阵,并且 $p\geqslant i+1$, $q\geqslant j+1$. 继续这个过程,有限步后,得到一个行最简形的矩阵.

□

习题 1.2

1. 用行的初等变换，将下列矩阵化成行最简形：

$$1)\begin{bmatrix}1 & -1 & 0\\ 2 & 1 & 3\\ 3 & 1 & 2\end{bmatrix},\qquad 2)\begin{bmatrix}1 & 2 & 3 & 2\\ 2 & 1 & 4 & 1\\ 3 & -1 & 2 & 1\\ 5 & 0 & 6 & -2\end{bmatrix}.$$

§3 线性方程组的消元解法

3.1 行最简形所对应的解

现在，我们来对行最简形的矩阵进行归类，并且给出以每一类为增广矩阵的线性方程组的解集.

第一类：有某一行，它的最右边的一个元素不为零，该行的其余元素都为零. 例如

$$\left[\begin{array}{cccc:c}1 & -3 & 2 & 0 & 0\\ 0 & 1 & 3 & -2 & 2\\ 0 & 0 & 0 & 0 & 5\\ 0 & 0 & 1 & -1 & 0\end{array}\right]$$

的第三行，以这个矩阵为增广矩阵的线性方程组中，对应于该行(记为第 i 行)的方程是

$$0x_1+0x_2+\cdots+0x_n=b_i,\quad 其中\ b_i\neq 0,$$

任何$(k_1, k_2, \cdots, k_n)$，代入后，都不能使之成为恒等式，所以方程组无解.

如果不属于第一类，则可以分成以下两种情况.

第二类：不属于第一类，并且非零行的个数等于未知量的个数. 这时行最简形必形为

$$\left[\begin{array}{c:c} E_n & \eta \\ O_{p\times n} & O_{p\times 1} \end{array}\right].$$

例如

$$\left[\begin{array}{cccc:c} 1 & 0 & 0 & 0 & 3 \\ 0 & 1 & 0 & 0 & -1 \\ 0 & 0 & 1 & 0 & -5 \\ 0 & 0 & 0 & 1 & 2 \\ 0 & 0 & 0 & 0 & 0 \end{array}\right],$$

写出以它为增广矩阵的线性方程组,可以看出有唯一解,并且解已经被明确地表达了. 后 p 个方程都是恒等式,不起作用,可以不写. 例子中对应的线性方程组是

$$\begin{cases} x_1 \qquad\qquad\qquad = 3, \\ \qquad x_2 \qquad\qquad = -1, \\ \qquad\qquad x_3 \qquad = -5, \\ \qquad\qquad\qquad x_4 = 2. \end{cases}$$

第三类:如果不属于第一类,并且非零行的个数 r,小于未知量个数 n.

例如:

$$\left[\begin{array}{cccc:c} 1 & 2 & 0 & -3 & 2 \\ 0 & 0 & 1 & 1 & 5 \\ 0 & 0 & 0 & 0 & 0 \end{array}\right].$$

以它为增广矩阵的线性方程组是

$$\begin{cases} x_1 + 2x_2 \qquad - 3x_4 = 2, \\ \qquad\qquad x_3 + x_4 = 5. \end{cases} \tag{1.5}$$

将含 x_2, x_4 的项移到等号另一边,得

$$\begin{cases} x_1 \qquad = 2 - 2x_2 + 3x_4, \\ \qquad x_3 = 5 \qquad\quad - x_4, \end{cases} \tag{1.6}$$

对于 x_2, x_4 的任何一组值,由(1.6)确定了(1.5)的一个解,x_2, x_4 叫自由变量,用字母表示自由变量的取值.在上例中,令 $x_2=c_1$,

$x_4=c_2$,由(1.6)得方程组有无穷多组解. 解是:

$$\begin{cases} x_1=2-2c_1+3c_2, \\ x_2=\quad\quad c_1, \\ x_3=5\quad\quad\quad -c_2, \\ x_4=\quad\quad\quad\quad c_2;\ \text{其中}\ c_1,\ c_2\ \text{是任意的数.} \end{cases} \tag{1.7}$$

这个式子完整地表达了解集合,有时也称(1.7)为(1.5)的一般解.

一般地,以第三类行最简形矩阵为增广矩阵的线性方程组有无穷多组解,含有 $n-r$ 个自由变量,例如可以选不上台阶处的变量为自由变量.

以上三类,穷尽了行最简形矩阵的所有的可能情况.

3.2 线性方程组的解法

解线性方程组的一般方法.

(1) 写出线性方程组的增广矩阵.

(2) 用行的初等变换将增广矩阵向行最简形化去.

(3) 化的过程中,如果出现第一类所指的情况. 则原方程组无解.

(4) 不然的话,必得到一个行最简形的矩阵. 如果它属于第二类,则原方程组有唯一解. 如果它属于第三类,则原方程组有无穷多解,选好自由变量,然后用如(1.7)的形式表示原方程组的全部解.

这种方法叫**高斯(Gauss)消元法**.

例 8 解线性方程组:

$$\begin{cases} x_1+2x_2+3x_3+x_4=1, \\ -x_1+x_2+2x_3+3x_4=1, \\ -x_1+3x_2+2x_3+x_4=1, \\ 5x_2+5x_3+2x_4=3. \end{cases}$$

解 它的增广矩阵是 C,用行的初等变换,将它向行最简形化去,

$$
C=\left[\begin{array}{cccc:c}1&2&3&1&1\\-1&1&2&3&1\\-1&3&2&1&1\\0&5&5&2&3\end{array}\right]\longrightarrow\left[\begin{array}{cccc:c}1&2&3&1&1\\0&3&5&4&2\\0&5&5&2&2\\0&5&5&2&3\end{array}\right]\longrightarrow
$$

$$
\left[\begin{array}{cccc:c}1&2&3&1&1\\0&3&5&4&2\\0&5&5&2&2\\0&0&0&0&1\end{array}\right],
$$

故原方程组无解.

例 9 解线性方程组

$$
\begin{cases}6x_3+2x_4=-8,\\-x_1+3x_2-6x_3-4x_4=6,\\2x_1-6x_2+8x_3=0,\\x_1-3x_2+5x_3+2x_4=-3.\end{cases}
$$

解 它的增广矩阵是

$$
C=\left[\begin{array}{cccc:c}0&0&6&2&-8\\-1&3&-6&-4&6\\2&-6&8&0&0\\1&-3&5&2&-3\end{array}\right],
$$

用行的初等变换,将它化成行最简形(参见例 7)得

$$
\left[\begin{array}{cccc:c}1&-3&0&0&4\\0&0&1&0&-1\\0&0&0&1&-1\\0&0&0&0&0\end{array}\right].
$$

故原方程组有无穷多组解(有一个自由变量). 以它为增广矩阵的线性方程组是

$$
\begin{cases}x_1-3x_2=4,\\x_3=-1,\\x_4=-1.\end{cases}
$$

令 $x_2=c_1$ 得原方程组的全部解是

$$\begin{cases} x_1= & 4+3c_1, \\ x_2= & \quad\quad c_1, \\ x_3=-1, & \\ x_4=-1. & \end{cases} \tag{1.8}$$

3.3 齐次线性方程组

常数项全是零的线性方程组称为齐次线性方程组，它的一般形式是

$$\begin{cases} a_{11}x_1+a_{12}x_2+\cdots+a_{1n}x_n=0, \\ a_{21}x_1+a_{22}x_2+\cdots+a_{2n}x_n=0, \\ \quad\quad\vdots \\ a_{s1}x_1+a_{s2}x_2+\cdots+a_{sn}x_n=0. \end{cases} \tag{1.9}$$

用行的初等变换来变换(1.9)的增广矩阵，最右边一列始终都是零，因此不会有第一类的情况出现(计算时，可以用它的系数矩阵来做). 可见(1.9)必有解，于是解的情况只有两种，唯一解和有无穷多解. 实际上 $x_1=0$, $x_2=0$, $\cdots$, $x_n=0$ 是(1.9)的一个解，这个解叫零解. 唯一解等价于只有零解. 如果(1.9)有无穷多解，则除了零解外的其它解都叫非零解. 无穷多解等价于有非零解.

因此解齐次线性方程组的一般步骤是:

1. 写出它的系数矩阵.

2. 用行的初等变换将系数矩阵化为行最简形 H.

3. 如果 H 属于第二类，(此时 H 必是 $\begin{bmatrix} E_n \\ O \end{bmatrix}$)，则原方程组只有零解，或者说有唯一解: 零解. 如果 H 是第三类的，则原方程组有非零解，或者说有无穷多解. 用形式(1.8)表示全部解.

例 10 解线性方程组

$$\begin{cases} x_1 - x_2 - x_3 + x_4 = 0, \\ x_1 - x_2 + x_3 - 3x_4 = 0, \\ x_1 - x_2 - 2x_3 + 3x_4 = 0. \end{cases}$$

解 对系数矩阵 A 施行行的初等变换,有

$$\begin{bmatrix} 1 & -1 & -1 & 1 \\ 1 & -1 & 1 & -3 \\ 1 & -1 & -2 & 3 \end{bmatrix} \longrightarrow \begin{bmatrix} 1 & -1 & -1 & 1 \\ 0 & 0 & 2 & -4 \\ 0 & 0 & -1 & 2 \end{bmatrix} \longrightarrow$$

$$\begin{bmatrix} 1 & -1 & 0 & -1 \\ 0 & 0 & 1 & -2 \\ 0 & 0 & 0 & 0 \end{bmatrix},$$

得

$$\begin{cases} x_1 - x_2 \qquad - x_4 = 0, \\ \qquad\qquad x_3 - 2x_4 = 0. \end{cases}$$

原方程组有无穷多解:

$$\begin{cases} x_1 = c_1 + c_2, \\ x_2 = c_1, \\ x_3 = \qquad 2c_2, \\ x_4 = \qquad c_2, \quad c_1, c_2 \text{ 是数}. \end{cases}$$

如果未知量的个数大于方程的个数,则必得第三类的行最简形. 于是有下述定理.

定理 1.4 齐次线性方程组所含的方程的个数大于未知量的个数,则它必有非零解.

习题 1.3

1. 解下列线性方程组:

1) $\begin{cases} 4x_1 + 2x_2 - x_3 = 2, \\ 3x_1 - x_2 + 2x_3 = 10, \\ 11x_1 + 3x_2 \qquad = 8. \end{cases}$

2) $\begin{cases} 2x_1+3x_2+x_3=4, \\ x_1-2x_2+4x_3=-5, \\ 3x_1+8x_2-2x_3=13, \\ 4x_1-x_2+9x_3=-6. \end{cases}$

3) $\begin{cases} 2x_1+x_2-x_3+x_4=1, \\ 4x_1+2x_2-2x_3+x_4=2, \\ 2x_1+x_2-x_3-x_4=1. \end{cases}$

4) $\begin{cases} 2x_1+x_2-x_3+x_4=1, \\ 3x_1-2x_2+x_3-3x_4=4, \\ x_1+4x_2-3x_3+5x_4=-2. \end{cases}$

2. 解下列齐次线性方程组：

1) $\begin{cases} x_1+x_2+2x_3-x_4=0, \\ 2x_1+x_2+x_3-x_4=0, \\ 2x_1+2x_2+x_3+2x_4=0. \end{cases}$

2) $\begin{cases} x_1+2x_2+x_3-x_4=0, \\ 3x_1+6x_2-x_3-3x_4=0, \\ 5x_1+10x_2+x_3-5x_4=0. \end{cases}$

3. 讨论 a, b 取什么值时下面的线性方程组无解,有唯一解,有无穷多解?

$$\begin{cases} x_1+x_2-x_3=2, \\ x_1+2x_2+x_3=3, \\ x_1+x_2+(a^2-5)x_3=a. \end{cases}$$

第2章　一元多项式

§1　一元多项式的定义及运算

在中学数学中，我们讨论过许多多项式. 例如

$$2x^2+x-1,\quad \frac{1}{2}x^3-1;$$

$$x^3-\sqrt{2}x+3,\quad x^4+x^2+\sqrt{3};$$

$$(1+\mathrm{i})x^4+2,\quad x^5-1.$$

在讨论多项式的性质时，我们往往讨论系数在一定范围，即在某个固定的数域中的一组多项式的性质. 下面我们给出一般的多项式的定义.

定义 2.1　设 F 是一个数域，x 是一个符号(或称不定元)，形式表达式

$$a_nx^n+a_{n-1}x^{n-1}+\cdots+a_1x+a_0\quad (x^0=1),$$

其中 $n\geqslant 0$ 为整数，$a_0, a_1, \cdots, a_n\in F$，称为是数域 F 上的一个**一元多项式**，记为 $f(x), g(x), \cdots$；数域 F 上的所有一元多项式构成的集合记为 $F[x]$，称为是 F 上的**一元多项式环**；F 称为是 $F[x]$ 的**系数域**.

上面的第一组多项式是有理数域上的多项式，第二组多项式是实数域上的多项式，第三组多项式是复数域上的多项式.

在多项式

$$a_nx^n+a_{n-1}x^{n-1}+\cdots+a_1x+a_0$$

中，a_ix^i 称为是 $f(x)$ 的 i **次项**，a_i 称为是 $f(x)$ 的 i 次项的**系数**；如果 $a_n\neq 0$，则称 a_nx^n 为 $f(x)$ 的**首项**，称 a_n 为 $f(x)$ 的**首项系数**，称 n 为 $f(x)$ 的次数，记为 $\partial(f(x))$；如果所有 $a_i=0$，则称 $f(x)$ 为

零多项式，记为 $f(x)=0$.

零多项式没有次数；次数为零的多项式就是 F 中的非零常数；多项式中的系数为零的项可以省略不写.

例如 $f(x)=5x^2+x+1$ 的首项为 $5x^2$，首项系数为 5，次数为 2.

设 $f(x)$，$g(x)$是两个多项式，如果 $f(x)$与 $g(x)$的同次项系数都相等，则称 $f(x)$与 $g(x)$**相等**，记为 $f(x)=g(x)$.

设

$$f(x)=a_nx^n+a_{n-1}x^{n-1}+\cdots+a_0=\sum_{i=0}^{n}a_ix^i,$$

$$g(x)=b_mx^m+b_{m-1}x^{m-1}+\cdots+b_0=\sum_{i=0}^{m}b_ix^i$$

是 F 上的两个多项式，不妨设 $n\geqslant m$，令 $b_{m+1}=\cdots=b_n=0$，则 $g(x)$ 可表示成 $g(x)=\sum_{i=0}^{n}b_ix^i$，所以对任意两个多项式 $f(x)$，$g(x)$，为方便起见，我们把 $f(x)$，$g(x)$记为

$$f(x)=\sum_{i=0}^{n}a_ix^i,\quad g(x)=\sum_{i=0}^{n}b_ix^i.$$

于是 $f(x)=g(x)$当且仅当 $a_i=b_i$，$i=0, 1, \cdots, n$.

有了多项式的定义，下面我们来讨论多项式的运算.

定义 2.2 （多项式的运算）

(1) 设

$$f(x)=a_nx^n+a_{n-1}x^{n-1}+\cdots+a_0=\sum_{i=0}^{n}a_ix^i,$$

$$g(x)=b_nx^n+b_{n-1}x^{n-1}+\cdots+b_0=\sum_{i=0}^{n}b_ix^i$$

是 F 上的两个多项式，则 $f(x)$与 $g(x)$的**和** $f(x)+g(x)$定义为

$$\begin{aligned}f(x)+g(x)&=(a_n+b_n)x^n+(a_{n-1}+b_{n-1})x^{n-1}+\cdots+(a_0+b_0)\\&=\sum_{i=0}^{n}(a_i+b_i)x^i;\end{aligned}$$

$f(x)$与$g(x)$的差$f(x)-g(x)$定义为

$$f(x)-g(x)=(a_n-b_n)x^n+(a_{n-1}-b_{n-1})x^{n-1}+\cdots+(a_0-b_0)$$
$$=\sum_{i=0}^{n}(a_i-b_i)x^i.$$

(2) 设

$$f(x)=a_nx^n+a_{n-1}x^{n-1}+\cdots+a_0=\sum_{i=0}^{n}a_ix^i,$$
$$g(x)=b_mx^m+b_{m-1}x^{m-1}+\cdots+b_0=\sum_{i=0}^{m}b_ix^i$$

是F上的两个多项式，则$f(x)$与$g(x)$的**乘积**$f(x)g(x)$定义为

$$\begin{aligned}&f(x)g(x)\\&=a_nb_mx^{n+m}+(a_nb_{m-1}+a_{n-1}b_m)x^{n+m-1}+\cdots+(a_1b_0+a_0b_1)x+\\&\quad a_0b_0\\&=c_{n+m}x^{n+m}+c_{n+m-1}x^{n+m-1}+\cdots+c_1x+c_0,\end{aligned}$$

其中

$$c_k=a_kb_0+a_{k-1}b_1+\cdots+a_0b_k=\sum_{i+j=k}a_ib_j,\qquad k=0,1,\cdots,n+m.$$

于是，

$$f(x)g(x)=\sum_{k=0}^{n+m}\left(\sum_{i+j=k}a_ib_j\right)x^k.$$

显然，如果$f(x)$, $g(x)$是F上的多项式，则$f(x)+g(x)$, $f(x)-g(x)$和$f(x)g(x)$仍是F上的多项式，所以$F[x]$对和、差、积是封闭的.

从定义中易见，若$f(x)\neq 0$, $g(x)\neq 0$且$f(x)\pm g(x)\neq 0$,则

$$\partial(f(x)\pm g(x))\leqslant\max\{\partial(f(x)),\partial(g(x))\},$$

另一方面，若$f(x)\neq 0$, $g(x)\neq 0$,则$f(x)g(x)\neq 0$,且

$$\partial(f(x)g(x))=\partial(f(x))+\partial(g(x)).$$

不难证明多项式的下列性质：

定理 2.1 多项式的运算具有下列性质：

(1) 加法交换律：$f(x)+g(x)=g(x)+f(x)$;

乘法交换律：$f(x)g(x)=g(x)f(x)$；

(2) 加法结合律：$(f(x)+g(x))+h(x)$

$$=f(x)+(g(x)+h(x))；$$

乘法结合律：$(f(x)g(x))h(x)=f(x)(g(x)h(x))$；

(3) 分配律：$f(x)(g(x)+h(x))=f(x)g(x)+f(x)h(x)$；

(4) 乘法消去律：若 $f(x)g(x)=f(x)h(x)$ 且 $f(x)\neq 0$，则

$$g(x)=h(x).$$

证明留作习题.

由加法和乘法满足结合律知，n 个多项式 $f_1(x)$，$f_2(x)$，…，$f_n(x)$的和、积与运算的顺序和所加的括号无关，分别记为

$$f_1(x)+f_2(x)+\cdots+f_n(x),$$

$$f_1(x)f_2(x)\cdots f_n(x).$$

习题 2.1

1. 证明多项式的乘法结合律.
2. 证明多项式的分配律.
3. 证明多项式的乘法消去律.

§2 整除性

在数域中，用一个非零数可以去除任意一个数，即一个非零数除任意一个数所得的数仍属于这个数域，但多项式环 $F[x]$不具有这个性质，即一个非零多项式不一定能整除每个多项式. 在这一节中，我们来讨论多项式的整除性质.

定义 2.3 设 $f(x)$，$g(x)\in F[x]$，如果存在 $h(x)\in F[x]$使

$$f(x)=g(x)h(x),$$

则称 $g(x)$**整除** $f(x)$，记为 $g(x)\mid f(x)$，此时也称 $g(x)$是 $f(x)$的一个**因式**，$f(x)$是 $g(x)$的一个**倍式**；若 $g(x)$不整除 $f(x)$，则记

为 $g(x)\nmid f(x)$.

由定义,若 $g(x)\mid f(x)$, $g(x)=0$,则必有 $f(x)=0$. 另一方面,对任意 $f(x)$都有 $f(x)\mid 0$.

多项式的整除具有下列性质:

(1) 若 $f(x)\mid g(x)$且 $g(x)\mid h(x)$,则 $f(x)\mid h(x)$;

(2) 若 $h(x)\mid f(x)$且 $h(x)\mid g(x)$,则 $h(x)\mid(f(x)-g(x))$;

(3) 若 $h(x)\mid f(x)$,则对任意 $g(x)$都有 $h(x)\mid f(x)g(x)$;

(4) 若 $h(x)\mid f_i(x)$, $i=1, 2, \cdots, n$,则对任意 $g_i(x)$, $i=1, 2, \cdots, n$,都有

$$h(x)\mid(f_1(x)g_1(x)+f_2(x)g_2(x)+\cdots+f_n(x)g_n(x));$$

(5) 零次多项式(即 F 中非零数)整除任意多项式;

(6) 若 $f(x)\mid g(x)$且 $g(x)\mid f(x)$,则 $f(x)=cg(x)$,其中 $c\neq 0\in F$.

易见性质(1)~(5)成立,下证性质(6)成立.

由 $f(x)\mid g(x)$知存在 $u(x)\in F[x]$使得 $g(x)=f(x)u(x)$;由 $g(x)\mid f(x)$知存在 $v(x)\in F[x]$使得 $f(x)=g(x)v(x)$. 于是 $f(x)=f(x)u(x)v(x)$. 如果 $f(x)=0$,则 $g(x)=f(x)u(x)=0$,从而 $f(x)=g(x)$. 如果 $f(x)\neq 0$,则由消去律得 $u(x)v(x)=1$. 因而 $\partial(u(x)v(x))=0$,而 $\partial(u(x)v(x))=\partial(u(x))+\partial(v(x))$. 所以 $\partial(u(x))=0$, $\partial(v(x))=0$. 于是 $v(x)$是一个非零常数,故有 $c\neq 0\in F$使 $f(x)=cg(x)$. □

尽管一个非零多项式不一定能整除每个多项式,但我们可以用非零多项式对任意多项式作带余除法.

定理 2.2(带余除法) 设 $f(x)$, $g(x)\in F[x]$, $g(x)\neq 0$,则存在 $q(x)$, $r(x)\in F[x]$使得

$$f(x)=q(x)g(x)+r(x),$$

其中 $r(x)=0$ 或者 $\partial(r(x))<\partial(g(x))$,而且这样的 $q(x)$, $r(x)$是唯一确定的.

这里的 $q(x)$称为是 $g(x)$除 $f(x)$的**商**, $r(x)$称为是 $g(x)$除

$f(x)$的**余式**.

证明 （存在性） 若 $f(x)=0$,则令 $q(x)=0$, $r(x)=0$ 即可. 若 $f(x)\neq 0$ 但 $\partial(f(x))<\partial((g(x))$,则令 $q(x)=0$, $r(x)=f(x)$即可. 下面假设 $f(x)\neq 0$ 且 $\partial(f(x))\geqslant\partial(g(x))$.

设

$$f(x)=a_nx^n+a_{n-1}x^{n-1}+\cdots+a_0,\quad a_n\neq 0,$$
$$g(x)=b_mx^m+b_{m-1}x^{m-1}+\cdots+b_0,\quad b_m\neq 0.$$

则

$$f(x)=(a_nb_m^{-1}x^{n-m})g(x)+f_1(x),$$

其中 $f_1(x)$具有性质：$f_1(x)=0$ 或者 $\partial(f_1(x))<\partial(f(x))$.

如果 $f_1(x)=0$ 或者 $\partial(f_1(x))<\partial(g(x))$,则存在性得证. 下面假设 $\partial(f_1(x))\geqslant\partial(g(x))$. 设

$$f_1(x)=c_sx^s+c_{s-1}x^{s-1}+\cdots+c_0,\quad c_s\neq 0,$$

则

$$f_1(x)=(c_sb_m^{-1}x^{s-m})g(x)+f_2(x),$$

其中 $f_2(x)$具有性质：$f_2(x)=0$ 或者 $\partial(f_2(x))<\partial(f_1(x))$. 于是

$$f(x)=(a_nb_m^{-1}x^{n-m}+c_sb_m^{-1}x^{s-m})g(x)+f_2(x),$$

其中 $f_2(x)=0$ 或者 $\partial(f_2(x))<\partial(f_1(x))<\partial(f(x))$.

若 $f_2(x)=0$ 或者 $\partial(f_2(x))<\partial(g(x))$,则存在性得证. 若 $\partial(f_2(x))\geqslant\partial(g(x))$,则继续上面的过程. 由于

$$\partial(f(x))>\partial(f_1(x))>\partial(f_2(x))>\cdots\geqslant 0.$$

所以上面的过程只能进行有限步,即,有限步后即有 $q(x)$, $r(x)\in F[x]$使得 $f(x)=q(x)g(x)+r(x)$,其中 $r(x)=0$ 或者 $\partial(r(x))<\partial(g(x))$.

（唯一性） 假设 $q^*(x)$, $r^*(x)\in F[x]$,也使得

$$f(x)=q^*(x)g(x)+r^*(x),$$

其中 $r^*(x)=0$ 或者 $\partial(r^*(x))<\partial(g(x))$,则有

$$q(x)g(x)+r(x)=q^*(x)g(x)+r^*(x).$$

于是

$$(q(x)-q^*(x))g(x)=r^*(x)-r(x).$$

如果 $q(x)\neq q^*(x)$,则由上式得 $r^*(x)-r(x)\neq 0$ 且

$$\partial(q(x)-q^*(x))+\partial(g(x))=\partial(r^*(x)-r(x)).$$

于是 $\partial(r^*(x)-r(x))\geqslant\partial(g(x))$. 但是,若 $r(x)=0$,则 $r^*(x)\neq 0$; 若 $r^*(x)=0$,则 $r(x)\neq 0$. 于是 $\partial(r^*(x)-r(x))$ 等于 $\partial(r^*(x))$或 $\partial(r(x))$. 因而总有 $\partial(r^*(x)-r(x))<\partial(g(x))$,矛盾. 若 $r(x)\neq 0$ 且 $r^*(x)\neq 0$ 则

$$\partial(r^*(x)-r(x))\leqslant\max\{\partial(r^*(x)),\ \partial(r(x))\}<\partial(g(x)),$$

矛盾. 所以必有 $q(x)=q^*(x)$. 于是由

$$r^*(x)-r(x)=(q(x)-q^*(x))g(x)=0,$$

得 $r^*(x)=r(x)$,定理得证. □

例 1 设 $f(x)=x^4-4x^3-1$, $g(x)=x^2-3x-1$,求 $g(x)$除 $f(x)$所得的商和余式.

解 由于

$$\begin{array}{r|rrrrr|l}
x^2-3x-1 & x^4 & -4x^3 & & & -1 & x^2-x-2, \\
 & x^4 & -3x^3 & -x^2 & & & \\
\hline
 & & -x^3 & +x^2 & & -1 & \\
 & & -x^3 & +3x^2 & +x & & \\
\hline
 & & & -2x^2 & -x & -1 & \\
 & & & -2x^2 & +6x & +2 & \\
\hline
 & & & & -7x & -3 &
\end{array}$$

所以, $g(x)$除 $f(x)$所得的商是 x^2-x-2,余式是$-7x-3$.

推论 2.1 设 $g(x)\neq 0$,则 $g(x)\mid f(x)$当且仅当 $g(x)$除 $f(x)$的余式为零.

证明 如果 $g(x)\mid f(x)$,则存在 $h(x)\in F[x]$使

$$f(x)=h(x)g(x)+0.$$

于是由带余除法中的唯一性知, $g(x)$除 $f(x)$的余式为 0;反过来,

若 $g(x)$ 除 $f(x)$ 的余式为 0，则有 $g(x)\in F[x]$ 使

$$f(x)=q(x)g(x)+0.$$

由定义即得 $g(x)\mid f(x)$. □

习题 2.2

1. 求 $g(x)$ 除 $f(x)$ 所得的商和余式

1) $f(x)=x^4-4x^3+1$, $g(x)=x^3-3x^2+1$;

2) $f(x)=x^5-x^3+3x^2-1$, $g(x)=x^3-3x+2$.

2. 证明：$x\mid f(x)$ 当且仅当 $x\mid f^2(x)$.

§3 最大公因式

设 $f(x)$, $g(x)\in F[x]$，如果 $d(x)$ 既是 $f(x)$ 的因式又是 $g(x)$ 的因式，则称 $d(x)$ 是 $f(x)$ 与 $g(x)$ 的一个**公因式**. 进一步地，如果 $f(x)$ 与 $g(x)$ 的公因式都是 $d(x)$ 的因式，即，若 $h(x)\mid f(x)$ 且 $h(x)\mid g(x)$，则有 $h(x)\mid d(x)$，则称 $d(x)$ 是 $f(x)$ 与 $g(x)$ 的**最大公因式**.

显然，$f(x)$ 是 $f(x)$ 与 0 的一个最大公因式；如果 $d(x)$ 是 $f(x)$ 与 $g(x)$ 的一个最大公因式，则对任意 $c\neq 0\in F$, $cd(x)$ 也是 $f(x)$ 与 $g(x)$ 的一个最大公因式. 另一方面，如果 $d_1(x)$, $d_2(x)$ 都是 $f(x)$ 与 $g(x)$ 的最大公因式，则 $d_1(x)\mid d_2(x)$ 且 $d_2(x)\mid d_1(x)$. 于是 $d_1(x)=cd_2(x)$，其中 $c\neq 0\in F$，也就是说，$f(x)$ 与 $g(x)$ 的最大公因式，如果存在，则在相差非零常数意义下是唯一的. 下面的定理说明最大公因式是存在的.

定理 2.3 设 $f(x)$, $g(x)\in F[x]$，则 $f(x)$ 与 $g(x)$ 一定存在一个最大公因式 $d(x)$ 而且存在 $u(x)$, $v(x)\in F[x]$ 使得

$$d(x)=u(x)f(x)+v(x)g(x).$$

证明 如果 $g(x)=0$，则令 $d(x)=f(x)$, $u(x)=v(x)=1$ 即

可. 下面假设 $g(x)\neq 0$. 用 $g(x)$ 除 $f(x)$ 得

$$f(x)=q_1(x)g(x)+r_1(x),$$

其中 $r_1(x)=0$ 或者 $\partial(r_1(x))<\partial(g(x))$. 如果 $r_1(x)\neq 0$,则用 $r_1(x)$ 除 $g(x)$ 得

$$g(x)=q_2(x)r_1(x)+r_2(x),$$

其中 $r_2(x)=0$ 或者 $\partial(r_2(x))<\partial(r_1(x))$. 如果 $r_2(x)\neq 0$,再用 $r_2(x)$ 除 $r_1(x)$ 得

$$r_1(x)=q_3(x)r_2(x)+r_3(x),$$

其中 $r_3(x)=0$ 或者 $\partial(r_3(x))<\partial(r_2(x))$. 如果 $r_3(x)\neq 0$,则如此继续下去. 由于

$$\partial(g(x))>\partial(r_1(x))>\partial(r_2(x))>\partial(r_3(x))>\cdots\geqslant 0,$$

所以有限步以后,必有某个余式 $r_k(x)$ 等于零,即有 $k\geqslant 1$ 使

$$\begin{aligned}
f(x) &= q_1(x)g(x)+r_1(x),\\
g(x) &= q_2(x)r_1(x)+r_2(x),\\
r_1(x) &= q_3(x)r_2(x)+r_3(x),\\
&\vdots\\
r_{k-4}(x) &= q_{k-2}(x)r_{k-3}(x)-r_{k-2}(x),\\
r_{k-3}(x) &= q_{k-1}(x)r_{k-2}(x)-r_{k-1}(x),\\
r_{k-2}(x) &= q_k(x)r_{k-1}(x)+0.
\end{aligned}$$

由最后一个等式知 $r_{k-1}(x)\,|\,r_{k-2}(x)$;再由倒数第二个等式知 $r_{k-1}(x)\,|\,r_{k-3}(x)$;于是由倒数第三等式知 $r_{k-1}(x)\,|\,r_{k-4}(x)$,如此递推上去,可见 $r_{k-1}(x)\,|\,f(x)$ 且 $r_{k-1}(x)\,|\,g(x)$,即,$r_{k-1}(x)$ 是 $f(x)$ 与 $g(x)$ 的一个公因式. 另一方面,若 $d_1(x)$ 也是 $f(x)$ 与 $g(x)$ 的一个公因式,则由上面的第一个等式知 $d_1(x)\,|\,r_1(x)$,从而由第二个等式知 $d_1(x)\,|\,r_2(x)$,再由第三个等式得 $d_1(x)\,|\,r_3(x)$,如此继续下去,可见 $d_1(x)\,|\,r_{k-1}(x)$. 因而 $r_{k-1}(x)$ 是 $f(x)$ 与 $g(x)$ 的一个最大公因式.

由上面的倒数第二式得

$$r_{k-1}(x)=-q_{k-1}(x)r_{k-2}(x)+r_{k-3}(x),$$

由倒数第三式得 $r_{k-2}(x)=r_{k-4}(x)-q_{k-2}(x)r_{k-3}(x)$，于是

$$r_{k-1}(x)=(1+q_{k-1}(x)q_{k-2}(x))r_{k-3}(x)-q_{k-1}(x)r_{k-4}(x),$$

如此继续下去，最后我们有 $u(x), v(x)\in F[x]$使得

$$r_{k-1}(x)=u(x)f(x)+v(x)g(x).$$

因而取 $d(x)=r_{k-1}(x)$即可. □

定理的证明中给出了求 $f(x)$与 $g(x)$的最大公因式的方法，通常称之为**辗转相除法**. 若 $f(x), g(x)$不全为零，则 $f(x)$与 $g(x)$的最大公因式一定不为零，此时我们用$(f(x), g(x))$表示 $f(x)$与 $g(x)$的那个首项系数为 1 的最大公因式.

例 2 设 $f(x)=4x^4-2x^3-16x^2+5x+9$, $g(x)=2x^3-x^2-5x+4$，求$(f(x), g(x))$并求 $u(x), v(x)$使

$$(f(x), g(x))=u(x)f(x)+v(x)g(x).$$

解 由于

$-\frac{1}{3}x+\frac{1}{3}$	$2x^3-x^2-5x+4$	$4x^4-2x^3-16x^2+5x+9$	$2x$
$(q_2(x))$	$2x^3+x^2-3x$	$4x^4-2x^3-10x^2+8x$	$(q_1(x))$
	$-2x^2-2x+4$	$(r_1(x))\ -6x^2-3x+9$	$6x+9$
	$-2x^2-x+3$	$-6x^2+6x$	$(q_3(x))$
	$(r_2(x))\ -x+1$	$-9x+9$	
		$-9x+9$	
		0	

于是

$$f(x)=2xg(x)+(-6x^2-3x+9)$$

$$g(x)=(-6x^2-3x+9)\left(-\frac{1}{3}x+\frac{1}{3}\right)+(-x+1)$$

$$-6x^2-3x+9=(-x+1)(6x+9),$$

所以$(f(x), g(x))=x-1$. 而

$$x-1=-g(x)+(-6x^2-3x+9)\left(-\frac{1}{3}x+\frac{1}{3}\right)$$

$$=-g(x)+(f(x)-2xg(x))\left(-\frac{1}{3}x+\frac{1}{3}\right)$$
$$=\left(-\frac{1}{3}x+\frac{1}{3}\right)f(x)+\left(\frac{2}{3}x^2-\frac{2}{3}x-1\right)g(x),$$

所以 $u(x)=-\frac{1}{3}x+\frac{1}{3}$, $v(x)=\frac{2}{3}x^2-\frac{2}{3}x-1$,使 $(f(x), g(x))=u(x)f(x)+v(x)g(x)$.

定义 2.4 设 $f(x), g(x)\in F[x]$,如果 $(f(x), g(x))=1$,则称 $f(x)$ 与 $g(x)$ **互素**.

定理 2.4 设 $f(x), g(x)\in F[x]$,则 $f(x)$ 与 $g(x)$ 互素的充分必要条件是存在 $u(x), v(x)\in F[x]$ 使得

$$u(x)f(x)+v(x)g(x)=1.$$

证明 如果 $f(x)$ 与 $g(x)$ 互素,则由定理 2.3 知存在 $u(x)$, $v(x)\in F[x]$ 使

$$u(x)f(x)+v(x)g(x)=1.$$

反过来,假设存在 $u(x), v(x)\in F[x]$ 使 $u(x)f(x)+v(x)g(x)=1$. 设 $d(x)$ 是 $f(x)$ 与 $g(x)$ 的一个公因式,则有 $d(x)\mid f(x)$, $d(x)\mid g(x)$,因而 $d(x)\mid(u(x)f(x)+v(x)g(x))$. 于是 $d(x)\mid 1$. 所以 $d(x)$ 是一个非零常数,从而 $(f(x), g(x))=1$,即,$f(x)$ 与 $g(x)$ 互素. □

推论 2.2 如果 $f(x)\mid g(x)h(x)$ 且 $(f(x), g(x))=1$,则 $f(x)\mid h(x)$.

证明 由 $(f(x), g(x))=1$ 知存在 $u(x), v(x)\in F[x]$ 使得

$$u(x)f(x)+v(x)g(x)=1.$$

于是

$$h(x)=h(x)u(x)f(x)+h(x)v(x)g(x).$$

由于

$$f(x)\mid h(x)u(x)f(x),\quad f(x)\mid g(x)h(x),$$

所以 $f(x)\mid h(x)$. □

推论 2.3 如果 $f_1(x)\mid g(x)$, $f_2(x)\mid g(x)$ 且 $(f_1(x), f_2(x))$

$=1$,则 $f_1(x)f_2(x)\mid g(x)$.

证明 由 $f_1(x)\mid g(x)$知存在 $h(x)\in F[x]$使得

$$g(x)=f_1(x)h(x),$$

而 $f_2(x)\mid g(x)$,故 $f_2(x)\mid f_1(x)h(x)$. 但$(f_1(x),\ f_2(x))=1$,所以,由推论 2.2 得 $f_2(x)\mid h(x)$. 于是存在 $h^*(x)\in F[x]$使 $h(x)=f_2(x)h^*(x)$. 则

$$g(x)=f_1(x)h(x)=f_1(x)f_2(x)h^*(x).$$

因而 $f_1(x)f_2(x)\mid g(x)$. □

习题 2.3

1. 求$(f(x),\ g(x))$,并求 $u(x)$, $v(x)$使$(f(x),\ g(x))=u(x)f(x)+v(x)g(x)$.

1) $f(x)=x^4-x^3-4x^2+4x+1$, $g(x)=x^2-x-1$;

2) $f(x)=x^5-5x^3+5x+1$, $g(x)=x^3-2x-1$.

2. 假设 $d(x)$是 $f(x)$与 $g(x)$的公因式且有 $u(x)$, $v(x)$使

$$d(x)=u(x)f(x)+v(x)g(x),$$

证明: $d(x)$是 $f(x)$与 $g(x)$的最大公因式.

3. 证明: 如果$(f(x),\ g(x))=1$, $(f(x),\ h(x))=1$,则

$$(f(x),\ g(x)h(x))=1.$$

§4 因式分解

对多项式进行因式分解就是把多项式分解成一些不能再分解的多项式的乘积. 但一个多项式能否分解与系数域有关,例如在有理数域上

$$x^4-4=(x^2-2)(x^2+2),$$

而在实数域上

$$x^4-4=(x-\sqrt{2})(x+\sqrt{2})(x^2+2),$$

在复数域上

$$x^4-4=(x-\sqrt{2})(x+\sqrt{2})(x-\sqrt{2}\mathrm{i})(x+\sqrt{2}\mathrm{i}).$$

我们先来定义什么叫不能再分解的多项式.

定义 2.5 设 $p(x)\in F[x]$且 $\partial(p(x))\geqslant 1$,如果 $p(x)$不能表示成 F 上两个次数比 $\partial(p(x))$低的多项式的乘积,则称 $p(x)$是 F 上的**不可约多项式**.

也就是说,$p(x)$在 F 上不可约就是 $p(x)$在 $F[x]$中除非零常数和 $cp(x)$(其中 $c\neq 0\in F$)外,没有其他因式. 一次因式总是不可约的. 如果 $p(x)$是不可约的,则对任意非零常数 c, $cp(x)$也是不可约的.

一个多项式是否不可约依赖于系数域,例如 x^2-2 在有理数域上是不可约的,但在实数域上是可约的;而 x^2+2 在实数域上是不可约的,但在复数域上是可约的.

不可约多项式的性质类似于整数中的素数的性质.

命题 2.1 设 $p(x)$是 F 上的一个不可约多项式,则

1) 对任意 $f(x)\in F[x]$,或者 $p(x)\mid f(x)$,或者$(p(x), f(x))=1$;

2) 对任意 $f(x), g(x)\in F[x]$,由 $p(x)\mid f(x)g(x)$一定有 $p(x)\mid f(x)$或者 $p(x)\mid g(x)$.

证明 1) 令 $d(x)=(p(x), f(x))$. 则由 $d(x)\mid p(x)$知或者 $d(x)$为非零常数或者 $d(x)=cp(x)$,其中 $c\neq 0\in F$. 由前一种情况得$(p(x), f(x))=1$, 由后一种情况得 $p(x)\mid f(x)$.

2) 假设 $p(x)\nmid f(x)$,则由 1)知$(p(x), f(x))=1$. 所以由 $p(x)\mid f(x)g(x)$得 $p(x)\mid g(x)$. 因而,或者 $p(x)\mid f(x)$或者 $p(x)\mid g(x)$. □

于是,若 $p(x)$是不可约多项式且 $p(x)\mid f_1(x)f_2(x)\cdots f_n(x)$,则存在某个 i 使得 $p(x)\mid f_i(x)$.

因式分解定理 数域 F 上的每个次数$\geqslant 1$ 的多项式都可以分解成 F 上的一些不可约多项式的乘积;而且这样的分解在相差非

零常数意义下是唯一的,即,

如果 $f(x)\in F[x]$, $\partial(f(x))\geqslant 1$,则有

$$f(x)=p_1(x)p_2(x)\cdots p_s(x),$$

其中 $p_i(x)$, $i=1,2,\cdots,s$, 是 F 上的不可约多项式,而且如果另有 F 上不可约多项式 $q_1(x),q_2(x),\cdots,q_t(x)$使得

$$f(x)=p_1(x)p_2(x)\cdots p_s(x)=q_1(x)q_2(x)\cdots q_t(x),$$

则必有 $s=t$ 且适当排列 $q_1(x)$, $q_2(x)$, $\cdots$, $q_t(x)$的次序后有

$$p_i(x)=a_iq_i(x),\ i=1,2,\cdots,s,$$

其中 $a_i\neq 0\in F$, $i=1,2,\cdots,s$.

证明 （存在性） 设 $f(x)\in F[x]$, $n=\partial(f(x))\geqslant 1$,我们来证明 $f(x)$可表示成 F 上不可约多项式的乘积.

如果 $f(x)$不可约,则存在性得证;如果 $f(x)$可约,则有 $f(x)=f_1(x)f_2(x)$,其中 $\partial(f_1(x))<n$, $\partial(f_2(x))<n$. 如果 $f_1(x)$, $f_2(x)$都不可约,则存在性得证,如果 $f_1(x)$, $f_2(x)$中仍有可约的,则将可约的多项式再表示成两个次数较低的多项式的乘积. 如此继续下去,由于这样的分解中出现的多项式的次数都大于零,又 $f(x)$最多可表示成 n 个次数大于零的多项式的乘积,所以上述过程只能进行有限次. 因而,最后我们有

$$f(x)=p_1(x)p_2(x)\cdots p_s(x),$$

其中 $p_1(x)$, $p_2(x)$, $\cdots$, $p_s(x)$都是 F 上的不可约多项式,存在性得证.

（唯一性） 假设

$$f(x)=p_1(x)p_2(x)\cdots p_s(x)=q_1(x)q_2(x)\cdots q_t(x),$$

其中 $p_1(x)$, $p_2(x)$, $\cdots$, $p_s(x)$, $q_1(x)$, $q_2(x)$, $\cdots$, $q_t(x)$都是 F 上的不可约多项式. 我们来证 $s=t$ 且适当调换 $q_1(x)$, $q_2(x)$, $\cdots$, $q_t(x)$的次序后有

$$p_i(x)=a_iq_i(x),\quad a_i\neq 0\in F,\quad i=1,2,\cdots,s.$$

我们对 s 用归纳法来证明上述结论.

当 $s=1$ 时, $f(x)=p_1(x)=q_1(x)q_2(x)\cdots q_t(x)$,由不可约多

项式的定义即得 $t=1$ 且 $f(x)=p_1(x)=q_1(x)$.

假设结论对 $s-1$ 时成立,下证结论对 s 也成立.

由 $p_1(x)p_2(x)\cdots p_s(x)=q_1(x)q_2(x)\cdots q_t(x)$知

$$p_1(x)\mid q_1(x)q_2(x)\cdots q_t(x),$$

而 $p_1(x)$不可约,故 $p_1(x)$必整除某个 $q_i(x)$,调换 $q_1(x)$, $q_2(x)$, $\cdots$, $q_t(x)$的次序不妨设 $p_1(x)\mid q_1(x)$. 又 $q_1(x)$也是不可约的,所以 $p_1(x)=a_1q_1(x)$,其中 $a_1\neq 0\in F$. 于是

$$a_1q_1(x)p_2(x)\cdots p_s(x)=q_1(x)q_2(x)\cdots q_t(x),$$

消去 $q_1(x)$得

$$a_1p_2(x)\cdots p_s(x)=q_2(x)\cdots q_t(x).$$

令

$$f_1(x)=p_2(x)\cdots p_s(x)=(a_1^{-1}q_2(x))\cdots q_t(x),$$

这是多项式 $f_1(x)$的两个不可约分解. 则对 $f_1(x)$用归纳假设得 $s-1=t-1$ 且适当调换 $q_2(x)$, $\cdots$, $q_t(x)$的次序后有 $p_2(x)=a_2a_1(a_1^{-1}q_2(x))$, $p_i(x)=a_iq_i(x)$, $i=3$, $\cdots$, s, $a_2\neq 0$, $a_i\neq 0\in F$. 因而 $s=t$ 且适当调换 $q_1(x)$, $q_2(x)$, $\cdots$, $q_t(x)$的次序后有 $p_i(x)=a_iq_i(x)$, $a_i\neq 0\in F$, $i=1$, 2, $\cdots$, s.

所以由归纳法,唯一性得证. □

设 $f(x)\in F[x]$, $\partial(f(x))\geqslant 1$, 则由因式分解定理有

$$f(x)=ap_1^{r_1}(x)p_2^{r_2}(x)\cdots p_s^{r_s}(x),$$

其中 $a\neq 0\in F$, $r_i\geqslant 1$, $i=1$, 2, $\cdots$, s, $p_1(x)$, $p_2(x)$, $\cdots$, $p_s(x)$ 是互不相同的首项系数为 1 的不可约多项式. 这样的分解式称为是 $f(x)$的**标准分解式**.

习题 2.4

1. 求 x^3+x^2-2x-2 在有理数域和实数域上的标准分解式.

2. 设 $p(x)$具有性质:若 $p(x)\mid f(x)g(x)$, 则必有 $p(x)\mid f(x)$或 $p(x)\mid g(x)$,证明:$p(x)$是不可约的.

§5 多项式的根

设

$$f(x)=a_nx^n+a_{n-1}x^{n-1}+\cdots+a_0\in F[x].$$

对任意 $a\in F$,我们定义 $f(x)$在 $x=a$ 处的值 $f(a)$为

$$f(a)=a_na^n+a_{n-1}a^{n-1}+\cdots+a_0.$$

这样 $f(x)$就定义了 F 上的一个函数. 如果 $f(a)=0$,则称 a 是 $f(x)$的一个**根**或一个**零点**.

定理 2.5 a 是 $f(x)$的根的充分必要条件是 $f(x)$被 $x-a$ 整除.

证明 由带余除法,存在 $q(x)\in F[x]$, $c\in F$ 使

$$f(x)=(x-a)q(x)+c.$$

令 $x=a$ 得 $c=f(a)$,即,用 $x-a$ 除 $f(x)$所得的余式是常数 $f(a)$. 因而,$f(a)=0$ 的充分必要条件是 $x-a$ 整除 $f(x)$. □

设 $g(x)$是 $f(x)$的一个次数>0 的因式,如果 $g^k(x)\mid f(x)$,但 $g^{k+1}(x)\nmid f(x)$,我们称 $g(x)$是 $f(x)$的 ***k* 重因式**. 现在,$f(x)$的根与 $f(x)$的因式联系了起来. 自然地,我们可以定义

定义 2.6 设 $k\geqslant1$,如果 $x-a$ 是 $f(x)$的 k 重因式,则称 a 是 $f(x)$的 ***k* 重根**. $k>1$ 时称为**重根**, $k=1$ 时称为**单根**.

定理 2.6 数域 F 上的 $n(\geqslant0)$次多项式 $f(x)$在 F 中至多有 n 个根,重根按重数计算.

证明 若 $n=0$,结论显然成立,下面假设 $n\geqslant1$.

由因式分解定理,将 $f(x)$分解成不可约多项式的乘积:

$$f(x)=cp_1(x)p_2(x)\cdots p_s(x),\quad c\neq0\in F,$$

其中 $p_1(x)$, $p_2(x)$, $\cdots$, $p_s(x)$为首项系数为 1 的不可约多项式. 根据定理 2.5, a 是 $f(x)$的根的充分必要条件是 $x-a$ 出现在上面的不可约因式 $p_1(x)$, $p_2(x)$, $\cdots$, $p_s(x)$中. 所以 $f(x)$的根的个数(重根按重数计算)等于上面分解式中一次因式的个数. 而这

样的一次因式的个数至多为 n,所以 $f(x)$的根的个数至多为 n.

□

于是,若 $f(x), g(x)\in F[x]$, $\partial(f(x))\leqslant n$, $\partial(g(x))\leqslant n$,如果 F 中有 $n+1$ 个不同的数 $a_1, a_2, \cdots, a_{n+1}$ 使

$$f(a_i)=g(a_i),\quad i=1, 2, \cdots, n+1,$$

则 $f(x)=g(x)$.

事实上,若令 $h(x)=f(x)-g(x)$, 如果 $h(x)\neq 0$,即 $f(x)\neq g(x)$,则 $\partial(h(x))\leqslant n$. 但 $h(x)$有 $n+1$ 个不同的根 $a_1, a_2, \cdots, a_{n+1}$,与定理 2.6 矛盾.

由于 F 中有无限多个数,所以,如果 $f(x)$与 $g(x)$所定义的多项式函数相等,即, $f(a)=g(a)$, $a\in F$,则 $f(x)=g(x)$.

习题 2.5

1. 证明 $\sin x$ 不能是一个多项式.

§6 复数域和实数域上的多项式

在这一节中,我们讨论复数域和实数域上的多项式的因式分解问题. 主要的是要讨论这些域上的不可约多项式.

对于复数域上的多项式,我们有下列的代数基本定理,其证明留待复变函数课程中给出.

代数基本定理 复数域上的每个次数$\geqslant 1$ 的多项式在复数域中至少有一个根.

推论 2.4 复数域上的不可约多项式只有一次多项式.

证明 设 $p(x)$是复数域上的不可约多项式, $n=\partial(p(x))$. 如果 $n>1$,则由代数基本定理, $p(x)$在复数域中有一个根,设为 α. 于是,存在复系数多项式 $g(x)$使得

$$p(x)=(x-\alpha)g(x).$$

而 $p(x)$是不可约的，所以 $g(x)$为非零常数，这与 $n>1$ 相矛盾. 所以 $p(x)$是一次多项式. □

于是，一般域上的因式分解定理在复数域上可表述成：

复数域上的多项式因式分解定理 复数域上的每个次数$\geqslant 1$多项式在复数域上都可以分解成一次因式的乘积.

设 $f(x)$是次数$\geqslant 1$ 的复系数多项式，则 $f(x)$在复数域上的标准分解式为：

$$f(x)=a(x-a_1)^{r_1}(x-a_2)^{r_2}\cdots(x-a_s)^{r_s},$$

其中 $a_1, a_2, \cdots, a_s$ 是互不相同的复数. 因而，n 次复系数多项式在复数域中有 n 个根(重根按重数计算).

下面我们讨论实数域上的多项式.

引理 2.1 实数域上的首项系数为 1 的不可约多项式只有下列两种形式：

1) $x-a$；

2) x^2+px+q，其中，$p^2-4q<0$.

证明 设 $p(x)$是实数域上的首项系数为 1 的不可约多项式，令 $n=\partial(p(x))$. 若 $n=1$，则有实数 a 使 $p(x)=x-a$. 下面假设 $n>1$.

由代数基本定理，$p(x)$在复数域中至少有一个根，设为 α. 则

$$p(x)=(x-\alpha)g(x).$$

如果 α 是实数，则比较上式两边多项式的系数知 $g(x)$也是实系数多项式，这与 $p(x)$的不可约性矛盾，所以 α 不是实数. 令

$$p(x)=x^n+a_{n-1}x^{n-1}+\cdots+a_1x+a_0,$$

其中 $a_0, a_1, \cdots, a_{n-1}$都为实数. 由于 $p(\alpha)=0$，所以

$$\alpha^n+a_{n-1}\alpha^{n-1}+\cdots+a_1\alpha+a_0=0,$$

两边取共轭得

$$\overline{\alpha}^n+a_{n-1}\overline{\alpha}^{n-1}+\cdots+a_1\overline{\alpha}+a_0=0.$$

于是 $p(\overline{\alpha})=0$，即 $\overline{\alpha}$ 也是 $p(x)$的根. 而 $\overline{\alpha}\neq\alpha$，所以 $p(x)$被$(x-\alpha)\cdot(x-\overline{\alpha})$整除. 故有 $h(x)$使得

$$p(x)=(x-\alpha)(x-\bar{\alpha})h(x).$$

但$(x-\alpha)(x-\bar{\alpha})=x^2-(\alpha+\bar{\alpha})x+\alpha\bar{\alpha}$是实系数多项式.比较系数得$h(x)$也是实系数的. 但$p(x)$不可约,因而必有$h(x)=1$, 所以

$$p(x)=x^2-(\alpha+\bar{\alpha})x+\alpha\bar{\alpha},$$

因而$p(x)=x^2+px+q$, 其中$p^2-4q<0$. □

于是,一般域上的因式分解定理在实数域上可表述为:

实数域上多项式的因式分解定理 实数域上的每个次数≥1的多项式在实数域上都可分解成一次因式和两次不可约因式的乘积.

设$f(x)$是次数≥1的实系数多项式,则$f(x)$在实数域上的标准分解式为:

$$f(x)=a(x-a_1)^{r_1}\cdots(x-a_s)^{r_s}(x^2+p_1x+q_1)^{k_1}\cdots(x^2+p_tx+q_t)^{k_t},$$

其中$a, a_1, \cdots, a_s, p_1, \cdots, p_t, q_1, \cdots, q_t$都是实数, $s\geqslant 0$, $t\geqslant 0$且$p_i^2-4q_i<0$, $i=1, 2, \cdots, t$.

习题 2.6

1. 证明:$n(>0)$次多项式在复数域上恰有n个根(重根按重数计算).
2. 证明:奇数次实系数多项式至少有一个实根.

§7 有理根

在这一节中,我们讨论有理系数多项式的有理根.

设$f(x)$是有理系数多项式,令b是$f(x)$的系数的公分母,则$f(x)=\frac{1}{b}g(x)$,其中$g(x)$是一个整系数多项式. 显然,$f(x)$与$g(x)$具有相同的有理根. 所以,我们只须讨论整系数多项式的有理根.

定理 2.7 设

$$f(x)=a_nx^n+a_{n-1}x^{n-1}+\cdots+a_0,\ a_n\neq 0,$$

是一个整系数多项式，如果$\frac{r}{s}$是 $f(x)$的一个有理根，其中$(r, s)=1$，则 $s|a_n$，$r|a_0$.

证明 由于$\frac{r}{s}$是 $f(x)$的一个有理根，所以有

$$f(x)=\left(x-\frac{r}{s}\right)h(x),$$

其中 $h(x)$是有理系数多项式，则 $f(x)=(sx-r)\left(\frac{1}{s}h(x)\right)$. 下证$\frac{1}{s}h(x)$是整系数多项式.

令 b 是$\frac{1}{s}h(x)$的系数的公分母，则$\frac{1}{s}h(x)=\frac{1}{b}g(x)$，其中 $g(x)$是一个整系数多项式，再令 a 是 $g(x)$的系数的最大公因数，则$\frac{1}{s}h(x)=\frac{a}{b}h_1(x)$，其中 $h_1(x)$是整系数多项式且它的系数的最大公因数是±1. 消去 a 与 b 的公因数，不妨假设$(a, b)=1$.

由于 $bf(x)=a(sx-r)h_1(x)$，比较系数知，b 整除 $a(sx-r)h_1(x)$的所有系数，而$(a, b)=1$，所以 b 整除$(sx-r)\cdot h_1(x)$的所有系数. 假设$b\neq\pm 1$.

令

$$h_1(x)=c_{n-1}x^{n-1}+\cdots+c_0,$$

则

$$(sx-r)h_1(x)=sc_{n-1}x^n+(sc_{n-2}-rc_{n-1})x^{n-1}+\cdots+(-rc_0).$$

由于 $h_1(x)$的系数的最大公因数是±1，所以 b 不能同时整除$h_1(x)$的所有系数，于是，存在 $i\geqslant 0$ 使 $b|c_{i-1}$但 $b\nmid c_i$，类似地，由于$(s, r)=1$，所以 b 也不能同时整除 s 和 r.

若 $s\nmid r$，则，由于 $b|sc_{i-1}$，$b\nmid rc_i$，所以 b 不能整除$(sx-r)\cdot h_1(x)$的 i 次系数 $sc_{i-1}-rc_i$，矛盾；

若 $b|r$ 但 $b\nmid s$，则，由于 $b|rc_{i+1}$，$b\nmid sc_i$，所以 b 不能整除 $(sx-r)h_1(x)$ 的 $i+1$ 次系数 sc_i-rc_{i+1}，矛盾.

所以，必有 $b=\pm1$，于是，$\frac{1}{s}h_1(x)$ 是整系数多项式.

令 $\frac{1}{s}h(x)=b_{n-1}x^{n-1}+\cdots+b_0$，则有

$$\begin{aligned}&a_nx^n+a_{n-1}x^{n-1}+\cdots+a_0\\=&sb_{n-1}x^n+(sb_{n-2}-rb_{n-1})x^{n-1}+\cdots+(-rb_0).\end{aligned}$$

因而，$a_n=sb_{n-1}$，$a_0=-rb_0$. 所以 $s|a_n$，$r|a_0$. □

例 3 求 $f(x)=4x^4-7x^2-5x-1$ 的有理根.

由于 4 的因数只有 $\pm4,\pm2,\pm1$，-1 的因数只有 ±1，所以 $f(x)$ 的有理根只可能是 $\pm\frac{1}{4},\pm\frac{1}{2},\pm1$，代入验证知只有 $-\frac{1}{2}$ 是 $f(x)$ 的根.

习题 2.7

1. 求下列多项式的有理根：

1) $2x^4-3x^3-10x^2+17x-3$，

2) $x^3-6x^2+15x-14$.

2. 设 $f(x)$ 是整系数多项式且 $f(0)$，$f(1)$ 都是奇数，证明 $f(x)$ 没有有理根.

第3章 行列式

§1 引　　言

我们先来看如何用消元法解二元一次方程组：

$$\begin{cases} a_{11}x_1+a_{12}x_2=b_1, \\ a_{21}x_1+a_{22}x_2=b_2. \end{cases}$$

用 a_{22} 乘第一个方程，$-a_{12}$ 乘第二个方程，然后相加消去 x_2 得

$$(a_{11}a_{22}-a_{12}a_{21})x_1=b_1a_{22}-b_2a_{12},$$

用 $-a_{21}$ 乘第一个方程，a_{11} 乘第二个方程，然后相加消去 x_1 得

$$(a_{11}a_{22}-a_{12}a_{21})x_2=b_2a_{11}-b_1a_{21}.$$

如果 $a_{11}a_{22}-a_{12}a_{21}\neq 0$，则求得上述方程组的解为

$$x_1=\frac{b_1a_{22}-b_2a_{12}}{a_{11}a_{22}-a_{12}a_{21}},$$

$$x_2=\frac{b_2a_{11}-b_1a_{21}}{a_{11}a_{22}-a_{12}a_{21}}.$$

若令二阶行列式

$$\begin{vmatrix} b_{11} & b_{12} \\ b_{21} & b_{22} \end{vmatrix}=b_{11}b_{22}-b_{12}b_{21},$$

则方程组的解可表示成

$$x_1=\frac{\begin{vmatrix} b_1 & a_{12} \\ b_2 & a_{22} \end{vmatrix}}{\begin{vmatrix} a_{11} & a_{12} \\ a_{21} & a_{22} \end{vmatrix}},\quad x_2=\frac{\begin{vmatrix} a_{11} & b_1 \\ a_{21} & b_2 \end{vmatrix}}{\begin{vmatrix} a_{11} & a_{12} \\ a_{21} & a_{22} \end{vmatrix}}.$$

我们再来看如何用消去法解三元一次方程组：

$$\begin{cases} a_{11}x_1+a_{12}x_2+a_{13}x_3=b_1, & (3.1)\\ a_{21}x_1+a_{22}x_2+a_{23}x_3=b_2, & (3.2)\\ a_{31}x_1+a_{32}x_2+a_{33}x_3=b_3. & (3.3)\end{cases}$$

由 $a_{22}\times(3.3)-a_{32}\times(3.2)$得：

$$-\begin{vmatrix} a_{21} & a_{22}\\ a_{31} & a_{32}\end{vmatrix}x_1+\begin{vmatrix} a_{22} & a_{23}\\ a_{32} & a_{33}\end{vmatrix}x_3=\begin{vmatrix} a_{22} & b_2\\ a_{32} & b_3\end{vmatrix}, \tag{3.4}$$

由 $a_{12}\times(3.3)-a_{32}\times(3.1)$得：

$$-\begin{vmatrix} a_{11} & a_{12}\\ a_{31} & a_{32}\end{vmatrix}x_1+\begin{vmatrix} a_{12} & a_{13}\\ a_{32} & a_{33}\end{vmatrix}x_3=\begin{vmatrix} a_{12} & b_1\\ a_{32} & b_3\end{vmatrix}, \tag{3.5}$$

由 $a_{12}\times(3.2)-a_{22}\times(3.1)$得：

$$-\begin{vmatrix} a_{11} & a_{12}\\ a_{21} & a_{22}\end{vmatrix}x_1+\begin{vmatrix} a_{12} & a_{13}\\ a_{22} & a_{23}\end{vmatrix}x_3=\begin{vmatrix} a_{12} & b_1\\ a_{22} & b_2\end{vmatrix}, \tag{3.6}$$

再由 $a_{11}\times(3.4)-a_{21}\times(3.5)+a_{31}\times(3.6)$得：

$$\left(a_{11}\begin{vmatrix} a_{22} & a_{23}\\ a_{32} & a_{33}\end{vmatrix}-a_{21}\begin{vmatrix} a_{12} & a_{13}\\ a_{32} & a_{33}\end{vmatrix}+a_{31}\begin{vmatrix} a_{12} & a_{13}\\ a_{22} & a_{23}\end{vmatrix}\right)x_3$$

$$=a_{11}\begin{vmatrix} a_{22} & b_2\\ a_{32} & b_3\end{vmatrix}-a_{21}\begin{vmatrix} a_{12} & b_1\\ a_{32} & b_3\end{vmatrix}+a_{31}\begin{vmatrix} a_{12} & b_1\\ a_{22} & b_2\end{vmatrix}.$$

若令三阶行列式

$$\begin{vmatrix} b_{11} & b_{12} & b_{13}\\ b_{21} & b_{22} & b_{23}\\ b_{31} & b_{32} & b_{33}\end{vmatrix}=b_{11}\begin{vmatrix} b_{22} & b_{23}\\ b_{32} & b_{33}\end{vmatrix}-b_{21}\begin{vmatrix} b_{12} & b_{13}\\ b_{32} & b_{33}\end{vmatrix}+b_{31}\begin{vmatrix} b_{12} & b_{13}\\ b_{22} & b_{23}\end{vmatrix},$$

且如果

$$\begin{vmatrix} a_{11} & a_{12} & a_{13}\\ a_{21} & a_{22} & a_{23}\\ a_{31} & a_{32} & a_{33}\end{vmatrix}\neq 0,$$

则解得

$$x_3=\frac{\begin{vmatrix} a_{11} & a_{12} & b_1 \\ a_{21} & a_{22} & b_2 \\ a_{31} & a_{32} & b_3 \end{vmatrix}}{\begin{vmatrix} a_{11} & a_{12} & a_{13} \\ a_{21} & a_{22} & a_{23} \\ a_{31} & a_{32} & a_{33} \end{vmatrix}},$$

同理可得

$$x_1=\frac{\begin{vmatrix} b_1 & a_{12} & a_{13} \\ b_2 & a_{22} & a_{23} \\ b_3 & a_{32} & a_{33} \end{vmatrix}}{\begin{vmatrix} a_{11} & a_{12} & a_{13} \\ a_{21} & a_{22} & a_{23} \\ a_{31} & a_{32} & a_{33} \end{vmatrix}},\quad x_2=\frac{\begin{vmatrix} a_{11} & b_1 & a_{13} \\ a_{21} & b_2 & a_{23} \\ a_{31} & b_3 & a_{33} \end{vmatrix}}{\begin{vmatrix} a_{11} & a_{12} & a_{13} \\ a_{21} & a_{22} & a_{23} \\ a_{31} & a_{32} & a_{33} \end{vmatrix}}.$$

§2 行列式的定义

从上一节中我们看到二元和三元一次方程组的解分别可以由二阶和三阶行列式表达出来，且三阶行列式的计算可以化为计算一些二阶行列式. 可以设想 n 元一次方程组的解可以用 n 阶行列式表示出来且 n 阶行列式可以用一些 $n-1$ 阶行列式的代数和来表示. 下面我们就来用归纳的方法定义行列式.

定义 3.1　数域 F 上的 n 阶行列式

$$\begin{vmatrix} a_{11} & a_{12} & \cdots & a_{1n} \\ a_{21} & a_{22} & \cdots & a_{2n} \\ \vdots & \vdots & & \vdots \\ a_{n1} & a_{n2} & \cdots & a_{nn} \end{vmatrix},\quad a_{ij}\in F,\quad i,j=1,2,\cdots,n.$$

是 F 中唯一确定的数：

1）当 $n=1$ 时，$|a_{11}|=a_{11}$；

2）当 $n>1$ 时，

$$
\begin{vmatrix} a_{11} & a_{12} & \cdots & a_{1n} \\ a_{21} & a_{22} & \cdots & a_{2n} \\ \vdots & \vdots & & \vdots \\ a_{n1} & a_{n2} & \cdots & a_{nn} \end{vmatrix} = a_{11}\begin{vmatrix} a_{22} & \cdots & a_{2n} \\ a_{32} & \cdots & a_{3n} \\ \vdots & & \vdots \\ a_{n2} & \cdots & a_{nn} \end{vmatrix} - a_{21}\begin{vmatrix} a_{12} & \cdots & a_{1n} \\ a_{32} & \cdots & a_{3n} \\ \vdots & & \vdots \\ a_{n2} & \cdots & a_{nn} \end{vmatrix} +
$$

$$
\cdots + (-1)^{n-1}a_{n1}\begin{vmatrix} a_{12} & \cdots & a_{1n} \\ a_{22} & \cdots & a_{2n} \\ \vdots & & \vdots \\ a_{n-1\,2} & \cdots & a_{n-1\,n} \end{vmatrix}.
$$

例 1 计算行列式

$$
D=\begin{vmatrix} 2 & 1 & 1 & 1 \\ 1 & 2 & 1 & 1 \\ 1 & 1 & 2 & 1 \\ 1 & 1 & 1 & 2 \end{vmatrix}.
$$

解 根据行列式的定义得

$$
\begin{aligned}
D &= 2\begin{vmatrix} 2 & 1 & 1 \\ 1 & 2 & 1 \\ 1 & 1 & 2 \end{vmatrix} - \begin{vmatrix} 1 & 1 & 1 \\ 1 & 2 & 1 \\ 1 & 1 & 2 \end{vmatrix} + \begin{vmatrix} 1 & 1 & 1 \\ 2 & 1 & 1 \\ 1 & 1 & 2 \end{vmatrix} - \begin{vmatrix} 1 & 1 & 1 \\ 2 & 1 & 1 \\ 1 & 2 & 1 \end{vmatrix} \\
&= 2\left(2\begin{vmatrix} 2 & 1 \\ 1 & 2 \end{vmatrix} - \begin{vmatrix} 1 & 1 \\ 1 & 2 \end{vmatrix} + \begin{vmatrix} 1 & 1 \\ 2 & 1 \end{vmatrix}\right) - \left(\begin{vmatrix} 2 & 1 \\ 1 & 2 \end{vmatrix} - \begin{vmatrix} 1 & 1 \\ 1 & 2 \end{vmatrix}\right. \\
&\quad \left. + \begin{vmatrix} 1 & 1 \\ 2 & 1 \end{vmatrix}\right) + \left(\begin{vmatrix} 1 & 1 \\ 1 & 2 \end{vmatrix} - 2\begin{vmatrix} 1 & 1 \\ 1 & 2 \end{vmatrix} + \begin{vmatrix} 1 & 1 \\ 1 & 1 \end{vmatrix}\right) - \left(\begin{vmatrix} 1 & 1 \\ 2 & 1 \end{vmatrix}\right. \\
&\quad \left. - 2\begin{vmatrix} 1 & 1 \\ 2 & 1 \end{vmatrix} + \begin{vmatrix} 1 & 1 \\ 1 & 1 \end{vmatrix}\right) \\
&= 5.
\end{aligned}
$$

例 2 证明上三角形行列式

$$
D=\begin{vmatrix} a_{11} & a_{12} & \cdots & a_{1n} \\ 0 & a_{22} & \cdots & a_{2n} \\ \vdots & \vdots & & \vdots \\ 0 & 0 & \cdots & a_{nn} \end{vmatrix} = a_{11}a_{22}\cdots a_{nn}.
$$

证明 对 n 用归纳法. 当 $n=2$ 时, $\begin{vmatrix} a_{11} & a_{12} \\ 0 & a_{22} \end{vmatrix} = a_{11}a_{22}$, 故结论成立. 假设结论对 $n-1$ 阶行列式成立, 对 n 阶行列式, 由定义得

$$D = a_{11}\begin{vmatrix} a_{22} & a_{23} & \cdots & a_{2n} \\ 0 & a_{33} & \cdots & a_{3n} \\ \vdots & \vdots & & \vdots \\ 0 & 0 & \cdots & a_{nn} \end{vmatrix}.$$

由归纳假设得

$$\begin{vmatrix} a_{22} & a_{23} & \cdots & a_{2n} \\ 0 & a_{33} & \cdots & a_{3n} \\ \vdots & \vdots & & \vdots \\ 0 & 0 & \cdots & a_{nn} \end{vmatrix} = a_{22}a_{33}\cdots a_{nn},$$

所以

$$D = a_{11}a_{22}\cdots a_{nn}.$$

习题 3.2

1. 计算行列式

$$\begin{vmatrix} 0 & 0 & 0 & 1 \\ 0 & 0 & 2 & 0 \\ 0 & 3 & 0 & 0 \\ 4 & 0 & 0 & 0 \end{vmatrix}.$$

2. 用行列式的定义证明: 若行列式的一行或一列的元素都为零, 则行列式为零.

3. 用归纳法证明

$$\begin{vmatrix} a_{11} & 0 & \cdots & 0 \\ a_{21} & a_{22} & \cdots & 0 \\ \vdots & \vdots & & \vdots \\ a_{n1} & a_{n2} & \cdots & a_{nn} \end{vmatrix} = a_{11}a_{22}\cdots a_{nn}.$$

§3 行列式的性质

为了计算行列式的值(不仅仅应用定义),我们需要讨论行列式的性质.

定理 3.1

$$\begin{vmatrix} a_{11} & a_{12} & \cdots & a_{1n} \\ \vdots & \vdots & & \vdots \\ ka_{i1} & ka_{i2} & \cdots & ka_{in} \\ \vdots & \vdots & & \vdots \\ a_{n1} & a_{n2} & \cdots & a_{nn} \end{vmatrix} = k \begin{vmatrix} a_{11} & a_{12} & \cdots & a_{1n} \\ \vdots & \vdots & & \vdots \\ a_{i1} & a_{i2} & \cdots & a_{in} \\ \vdots & \vdots & & \vdots \\ a_{n1} & a_{n2} & \cdots & a_{nn} \end{vmatrix}.$$

证明 对 n 用归纳法.

当 $n=1$ 时, $|ka_{11}|=ka_{11}=k|a_{11}|$,故定理成立.

假设定理对 $n-1$ 阶行列式成立,对 n 阶行列式,由行列式的定义及归纳假设得:

$$\begin{vmatrix} a_{11} & a_{12} & \cdots & a_{1n} \\ \vdots & \vdots & & \vdots \\ ka_{i1} & ka_{i2} & \cdots & ka_{in} \\ \vdots & \vdots & & \vdots \\ a_{n1} & a_{n2} & \cdots & a_{nn} \end{vmatrix} = a_{11} \begin{vmatrix} a_{22} & \cdots & a_{2n} \\ \vdots & & \vdots \\ ka_{i2} & \cdots & ka_{in} \\ \vdots & & \vdots \\ a_{n2} & \cdots & a_{nn} \end{vmatrix} + \cdots$$

$$+(-1)^{i-1}ka_{i1} \begin{vmatrix} a_{12} & \cdots & a_{1n} \\ \vdots & & \vdots \\ a_{i-12} & \cdots & a_{i-1n} \\ a_{i+12} & \cdots & a_{i+1n} \\ \vdots & & \vdots \\ a_{n2} & \cdots & a_{nn} \end{vmatrix} + \cdots$$

$$
+(-1)^{n-1}a_{n1}\begin{vmatrix} a_{12} & \cdots & a_{1n} \\ \vdots & & \vdots \\ ka_{i2} & \cdots & ka_{in} \\ \vdots & & \vdots \\ a_{n-1\,2} & \cdots & a_{n-1\,n} \end{vmatrix} = k\left\{ a_{11}\begin{vmatrix} a_{22} & \cdots & a_{2n} \\ \vdots & & \vdots \\ a_{i2} & \cdots & a_{in} \\ \vdots & & \vdots \\ a_{n2} & \cdots & a_{nn} \end{vmatrix} + \cdots \right.
$$

$$
+(-1)^{i-1}a_{i1}\begin{vmatrix} a_{12} & \cdots & a_{1n} \\ \vdots & & \vdots \\ a_{i-1\,2} & \cdots & a_{i-1\,n} \\ a_{i+1\,2} & \cdots & a_{i+1\,n} \\ \vdots & & \vdots \\ a_{n2} & \cdots & a_{nn} \end{vmatrix} + \cdots
$$

$$
\left. +(-1)^{n-1}a_{n1}\begin{vmatrix} a_{12} & \cdots & a_{1n} \\ \vdots & & \vdots \\ a_{i2} & \cdots & a_{in} \\ \vdots & & \vdots \\ a_{n-1\,2} & \cdots & a_{n-1\,n} \end{vmatrix} \right\} = k\begin{vmatrix} a_{11} & a_{12} & \cdots & a_{1n} \\ \vdots & \vdots & & \vdots \\ a_{i1} & a_{i2} & \cdots & a_{in} \\ \vdots & \vdots & & \vdots \\ a_{n1} & a_{n2} & \cdots & a_{nn} \end{vmatrix}. \quad \square
$$

令 $k=0$ 即得：

如果行列式中的某一行全为零，则行列式为零.

定理 3.2

$$
i\begin{vmatrix} a_{11} & a_{12} & \cdots & a_{1n} \\ \vdots & \vdots & & \vdots \\ b_1+c_1 & b_2+c_2 & \cdots & b_n+c_n \\ \vdots & \vdots & & \vdots \\ a_{n1} & a_{n2} & \cdots & a_{nn} \end{vmatrix}
$$

$$
= i\begin{vmatrix} a_{11} & a_{12} & \cdots & a_{1n} \\ \vdots & \vdots & & \vdots \\ b_1 & b_2 & \cdots & b_n \\ \vdots & \vdots & & \vdots \\ a_{n1} & a_{n2} & \cdots & a_{nn} \end{vmatrix} + i\begin{vmatrix} a_{11} & a_{12} & \cdots & a_{1n} \\ \vdots & \vdots & & \vdots \\ c_1 & c_2 & \cdots & c_n \\ \vdots & \vdots & & \vdots \\ a_{n1} & a_{n2} & \cdots & a_{nn} \end{vmatrix}.
$$

证明 对 n 用归纳法.

当 $n=1$ 时,$|b_1+c_1|=b_1+c_1=|b_1|+|c_1|$,故定理成立.

假设定理对 $n-1$ 阶行列式成立,对 n 阶行列式情形,由行列式的定义及归纳假设得:

$$\begin{vmatrix} a_{11} & a_{12} & \cdots & a_{1n} \\ \vdots & \vdots & & \vdots \\ b_1+c_1 & b_2+c_2 & \cdots & b_n+c_n \\ \vdots & \vdots & & \vdots \\ a_{n1} & a_{n2} & \cdots & a_{nn} \end{vmatrix} = a_{11}\begin{vmatrix} a_{22} & \cdots & a_{2n} \\ \vdots & & \vdots \\ b_2+c_2 & \cdots & b_n+c_n \\ \vdots & & \vdots \\ a_{n2} & \cdots & a_{nn} \end{vmatrix} + \cdots$$

$$+(-1)^{i-1}(b_1+c_1)\begin{vmatrix} a_{12} & \cdots & a_{1n} \\ \vdots & & \vdots \\ a_{i-1\,2} & \cdots & a_{i-1\,n} \\ a_{i+1\,2} & \cdots & a_{i+1\,n} \\ \vdots & & \vdots \\ a_{n2} & \cdots & a_{nn} \end{vmatrix} + \cdots + (-1)^{n-1}a_{n1}\cdot$$

$$\begin{vmatrix} a_{12} & \cdots & a_{1n} \\ \vdots & & \vdots \\ b_2+c_2 & \cdots & b_n+c_n \\ \vdots & & \vdots \\ a_{n-1\,2} & \cdots & a_{n-1\,n} \end{vmatrix} = a_{11}\begin{vmatrix} a_{22} & \cdots & a_{2n} \\ \vdots & & \vdots \\ b_2 & \cdots & b_n \\ \vdots & & \vdots \\ a_{n2} & \cdots & a_{nn} \end{vmatrix} + \cdots + (-1)^{i-1}b_1\cdot$$

$$\begin{vmatrix} a_{12} & \cdots & a_{1n} \\ \vdots & & \vdots \\ a_{i-1\,2} & \cdots & a_{i-1\,n} \\ a_{i+1\,2} & \cdots & a_{i+1\,n} \\ \vdots & & \vdots \\ a_{n2} & \cdots & a_{nn} \end{vmatrix} + \cdots + (-1)^{n-1}a_{n1}\begin{vmatrix} a_{12} & \cdots & a_{1n} \\ \vdots & & \vdots \\ b_2 & \cdots & b_n \\ \vdots & & \vdots \\ a_{n-1\,2} & \cdots & a_{n-1\,n} \end{vmatrix}$$

$$+a_{11}\begin{vmatrix} a_{22} & \cdots & a_{2n} \\ \vdots & & \vdots \\ c_2 & \cdots & c_n \\ \vdots & & \vdots \\ a_{n2} & \cdots & a_{nn} \end{vmatrix} + \cdots + (-1)^{i-1}c_1\begin{vmatrix} a_{12} & \cdots & a_{1n} \\ \vdots & & \vdots \\ a_{i-1\,2} & \cdots & a_{i-1\,n} \\ a_{i+1\,2} & \cdots & a_{i+1\,n} \\ \vdots & & \vdots \\ a_{n2} & \cdots & a_{nn} \end{vmatrix} + \cdots$$

$$+(-1)^{n-1}a_{n1}\begin{vmatrix} a_{12} & \cdots & a_{1n} \\ \vdots & & \vdots \\ c_2 & \cdots & c_n \\ \vdots & & \vdots \\ a_{n-1\,2} & \cdots & a_{n-1\,n} \end{vmatrix} = \begin{vmatrix} a_{11} & a_{12} & \cdots & a_{1n} \\ \vdots & \vdots & & \vdots \\ b_1 & b_2 & \cdots & b_n \\ \vdots & \vdots & & \vdots \\ a_{n1} & a_{n2} & \cdots & a_{nn} \end{vmatrix} +$$

$$\begin{vmatrix} a_{11} & a_{12} & \cdots & a_{1n} \\ \vdots & \vdots & & \vdots \\ c_1 & c_2 & \cdots & c_n \\ \vdots & \vdots & & \vdots \\ a_{n1} & a_{n2} & \cdots & a_{nn} \end{vmatrix}.$$ □

定理 3.3 交换行列式两行,行列式变号,即:

$$\begin{vmatrix} a_{11} & a_{12} & \cdots & a_{1n} \\ \vdots & \vdots & & \vdots \\ a_{i1} & a_{i2} & \cdots & a_{in} \\ \vdots & \vdots & & \vdots \\ a_{j1} & a_{j2} & \cdots & a_{jn} \\ \vdots & \vdots & & \vdots \\ a_{n1} & a_{n2} & \cdots & a_{nn} \end{vmatrix} = -\begin{vmatrix} a_{11} & a_{12} & \cdots & a_{1n} \\ \vdots & \vdots & & \vdots \\ a_{j1} & a_{j2} & \cdots & a_{jn} \\ \vdots & \vdots & & \vdots \\ a_{i1} & a_{i2} & \cdots & a_{in} \\ \vdots & \vdots & & \vdots \\ a_{n1} & a_{n2} & \cdots & a_{nn} \end{vmatrix}.$$

证明 交换第 i 行和第 j 行可以通过交换 $2(j-i)-1$ 次相邻两行来得到,如果交换行列式相邻两行,行列式变号,则交换第 i 行和第 j 行,行列式也变号,下面对 n 用归纳法证明下列结论:

$$\begin{vmatrix} a_{11} & a_{12} & \cdots & a_{1n} \\ \vdots & \vdots & & \vdots \\ a_{i1} & a_{i2} & \cdots & a_{in} \\ a_{i+1\,1} & a_{i+1\,2} & \cdots & a_{i+1\,n} \\ \vdots & \vdots & & \vdots \\ a_{n1} & a_{n2} & \cdots & a_{nn} \end{vmatrix} = -\begin{vmatrix} a_{11} & a_{12} & \cdots & a_{1n} \\ \vdots & \vdots & & \vdots \\ a_{i+1\,1} & a_{i+1\,2} & \cdots & a_{i+1\,n} \\ a_{i1} & a_{i2} & \cdots & a_{in} \\ \vdots & \vdots & & \vdots \\ a_{n1} & a_{n2} & \cdots & a_{nn} \end{vmatrix}.$$

当 $n=2$ 时，

$$\begin{aligned} \begin{vmatrix} a_{11} & a_{12} \\ a_{21} & a_{22} \end{vmatrix} &= a_{11}a_{22}-a_{12}a_{21} \\ &= -(a_{21}a_{12}-a_{22}a_{11}) \\ &= -\begin{vmatrix} a_{21} & a_{22} \\ a_{11} & a_{12} \end{vmatrix}. \end{aligned}$$

故结论成立.

假设 $n\geqslant 3$ 且结论对 $n-1$ 阶行列式成立，对 n 阶行列式我们有

$$\begin{vmatrix} a_{11} & a_{12} & \cdots & a_{1n} \\ \vdots & \vdots & & \vdots \\ a_{i1} & a_{i2} & \cdots & a_{in} \\ a_{i+1\,1} & a_{i+1\,2} & \cdots & a_{i+1\,n} \\ \vdots & \vdots & & \vdots \\ a_{n1} & a_{n2} & \cdots & a_{nn} \end{vmatrix} = a_{11}\begin{vmatrix} a_{22} & \cdots & a_{2n} \\ \vdots & & \vdots \\ a_{i2} & \cdots & a_{in} \\ a_{i+1\,2} & \cdots & a_{i+1\,n} \\ \vdots & & \vdots \\ a_{n2} & \cdots & a_{nn} \end{vmatrix} + \cdots$$

$$+(-1)^{i-1}a_{i1}\begin{vmatrix} a_{12} & \cdots & a_{1n} \\ \vdots & & \vdots \\ a_{i-1\,2} & \cdots & a_{i-1\,n} \\ a_{i+1\,2} & \cdots & a_{i+1\,n} \\ \vdots & & \vdots \\ a_{n2} & \cdots & a_{nn} \end{vmatrix} + (-1)^{i}a_{i+1\,1}\begin{vmatrix} a_{12} & \cdots & a_{1n} \\ \vdots & & \vdots \\ a_{i2} & \cdots & a_{in} \\ a_{i+2\,2} & \cdots & a_{i+2\,n} \\ \vdots & & \vdots \\ a_{n2} & \cdots & a_{nn} \end{vmatrix}$$

$$
+\cdots+(-1)^{n-1}a_{n1}\begin{vmatrix} a_{12} & \cdots & a_{1n} \\ \vdots & & \vdots \\ a_{i2} & \cdots & a_{in} \\ a_{i+1\,2} & \cdots & a_{i+1\,n} \\ \vdots & & \vdots \\ a_{n-1\,2} & \cdots & a_{n-1\,n} \end{vmatrix} = -\left(a_{11}\begin{vmatrix} a_{22} & \cdots & a_{2n} \\ \vdots & & \vdots \\ a_{i+1\,2} & \cdots & a_{i+1\,n} \\ a_{i2} & \cdots & a_{in} \\ \vdots & & \vdots \\ a_{n2} & \cdots & a_{nn} \end{vmatrix} \right.
$$

$$
+\cdots+(-1)^{i-1}a_{i+1\,1}\begin{vmatrix} a_{12} & \cdots & a_{1n} \\ \vdots & & \vdots \\ a_{i2} & \cdots & a_{in} \\ a_{i+2\,2} & \cdots & a_{i+2\,n} \\ \vdots & & \vdots \\ a_{n2} & \cdots & a_{nn} \end{vmatrix} + (-1)^{i}a_{i1}\cdot
$$

$$
\left. \begin{vmatrix} a_{12} & \cdots & a_{1n} \\ \vdots & & \vdots \\ a_{i-1\,2} & \cdots & a_{i-1\,n} \\ a_{i+1\,2} & \cdots & a_{i+1\,n} \\ \vdots & & \vdots \\ a_{n2} & \cdots & a_{nn} \end{vmatrix} +\cdots+(-1)^{n-1}a_{n1}\begin{vmatrix} a_{12} & \cdots & a_{1n} \\ \vdots & & \vdots \\ a_{i+1\,2} & \cdots & a_{i+1\,n} \\ a_{i2} & \cdots & a_{in} \\ \vdots & & \vdots \\ a_{n-1\,2} & \cdots & a_{n-1\,n} \end{vmatrix} \right)
$$

$$
= -\begin{vmatrix} a_{11} & a_{12} & \cdots & a_{1n} \\ \vdots & \vdots & & \vdots \\ a_{i+1\,1} & a_{i+1\,2} & \cdots & a_{i+1\,n} \\ a_{i1} & a_{i2} & \cdots & a_{in} \\ \vdots & \vdots & & \vdots \\ a_{n1} & a_{n2} & \cdots & a_{nn} \end{vmatrix}. \qquad \square
$$

定理 3.4 行列式两行相同,则行列式为零.

证明 设 D 是 n 阶行列式. 假设 D 的第 i 行和第 j 行相同. 交换 D 的第 i 行和第 j 行,则由定理 3.3,D 改变符号. 而 D 的第 i 行和第 j 行是相同的,所以 $D=-D$. 于是 $D=0$. □

定理 3.5 行列式两行成比例,则行列式为零.

证明

$$\begin{vmatrix} a_{11} & a_{12} & \cdots & a_{1n} \\ \vdots & \vdots & & \vdots \\ a_{i1} & a_{i2} & \cdots & a_{in} \\ \vdots & \vdots & & \vdots \\ ka_{i1} & ka_{i2} & \cdots & ka_{in} \\ \vdots & \vdots & & \vdots \\ a_{n1} & a_{n2} & \cdots & a_{nn} \end{vmatrix} = k \begin{vmatrix} a_{11} & a_{12} & \cdots & a_{1n} \\ \vdots & \vdots & & \vdots \\ a_{i1} & a_{i2} & \cdots & a_{in} \\ \vdots & \vdots & & \vdots \\ a_{i1} & a_{i2} & \cdots & a_{in} \\ \vdots & \vdots & & \vdots \\ a_{n1} & a_{n2} & \cdots & a_{nn} \end{vmatrix} = 0. \qquad \square$$

定理 3.6 将行列式的一行的倍数加到另一行去,行列式不变.

证明

$$\begin{vmatrix} a_{11} & a_{12} & \cdots & a_{1n} \\ \vdots & \vdots & & \vdots \\ a_{i1}+ka_{j1} & a_{i2}+ka_{j2} & \cdots & a_{in}+ka_{jn} \\ \vdots & \vdots & & \vdots \\ a_{j1} & a_{j2} & \cdots & a_{jn} \\ \vdots & \vdots & & \vdots \\ a_{n1} & a_{n2} & \cdots & a_{nn} \end{vmatrix}$$

$$= \begin{vmatrix} a_{11} & a_{12} & \cdots & a_{1n} \\ \vdots & \vdots & & \vdots \\ a_{i1} & a_{i2} & \cdots & a_{in} \\ \vdots & \vdots & & \vdots \\ a_{j1} & a_{j2} & \cdots & a_{jn} \\ \vdots & \vdots & & \vdots \\ a_{n1} & a_{n2} & \cdots & a_{nn} \end{vmatrix} + \begin{vmatrix} a_{11} & a_{12} & \cdots & a_{1n} \\ \vdots & \vdots & & \vdots \\ ka_{j1} & ka_{j2} & \cdots & ka_{jn} \\ \vdots & \vdots & & \vdots \\ a_{j1} & a_{j2} & \cdots & a_{jn} \\ \vdots & \vdots & & \vdots \\ a_{n1} & a_{n2} & \cdots & a_{nn} \end{vmatrix}$$

$$
=\begin{vmatrix} a_{11} & a_{12} & \cdots & a_{1n} \\ \vdots & \vdots & & \vdots \\ a_{i1} & a_{i2} & \cdots & a_{in} \\ \vdots & \vdots & & \vdots \\ a_{j1} & a_{j2} & \cdots & a_{jn} \\ \vdots & \vdots & & \vdots \\ a_{n1} & a_{n2} & \cdots & a_{nn} \end{vmatrix}. \qquad \square
$$

以上行列式的性质都是关于行的,类似的关于列的性质也是成立的,我们不必逐个去讨论,只要我们证明转置行列式与原行列式相等,一切都很明显了.为证明这个结论,我们需要先证明下列关于列的性质.

定理 3.7 将行列式的一列的倍数加到另一列去,行列式不变,即

$$
\begin{vmatrix} a_{11} & \cdots & a_{1i}+ka_{1j} & \cdots & a_{1j} & \cdots & a_{1n} \\ a_{21} & \cdots & a_{2i}+ka_{2j} & \cdots & a_{2j} & \cdots & a_{2n} \\ \vdots & & \vdots & & \vdots & & \vdots \\ a_{n1} & \cdots & a_{ni}+ka_{nj} & \cdots & a_{nj} & \cdots & a_{nn} \end{vmatrix}
=\begin{vmatrix} a_{11} & \cdots & a_{1i} & \cdots & a_{1j} & \cdots & a_{1n} \\ a_{21} & \cdots & a_{2i} & \cdots & a_{2j} & \cdots & a_{2n} \\ \vdots & & \vdots & & \vdots & & \vdots \\ a_{n1} & \cdots & a_{ni} & \cdots & a_{nj} & \cdots & a_{nn} \end{vmatrix}.
$$

证明 令等式左边的行列式为 A,右边的行列式为 B.

如果行列式的第 j 列的元素全为零,则显然 $A=B$.下面假设行列式的第 j 列的元素不全为零,交换行列式的某两行(若有必要),不妨假设 $a_{1j}\neq 0$,将 A 和 B 第一行的 $-\dfrac{1}{a_{1j}}a_{lj}$ 倍加到第 l 行去,$l=2,\cdots,n$,则由定理 3.6 有

$$A=\begin{vmatrix} a_{11} & \cdots & a_{1i}+ka_{1j} & \cdots & a_{1j} & \cdots & a_{1n} \\ a'_{21} & \cdots & a'_{2i} & \cdots & 0 & \cdots & a'_{2n} \\ \vdots & & & & \vdots & & \vdots \\ a'_{n1} & \cdots & a'_{ni} & \cdots & 0 & \cdots & a'_{nn} \end{vmatrix}$$

$$B=\begin{vmatrix} a_{11} & \cdots & a_{1i} & \cdots & a_{1j} & \cdots & a_{1n} \\ a'_{21} & \cdots & a'_{2i} & \cdots & 0 & \cdots & a'_{2n} \\ \vdots & & \vdots & & \vdots & & \vdots \\ a'_{n1} & \cdots & a'_{ni} & \cdots & 0 & \cdots & a'_{nn} \end{vmatrix}.$$

而由定理 3.2，

$$A=\begin{vmatrix} a_{11} & \cdots & a_{1i} & \cdots & a_{1j} & \cdots & a_{1n} \\ a'_{21} & \cdots & a'_{2i} & \cdots & 0 & \cdots & a'_{2n} \\ \vdots & & \vdots & & \vdots & & \vdots \\ a'_{n1} & \cdots & a'_{ni} & \cdots & 0 & \cdots & a'_{nn} \end{vmatrix} + \begin{vmatrix} 0 & \cdots & ka_{1j} & \cdots & 0 & \cdots & 0 \\ a'_{21} & \cdots & a'_{2i} & \cdots & 0 & \cdots & a'_{2n} \\ \vdots & & \vdots & & \vdots & & \vdots \\ a'_{n1} & \cdots & a'_{ni} & \cdots & 0 & \cdots & a'_{nn} \end{vmatrix}.$$

所以 $A=B$. □

定理 3.8 行列互换，行列式的值不变，即：

$$\begin{vmatrix} a_{11} & a_{12} & \cdots & a_{1n} \\ a_{21} & a_{22} & \cdots & a_{2n} \\ \vdots & \vdots & & \vdots \\ a_{n1} & a_{n2} & \cdots & a_{nn} \end{vmatrix} = \begin{vmatrix} a_{11} & a_{21} & \cdots & a_{n1} \\ a_{12} & a_{22} & \cdots & a_{n2} \\ \vdots & \vdots & & \vdots \\ a_{1n} & a_{2n} & \cdots & a_{nn} \end{vmatrix},$$

等式右边的行列式称为是左边行列式的**转置行列式**.

证明 对 n 用归纳法，当 $n=1$ 时定理显然成立. 假设定理对 $n-1$ 阶行列式成立，现考虑 n 阶行列式.

令等式左边的行列式为 D，右边的行列式为 D'. 若 D 的第 1 列的元素全为零，则 D' 的第 1 行的元素也全为零. 于是由行列式的定义及定理 3.1,即得 $D=D'=0$. 假设 D 的第 1 列的元素不全为零,我们不妨假设 $a_{11}\neq 0$,因为,如果 $a_{11}=0$,但 $a_{k1}\neq 0$,则将 D 的第 k 行加到第 1 行去,D' 的第 k 列加到第 1 列去,则由定理 3.6 和定理 3.7,得到的两个行列式分别与 D 和 D' 相等且仍互为转置行列式.

将 D 的第 1 行的 $-\frac{a_{i1}}{a_{11}}$ 倍加到第 i 行去,$i=2,\cdots,n$. 将 D' 的第 1 列的 $-\frac{a_{i1}}{a_{11}}$ 倍加到第 i 列去,$i=2,\cdots,n$. 则有

$$D=\begin{vmatrix} a_{11} & a_{12} & \cdots & a_{1n} \\ 0 & a'_{22} & \cdots & a'_{2n} \\ \vdots & \vdots & & \vdots \\ 0 & a'_{n2} & \cdots & a'_{nn} \end{vmatrix}, \quad D'=\begin{vmatrix} a_{11} & 0 & \cdots & 0 \\ a_{12} & a'_{22} & \cdots & a'_{n2} \\ \vdots & \vdots & & \vdots \\ a_{1n} & a'_{2n} & \cdots & a'_{nn} \end{vmatrix},$$

其中 $a'_{ij}=a_{ij}-\frac{a_{i1}}{a_{11}}a_{1j}, i,j=2,\cdots,n$.

而由定义及定理 3.1,我们有

$$D=a_{11}\begin{vmatrix} a'_{22} & \cdots & a'_{2n} \\ \vdots & & \vdots \\ a'_{n2} & \cdots & a'_{nn} \end{vmatrix}, \quad D'=a_{11}\begin{vmatrix} a'_{22} & \cdots & a'_{n2} \\ \vdots & & \vdots \\ a'_{2n} & \cdots & a'_{nn} \end{vmatrix}.$$

则由归纳假设,即得 $D=D'$. □

于是,定理 3.1～定理 3.5 对于列也是成立的.

计算行列式的重要方法是利用行列式的性质把行列式简化,例如,使行列式的元素中有更多的"零",或把行列式化简成三角形.

例 3 计算行列式

$$D=\begin{vmatrix} a & b & b & b \\ a & b & a & b \\ a & a & b & a \\ b & b & b & a \end{vmatrix}.$$

解 把行列式的第 1 列的 -1 倍加到第 2,3,4 列去得

$$D=\begin{vmatrix} a & b-a & b-a & b-a \\ a & b-a & 0 & b-a \\ a & 0 & b-a & 0 \\ b & 0 & 0 & a-b \end{vmatrix}.$$

再把第 4 行加到第 2 行，然后把第 2 行的 -1 倍，第 3 行的 -1 倍及第 4 行加到第 1 行去得

$$D=\begin{vmatrix} -a & 0 & 0 & 0 \\ a+b & b-a & 0 & 0 \\ a & 0 & b-a & 0 \\ b & 0 & 0 & a-b \end{vmatrix}.$$

因而，由例 2 得

$$D=a(b-a)^3.$$

例 4 假设 $a_i\neq 0, i=1,2,\cdots,n$. 证明

$$D=\begin{vmatrix} a_0 & 1 & 1 & \cdots & 1 \\ 1 & a_1 & 0 & \cdots & 0 \\ 1 & 0 & a_2 & \cdots & 0 \\ \vdots & \vdots & \vdots & & \vdots \\ 1 & 0 & 0 & \cdots & a_n \end{vmatrix}=a_1a_2\cdots a_n\left(a_0-\sum_{i=1}^{n}\frac{1}{a_i}\right).$$

证明 把第 2 列的 $-\frac{1}{a_1}$ 倍，第 3 列的 $-\frac{1}{a_2}$ 倍，…，第 $n+1$ 列的 $-\frac{1}{a_n}$ 倍，都加到第 1 列去得

$$D=\begin{vmatrix} a_0-\sum_{i=1}^{n}\frac{1}{a_i} & 1 & 1 & \cdots & 1 \\ 0 & a_1 & 0 & \cdots & 0 \\ 0 & 0 & a_2 & \cdots & 0 \\ \vdots & \vdots & \vdots & & \vdots \\ 0 & 0 & 0 & \cdots & a_n \end{vmatrix}.$$

于是，由例 2 得

$$D=a_1a_2\cdots a_n\left(a_0-\sum_{i=1}^{n}\frac{1}{a_i}\right).$$

例 5 证明 Vandermonde 行列式

$$D=\begin{vmatrix}1 & 1 & 1 & \cdots & 1\\ a_1 & a_2 & a_3 & \cdots & a_n\\ a_1^2 & a_2^2 & a_3^2 & \cdots & a_n^2\\ \vdots & \vdots & \vdots & & \vdots\\ a_1^{n-1} & a_2^{n-1} & a_3^{n-1} & \cdots & a_n^{n-1}\end{vmatrix}=\prod_{1\leqslant j<i\leqslant n}(a_i-a_j).$$

证明 对 n 用归纳法. 当 $n=2$ 时, $\begin{vmatrix}1 & 1\\ a_1 & a_2\end{vmatrix}=a_2-a_1$, 故结论成立. 假设结论对 $n-1$ 阶行列式成立, 对 n 阶行列式 D, 依次把第 $n-1$ 行的 $-a_1$ 倍加到第 n 行, 第 $n-2$ 行的 $-a_1$ 倍加到第 $n-1$ 行, …, 第 1 行的 $-a_1$ 倍加到第 2 行去得

$$D=\begin{vmatrix}1 & 1 & 1 & \cdots & 1\\ 0 & a_2-a_1 & a_3-a_1 & \cdots & a_n-a_1\\ 0 & a_2^2-a_2a_1 & a_3^2-a_3a_1 & \cdots & a_n^2-a_na_1\\ \vdots & \vdots & \vdots & & \vdots\\ 0 & a_2^{n-1}-a_2^{n-2}a_1 & a_3^{n-1}-a_3^{n-2}a_1 & \cdots & a_n^{n-1}-a_n^{n-2}a_1\end{vmatrix}$$

$$=\begin{vmatrix}a_2-a_1 & a_3-a_1 & \cdots & a_n-a_1\\ a_2^2-a_2a_1 & a_3^2-a_3a_1 & \cdots & a_n^2-a_na_1\\ \vdots & \vdots & & \vdots\\ a_2^{n-1}-a_2^{n-2}a_1 & a_3^{n-1}-a_3^{n-2}a_1 & \cdots & a_n^{n-1}-a_n^{n-2}a_1\end{vmatrix}$$

$$=(a_2-a_1)(a_3-a_1)\cdots(a_n-a_1)\begin{vmatrix}1 & 1 & \cdots & 1\\ a_2 & a_3 & \cdots & a_n\\ \vdots & \vdots & & \vdots\\ a_2^{n-2} & a_3^{n-2} & \cdots & a_n^{n-2}\end{vmatrix}.$$

于是, 由归纳假设得

$$D=(a_2-a_1)(a_3-a_1)\cdots(a_n-a_1)\prod_{2\leqslant j<i\leqslant n}(a_i-a_j)$$

$$=\prod_{1\leqslant j<i\leqslant n}(a_i-a_j).$$

习题 3.3

1. 利用行列式的性质计算下列行列式：

1) $\begin{vmatrix} a_1 & a_1+1 & a_1+2 \\ a_2 & a_2+1 & a_2+2 \\ a_3 & a_3+1 & a_3+2 \end{vmatrix}$.

2) $\begin{vmatrix} a^2 & (a+1)^2 & (a+2)^2 & (a+3)^2 \\ b^2 & (b+1)^2 & (b+2)^2 & (b+3)^2 \\ c^2 & (c+1)^2 & (c+2)^2 & (c+3)^2 \\ d^2 & (d+1)^2 & (d+2)^2 & (d+3)^2 \end{vmatrix}$,

3) $\begin{vmatrix} a_1-b_1 & a_1-b_2 & \cdots & a_1-b_n \\ a_2-b_1 & a_2-b_2 & \cdots & a_2-b_n \\ \vdots & & & \vdots \\ a_n-b_1 & a_n-b_2 & \cdots & a_n-b_n \end{vmatrix}$.

2. 利用行列式的性质证明

$$\begin{vmatrix} b+c & c+a & a+b \\ b_1+c_1 & c_1+a_1 & a_1+b_1 \\ b_2+c_2 & c_2+a_2 & a_2+b_2 \end{vmatrix}=2\begin{vmatrix} a & b & c \\ a_1 & b_1 & c_1 \\ a_2 & b_2 & c_2 \end{vmatrix}.$$

§4 行列式按行(列)展开

定义 3.2 n 阶行列式

$$D=\begin{vmatrix} a_{11} & \cdots & a_{1j} & \cdots & a_{1n} \\ \vdots & & & & \vdots \\ a_{i1} & \cdots & a_{ij} & \cdots & a_{in} \\ \vdots & & \vdots & & \vdots \\ a_{n1} & \cdots & a_{nj} & \cdots & a_{nn} \end{vmatrix}$$

的元素 a_{ij} 的**余子式** M_{ij} 是指划去 a_{ij} 所在的第 i 行和第 j 列后剩下的元素构成的 $n-1$ 阶行列式

$$\begin{vmatrix} a_{11} & \cdots & a_{1\,j-1} & a_{1\,j+1} & \cdots & a_{1n} \\ \vdots & & \vdots & \vdots & & \vdots \\ a_{i-1\,1} & \cdots & a_{i-1\,j-1} & a_{i-1\,j+1} & \cdots & a_{i-1\,n} \\ a_{i+1\,1} & \cdots & a_{i+1\,j-1} & a_{i+1\,j+1} & \cdots & a_{i+1\,n} \\ \vdots & & \vdots & \vdots & & \vdots \\ a_{n1} & \cdots & a_{n\,j-1} & a_{n\,j+1} & \cdots & a_{nn} \end{vmatrix},$$

$(-1)^{i+j}M_{ij}$ 称为是 a_{ij} 的**代数余子式**，记为 A_{ij}.

于是由行列式的定义，我们有

$$D=a_{11}A_{11}+a_{21}A_{21}+\cdots+a_{n1}A_{n1}.$$

根据定理 3.8，我们也有

$$D=a_{11}A_{11}+a_{12}A_{12}+\cdots+a_{1n}A_{1n}.$$

这是行列式按第 1 列和第 1 行展开的表达式. 下面的定理表明行列式可以按任意一行或任意一列进行展开.

定理 3.9

$$\begin{aligned} D &= a_{i1}A_{i1}+a_{i2}A_{i2}+\cdots+a_{in}A_{in}, \\ &\qquad\qquad i=1,2,\cdots,n; \\ &= a_{1j}A_{1j}+a_{2j}A_{2j}+\cdots+a_{nj}A_{nj}, \\ &\qquad\qquad j=1,2,\cdots,n. \end{aligned}$$

即行列式等于其任意一行(列)的元素分别与它们对应代数余子式的乘积之和.

证明 我们只证明关于行的结论，关于列的结论只需引用定理 3.8 化为行的结论即可.

我们知道结论对 $i=1$ 已成立. 假设 $i>1$，依次互换 i 行和 $i-1$ 行，$i-1$ 行和 $i-2$ 行，……，2 行和 1 行，我们有

$$D=(-1)^{i-1}\begin{vmatrix} a_{i1} & a_{i2} & \cdots & a_{in} \\ a_{11} & a_{12} & \cdots & a_{1n} \\ \vdots & \vdots & & \vdots \\ a_{i-1\,1} & a_{i-1\,2} & \cdots & a_{i-1\,n} \\ a_{i+1\,1} & a_{i+1\,2} & \cdots & a_{i+1\,n} \\ \vdots & \vdots & & \vdots \\ a_{n1} & a_{n2} & \cdots & a_{nn} \end{vmatrix}$$

$$\begin{aligned} &=(-1)^{i-1}(a_{i1}M_{i1}-a_{i2}M_{i2}+\cdots+(-1)^{n-1}a_{in}M_{in}) \\ &=a_{i1}(-1)^{i+1}M_{i1}+a_{i2}(-1)^{i+2}M_{i2}+\cdots+a_{in}(-1)^{i+n}M_{in} \\ &=a_{i1}A_{i1}+a_{i2}A_{i2}+\cdots+a_{in}A_{in}. \end{aligned}$$ □

定理 3.10 若 $k\neq i$，则

$$a_{i1}A_{k1}+a_{i2}A_{k2}+\cdots+a_{in}A_{kn}=0;$$

若 $l\neq j$，则

$$a_{1j}A_{1l}+a_{2j}A_{2l}+\cdots+a_{nj}A_{nl}=0.$$

证明 我们证明第一个等式，第二个等式由定理 3.8 和第一个等式即得.

考虑行列式

$$\begin{vmatrix} a_{11} & a_{12} & \cdots & a_{1n} \\ \vdots & \vdots & & \vdots \\ a_{i1} & a_{i2} & \cdots & a_{in} \\ \vdots & \vdots & & \vdots \\ a_{k-1\,1} & a_{k-1\,2} & \cdots & a_{k-1\,n} \\ a_{i1} & a_{i2} & \cdots & a_{in} \\ a_{k+1\,1} & a_{k+1\,2} & \cdots & a_{k+1\,n} \\ \vdots & \vdots & & \vdots \\ a_{n1} & a_{n2} & \cdots & a_{nn} \end{vmatrix}.$$

由于这行列式的第 i 行和第 k 行相同，所以这行列式的值为 0. 对这行列式按第 k 行进行展开即得

$$0=a_{i1}A_{k1}+a_{i2}A_{k2}+\cdots+a_{in}A_{kn}.$$ □

于是

$$a_{i1}A_{k1}+a_{i2}A_{k2}+\cdots+a_{in}A_{kn}=\begin{cases}D, & i=k,\\ 0, & i\neq k,\end{cases}$$

$$a_{1j}A_{1l}+a_{2j}A_{2l}+\cdots+a_{nj}A_{nl}=\begin{cases}D, & j=l,\\ 0, & j\neq l.\end{cases}$$

例 6 假设 $\alpha\neq\beta$，证明 n 阶行列式

$$D_n=\begin{vmatrix}\alpha+\beta & \alpha\beta & 0 & \cdots & 0 & 0\\ 1 & \alpha+\beta & \alpha\beta & \cdots & 0 & 0\\ \vdots & \vdots & \vdots & & \vdots & \vdots\\ 0 & 0 & 0 & \cdots & 1 & \alpha+\beta\end{vmatrix}=\frac{\alpha^{n+1}-\beta^{n+1}}{\alpha-\beta}.$$

证明 对 n 用归纳法. 当 $n=2$ 时，

$$D_2=\begin{vmatrix}\alpha+\beta & \alpha\beta\\ 1 & \alpha+\beta\end{vmatrix}$$

$$=(\alpha+\beta)^2-\alpha\beta=\frac{\alpha^3-\beta^3}{\alpha-\beta},$$

故结论成立. 假设结论对 $\leqslant n-1$ 阶的行列式都成立. 对于 n 阶行列式 D_n，按第一行展开得

$$D_n=(\alpha+\beta)D_{n-1}-\alpha\beta\begin{vmatrix}1 & \alpha\beta & 0 & \cdots & 0 & 0\\ 0 & \alpha+\beta & \alpha\beta & \cdots & 0 & 0\\ \vdots & \vdots & \vdots & & \vdots & \vdots\\ 0 & 0 & 0 & \cdots & 1 & \alpha+\beta\end{vmatrix}$$

$$=(\alpha+\beta)D_{n-1}-\alpha\beta D_{n-2}.$$

所以，由归纳假设得

$$D_n=(\alpha+\beta)\frac{\alpha^n-\beta^n}{\alpha-\beta}-\alpha\beta\frac{\alpha^{n-1}-\beta^{n-1}}{\alpha-\beta}$$

$$=\frac{\alpha^{n+1}-\beta^{n+1}}{\alpha-\beta}.$$

例 7 证明

$$\begin{vmatrix} a_{11} & \cdots & a_{1k} & 0 & \cdots & 0 \\ \vdots & & \vdots & \vdots & & \vdots \\ a_{k1} & \cdots & a_{kk} & 0 & \cdots & 0 \\ c_{11} & \cdots & c_{1k} & b_{11} & \cdots & b_{1r} \\ \vdots & & \vdots & \vdots & & \vdots \\ c_{r1} & \cdots & c_{rk} & b_{r1} & \cdots & b_{rr} \end{vmatrix} = \begin{vmatrix} a_{11} & \cdots & a_{1k} \\ \vdots & & \vdots \\ a_{k1} & \cdots & a_{kk} \end{vmatrix} \cdot \begin{vmatrix} b_{11} & \cdots & b_{1r} \\ \vdots & & \vdots \\ b_{r1} & \cdots & b_{rr} \end{vmatrix}.$$

证明　对 k 用归纳法. 当 $k=1$ 时，按第 1 行展开得

$$\begin{vmatrix} a_{11} & 0 & \cdots & 0 \\ c_{11} & b_{11} & \cdots & b_{1r} \\ \vdots & \vdots & & \vdots \\ c_{r1} & b_{r1} & \cdots & b_{rr} \end{vmatrix} = a_{11} \begin{vmatrix} b_{11} & \cdots & b_{1r} \\ \vdots & & \vdots \\ b_{r1} & \cdots & b_{rr} \end{vmatrix},$$

故结论成立. 假设结论对左上角是 $k-1$ 阶行列式时成立. 对左上角是 k 阶行列式，我们对行列式按第 1 行展开，然后根据归纳假设得

$$\begin{vmatrix} a_{11} & \cdots & a_{1k} & 0 & \cdots & 0 \\ \vdots & & \vdots & \vdots & & \vdots \\ a_{k1} & \cdots & a_{kk} & 0 & \cdots & 0 \\ c_{11} & \cdots & c_{1k} & b_{11} & \cdots & b_{1r} \\ \vdots & & \vdots & \vdots & & \vdots \\ c_{r1} & \cdots & c_{rk} & b_{r1} & \cdots & b_{rr} \end{vmatrix}$$

$$= a_{11} \begin{vmatrix} a_{22} & \cdots & a_{2k} & 0 & \cdots & 0 \\ \vdots & & \vdots & \vdots & & \vdots \\ a_{k2} & \cdots & a_{kk} & 0 & \cdots & 0 \\ c_{12} & \cdots & c_{1k} & b_{11} & \cdots & b_{1r} \\ \vdots & & \vdots & \vdots & & \vdots \\ c_{r2} & \cdots & c_{rk} & b_{r1} & \cdots & b_{rr} \end{vmatrix}$$

$$
-a_{12}\begin{vmatrix} a_{21} & a_{23} & \cdots & a_{2k} & 0 & \cdots & 0 \\ \vdots & \vdots & & \vdots & \vdots & & \vdots \\ a_{k1} & a_{k3} & \cdots & a_{kk} & 0 & \cdots & 0 \\ c_{11} & c_{13} & \cdots & c_{1k} & b_{11} & \cdots & b_{1r} \\ \vdots & \vdots & & \vdots & \vdots & & \vdots \\ c_{r1} & c_{r3} & \cdots & c_{rk} & b_{r1} & \cdots & b_{rr} \end{vmatrix}
$$

$$
+\cdots+(-1)^{k-1}a_{1k}\begin{vmatrix} a_{21} & \cdots & a_{2\,k-1} & 0 & \cdots & 0 \\ \vdots & & \vdots & \vdots & & \vdots \\ a_{k1} & \cdots & a_{k\,k-1} & 0 & \cdots & 0 \\ c_{11} & \cdots & c_{1\,k-1} & b_{11} & \cdots & b_{1r} \\ \vdots & & \vdots & \vdots & & \vdots \\ c_{r1} & \cdots & c_{r\,k-1} & b_{r1} & \cdots & b_{rr} \end{vmatrix}
$$

$$
=\left(a_{11}\begin{vmatrix} a_{22} & \cdots & a_{2k} \\ \vdots & & \vdots \\ a_{k2} & \cdots & a_{kk} \end{vmatrix} - a_{12}\begin{vmatrix} a_{21} & a_{23} & \cdots & a_{2k} \\ \vdots & \vdots & & \vdots \\ a_{k1} & a_{k3} & \cdots & a_{kk} \end{vmatrix}\right.
$$

$$
\left.+\cdots+(-1)^{k-1}a_{1k}\begin{vmatrix} a_{21} & \cdots & a_{2\,k-1} \\ \vdots & & \vdots \\ a_{k1} & \cdots & a_{k\,k-1} \end{vmatrix}\right)\begin{vmatrix} b_{11} & \cdots & b_{1r} \\ \vdots & & \vdots \\ b_{r1} & \cdots & b_{rr} \end{vmatrix}
$$

$$
=\begin{vmatrix} a_{11} & \cdots & a_{1k} \\ \vdots & & \vdots \\ a_{k1} & \cdots & a_{kk} \end{vmatrix}\cdot\begin{vmatrix} b_{11} & \cdots & b_{1r} \\ \vdots & & \vdots \\ b_{r1} & \cdots & b_{rr} \end{vmatrix}.
$$

因而,结论成立. □

习题 3.4

1. 计算行列式

1) $\begin{vmatrix} x & y & 0 & \cdots & 0 & 0 \\ 0 & x & y & \cdots & 0 & 0 \\ \vdots & \vdots & \vdots & & \vdots & \vdots \\ 0 & 0 & 0 & \cdots & x & y \\ y & 0 & 0 & \cdots & 0 & x \end{vmatrix}$,

2) $\begin{vmatrix} 1 & 2 & 2 & \cdots & 2 \\ 2 & 2 & 2 & \cdots & 2 \\ 2 & 2 & 3 & \cdots & 2 \\ \vdots & \vdots & \vdots & & \vdots \\ 2 & 2 & 2 & \cdots & n \end{vmatrix}$.

2. 证明

$$\begin{vmatrix} x & -1 & 0 & \cdots & 0 & 0 \\ 0 & x & -1 & \cdots & 0 & 0 \\ \vdots & \vdots & \vdots & & \vdots & \vdots \\ 0 & 0 & 0 & \cdots & x & -1 \\ a_n & a_{n-1} & a_{n-2} & \cdots & a_2 & x+a_1 \end{vmatrix} = x^n + a_1 x^{n-1} + \cdots + a_{n-1}x + a_n.$$

*§5 行列式的完全展开

我们可以完全展开二阶和三阶行列式：

$$\begin{vmatrix} a_{11} & a_{12} \\ a_{21} & a_{22} \end{vmatrix} = a_{11}a_{22} - a_{12}a_{21},$$

$$\begin{vmatrix} a_{11} & a_{12} & a_{13} \\ a_{21} & a_{22} & a_{23} \\ a_{31} & a_{32} & a_{33} \end{vmatrix} = a_{11}\begin{vmatrix} a_{22} & a_{23} \\ a_{32} & a_{33} \end{vmatrix} - a_{12}\begin{vmatrix} a_{21} & a_{23} \\ a_{31} & a_{33} \end{vmatrix} + a_{13}\begin{vmatrix} a_{21} & a_{22} \\ a_{31} & a_{32} \end{vmatrix}.$$

$$= a_{11}a_{22}a_{33} + a_{12}a_{23}a_{31} + a_{13}a_{21}a_{32}$$
$$- a_{13}a_{22}a_{31} - a_{12}a_{21}a_{33} - a_{11}a_{23}a_{32}.$$

一个很自然的问题是：一般 n 阶行列式的完全展开式是什么？为讨论这个问题，我们首先来讨论排列的有关性质.

定义 3.3 由 $1,2,\cdots,n$ 组成的一个有序数组称为是一个 n 级**排列**；在一个排列中，如果两个数左边的数大于右边的数，则称这两个数构成一个**逆序**；n 级排列 $j_1j_2\cdots j_n$ 的所有逆序的总数称为是这个 n 级排列的**逆序数**，记为

$\tau(j_1 j_2 \cdots j_n)$.

可见 $\tau(j_1 j_2 \cdots j_n)$ 为 $j_2, \cdots, j_n$ 中比 j_1 小的数的个数(即 $j_1 - 1$), $j_3, \cdots, j_n$ 中比 j_2 小的数的个数,……, j_{n-1}, j_n 中比 j_{n-2} 小的数的个数, j_n 中比 j_{n-1} 小的数的个数的总和.

现在我们可以给出 n 阶行列式的完全展开式.

定理 3.11

$$D = \begin{vmatrix} a_{11} & a_{12} & \cdots & a_{1n} \\ a_{21} & a_{22} & \cdots & a_{2n} \\ \vdots & \vdots & & \vdots \\ a_{n1} & a_{n2} & \cdots & a_{nn} \end{vmatrix} = \sum_{j_1 j_2 \cdots j_n} (-1)^{\tau(j_1 j_2 \cdots j_n)} a_{1j_1} a_{2j_2} \cdots a_{nj_n},$$

其中 $\sum\limits_{j_1 j_2 \cdots j_n}$ 表示对所有 n 级排列 $j_1 j_2 \cdots j_n$ 求和.

证明 对 n 用归纳法,当 $n=1$ 时,结论显然成立.

假设结论对 $n-1$ 阶行列式成立,对 n 阶行列式的情形,对 D 按第 1 行展开得

$$D = a_{11} M_{11} - a_{12} M_{12} + \cdots + (-1)^{n-1} a_{1n} M_{1n}.$$

而由归纳假设得

$$M_{1j} = \sum_{j_2 j_3 \cdots j_n} (-1)^{\tau(j_2 j_3 \cdots j_n)} a_{2j_2} a_{3j_3} \cdots a_{nj_n},$$

其中 $\sum\limits_{j_2 j_3 \cdots j_n}$ 表示对 $1, 2, \cdots, j-1, j+1, \cdots, n$ 的所有 $n-1$ 级排列求和.

又由于 $(j-1) + \tau(j_2 \cdots j_n) = \tau(j j_2 \cdots j_n)$,所以

$$\begin{aligned} D &= \sum_{j=1}^{n} (-1)^{j-1} a_{1j_1} \Big(\sum_{j_2 j_3 \cdots j_n} (-1)^{\tau(j_2 j_3 \cdots j_n)} a_{2j_2} a_{3j_3} \cdots a_{nj_n} \Big) \\ &= \sum_{j=1}^{n} \sum_{j_2 j_3 \cdots j_n} (-1)^{(j-1) + \tau(j_2 j_3 \cdots j_n)} a_{1j_1} a_{2j_2} a_{3j_3} \cdots a_{nj_n} \\ &= \sum_{j_1 j_2 \cdots j_n} (-1)^{\tau(j_1 j_2 \cdots j_n)} a_{1j_1} a_{2j_2} \cdots a_{nj_n}. \end{aligned}$$

□

由于,由定理 3.8,行列式与其转置行列式是相等的,所以

$$\begin{vmatrix} a_{11} & a_{12} & \cdots & a_{1n} \\ a_{21} & a_{22} & \cdots & a_{2n} \\ \vdots & \vdots & & \vdots \\ a_{n1} & a_{n2} & \cdots & a_{nn} \end{vmatrix} = \begin{vmatrix} a_{11} & a_{21} & \cdots & a_{n1} \\ a_{12} & a_{22} & \cdots & a_{n2} \\ \vdots & \vdots & & \vdots \\ a_{1n} & a_{2n} & \cdots & a_{nn} \end{vmatrix}$$

$$= \sum_{i_1 i_2 \cdots i_n} (-1)^{\tau(i_1 i_2 \cdots i_n)} a_{i_1 1} a_{i_2 2} \cdots a_{i_n n}.$$

§6 克莱姆法则

在讨论了行列式的性质后，我们回到第一节中用行列式解线性方程组的问题.

定理 3.12（克莱姆法则） 如果线性方程组

$$\begin{cases} a_{11}x_1 + a_{12}x_2 + \cdots + a_{1n}x_n = b_1, \\ a_{21}x_1 + a_{22}x_2 + \cdots + a_{2n}x_n = b_2, \\ \quad \vdots \\ a_{n1}x_1 + a_{n2}x_2 + \cdots + a_{nn}x_n = b_n \end{cases} \tag{3.7}$$

的系数行列式

$$d = \begin{vmatrix} a_{11} & a_{12} & \cdots & a_{1n} \\ a_{21} & a_{22} & \cdots & a_{2n} \\ \vdots & \vdots & & \vdots \\ a_{n1} & a_{n2} & \cdots & a_{nn} \end{vmatrix} \neq 0,$$

则此方程组存在唯一解：

$$x_1 = \frac{d_1}{d}, \quad x_2 = \frac{d_2}{d}, \quad \cdots, \quad x_n = \frac{d_n}{d} \tag{3.8}$$

其中

$$d_j = \begin{vmatrix} a_{11} & \cdots & a_{1\,j-1} & b_1 & a_{1\,j+1} & \cdots & a_{1n} \\ a_{21} & \cdots & a_{2\,j-1} & b_2 & a_{2\,j+1} & \cdots & a_{2n} \\ \vdots & & \vdots & \vdots & \vdots & & \vdots \\ a_{n1} & \cdots & a_{n\,j-1} & b_n & a_{n\,j+1} & \cdots & a_{nn} \end{vmatrix}, \ j = 1, 2, \cdots, n.$$

证明 （存在性）. 先证明(3.8)是(3.7)的解，注意到

$$d_j = \sum_{k=1}^{n} b_k A_{kj}, \quad j = 1, 2, \cdots, n.$$

把(3.8)代入(3.7)的第 i 个方程得

$$
\begin{aligned}
& a_{i1}x_1+a_{i2}x_2+\cdots+a_{in}x_n \\
&=a_{i1}\frac{d_1}{d}+a_{i2}\frac{d_2}{d}+\cdots+a_{in}\frac{d_n}{d} \\
&=\frac{1}{d}\left(a_{i1}\sum_{k=1}^{n}b_kA_{k1}+a_{i2}\sum_{k=1}^{n}b_kA_{k2}+\cdots+a_{in}\sum_{k=1}^{n}b_kA_{kn}\right) \\
&=\frac{1}{d}\sum_{j=1}^{n}\sum_{k=1}^{n}a_{ij}b_kA_{kj} \\
&=\frac{1}{d}\sum_{k=1}^{n}\sum_{j=1}^{n}a_{ij}b_kA_{kj} \\
&=\frac{1}{d}\sum_{k=1}^{n}b_k\left(\sum_{j=1}^{n}a_{ij}A_{kj}\right) \\
&=\frac{1}{d}b_id \\
&=b_i
\end{aligned}
$$

所以(3.8)是(3.7)的解.

(唯一性)再证：如果 $x_1=c_1,x_2=c_2,\cdots,x_n=c_n$ 是(3.7)的解，则 $c_j=\frac{d_j}{d}$，即，$d_j=c_jd,j=1,2,\cdots,n$.

由等式

$$
\begin{cases}
a_{11}c_1+a_{12}c_2+\cdots+a_{1n}c_n=b_1, \\
a_{21}c_1+a_{22}c_2+\cdots+a_{2n}c_n=b_2, \\
\qquad\vdots \\
a_{n1}c_1+a_{n2}c_2+\cdots+a_{nn}c_n=b_n
\end{cases}
$$

得

$$
\begin{aligned}
d_j &=b_1A_{1j}+b_2A_{2j}+\cdots+b_nA_{nj} \\
&=A_{1j}\sum_{k=1}^{n}a_{1k}c_k+A_{2j}\sum_{k=1}^{n}a_{2k}c_k+\cdots+A_{nj}\sum_{k=1}^{n}a_{nk}c_k \\
&=\sum_{i=1}^{n}\sum_{k=1}^{n}A_{ij}a_{ik}c_k \\
&=\sum_{k=1}^{n}c_k\left(\sum_{i=1}^{n}a_{ik}A_{ij}\right)=c_jd.
\end{aligned}
$$

所以(3.8)是(3.7)的唯一解. □

推论 3.1 如果齐次线性方程组

$$\begin{cases} a_{11}x_1+a_{12}x_2+\cdots+a_{1n}x_n=0, \\ a_{21}x_1+a_{22}x_2+\cdots+a_{2n}x_n=0, \\ \quad\vdots \\ a_{n1}x_1+a_{n2}x_2+\cdots+a_{nn}x_n=0 \end{cases}$$

的系数行列式不为零,则此齐次线性方程组只有零解.

证明 由于 $d_j=0, j=1,2,\cdots,n$,由克兰姆法则即得上述方程组只有零解. □

例 8 解方程组

$$\begin{cases} 2x_1 + x_2 - 5x_3 + x_4 = 8, \\ x_1 - 3x_2 - 6x_4 = 9, \\ 2x_2 - x_3 + 2x_4 = -5, \\ x_1 + 4x_2 - 7x_3 + 6x_4 = 0. \end{cases}$$

解 由于方程组的系数行列式

$$d=\begin{vmatrix} 2 & 1 & -5 & 1 \\ 1 & -3 & 0 & -6 \\ 0 & 2 & -1 & 2 \\ 1 & 4 & -7 & 6 \end{vmatrix}=27\neq 0,$$

所以,可以用克兰姆法则解此方程组,由于

$$d_1=\begin{vmatrix} 8 & 1 & -5 & 1 \\ 9 & -3 & 0 & -6 \\ -5 & 2 & -1 & 2 \\ 0 & 4 & -7 & 6 \end{vmatrix}=81,$$

$$d_2=\begin{vmatrix} 2 & 8 & -5 & 1 \\ 1 & 9 & 0 & -6 \\ 0 & -5 & -1 & 2 \\ 1 & 0 & -7 & 6 \end{vmatrix}=-108,$$

$$d_3=\begin{vmatrix}2 & 1 & 8 & 1\\ 1 & -3 & 9 & -6\\ 0 & 2 & -5 & 2\\ 1 & 4 & 0 & 6\end{vmatrix}=-27,$$

$$d_4=\begin{vmatrix}2 & 1 & -5 & 8\\ 1 & -3 & 0 & 9\\ 0 & 2 & -1 & -5\\ 1 & 4 & -7 & 0\end{vmatrix}=27,$$

所以方程组的唯一解是 $x_1=\dfrac{d_1}{d}=3, x_2=\dfrac{d_2}{d}=-4, x_3=\dfrac{d_3}{d}=-1, x_4=\dfrac{d_4}{d}=1.$

习题 3.6

1. 用克来姆法则解下列方程组

1) $\begin{cases} x_1+x_2+2x_3+3x_4=1,\\ 3x_1-x_2-x_3-2x_4=-4,\\ 2x_1+3x_2-x_3-x_4=-6,\\ x_1+2x_2+3x_3-x_4=-4.\end{cases}$

2) $\begin{cases} x_1+2x_2+3x_3-2x_4=6,\\ 2x_1-x_2-2x_3-3x_4=8,\\ 3x_1+2x_2-x_3+2x_4=4,\\ 2x_1-3x_2+2x_3+x_4=-8.\end{cases}$

第4章　矩　　阵

我们在第一章中，引进了矩阵，并且利用矩阵行的初等变换来解线性方程组.

矩阵是一个很有用的工具. 为了有效地利用矩阵，需要矩阵进行运算. 在这一章中，我们首先来定义矩阵的运算，并且讨论一些运算性质. 我们要引进逆矩阵，它是倒数的推广. 我们将建立初等变换与矩阵乘积之间的的联系. 附录中我们介绍分块矩阵的系统的知识.

§1　矩阵的运算

1.1　加和数量乘积

我们先来定义矩阵的加法和数量乘积.

定义 4.1　设 $\boldsymbol{A}=(a_{ij})_{m\times n}$，$\boldsymbol{B}=(b_{ij})_{m\times n}$，同是 $m\times n$ 矩阵，$k\in F$，我们定义 $m\times n$ 矩阵 $\boldsymbol{C}=(a_{ij}+b_{ij})_{m\times n}$ 为 $\boldsymbol{A}$ 与 $\boldsymbol{B}$ 之和，记为 $\boldsymbol{C}=\boldsymbol{A}+\boldsymbol{B}$. 定义$m\times n$矩阵 $\boldsymbol{H}=(ka_{ij})_{m\times n}$为数 k 与矩阵 $\boldsymbol{A}$ 的数量乘积，记为 $\boldsymbol{H}=k\boldsymbol{A}$，定义$m\times n$矩阵$(-a_{ij})_{m\times n}$为 $\boldsymbol{A}$ 的负矩阵，记为$-\boldsymbol{A}$. 定义 $\boldsymbol{B}+(-\boldsymbol{A})$为 $\boldsymbol{B}$ 与 $\boldsymbol{A}$ 的差，记为 $\boldsymbol{B}-\boldsymbol{A}$.

注意：只有两个相同形状的矩阵，即有相同的行数并且有相同的列数的两个矩阵，才能相加. 不同形状的两个矩阵不能相加. 除了特别声明，写"$\boldsymbol{A}+\boldsymbol{B}$"的前提是 $\boldsymbol{A}$ 与 $\boldsymbol{B}$ 有相同形状(以后，凡写出有关符号的，总假定符号有定义，除非特别声明).

我们将全体数域 F 上 $m\times n$ 矩阵所组成的集合，记为 $\mathrm{Mat}_{m\times n}(F)$.

由加与数量乘积的定义，容易验证有下列基本性质.

定理 4.1 （基本性质）

设 $\boldsymbol{A},\boldsymbol{B},\boldsymbol{C}\in \mathrm{Mat}_{m\times n}(F)$，$k,l\in F$，有：

(1)（加的交换律） $\boldsymbol{A}+\boldsymbol{B}=\boldsymbol{B}+\boldsymbol{A}$，

(2)（加的结合律） $(\boldsymbol{A}+\boldsymbol{B})+\boldsymbol{C}=\boldsymbol{A}+(\boldsymbol{B}+\boldsymbol{C})$，

(3)（加零） $\boldsymbol{A}+\boldsymbol{O}=\boldsymbol{A}$，

(4)（加负） $\boldsymbol{A}+(-\boldsymbol{A})=\boldsymbol{O}$，

(5) $1\boldsymbol{A}=\boldsymbol{A}$，

(6) $(kl)\boldsymbol{A}=k(l\boldsymbol{A})$，

(7)（分配律） $(k+l)\boldsymbol{A}=k\boldsymbol{A}+l\boldsymbol{A}$，

(8)（分配律） $k(\boldsymbol{A}+\boldsymbol{B})=k\boldsymbol{A}+k\boldsymbol{B}$.

1.2 乘法的定义

我们当然希望所定义的乘法能反映重要的关系.

先考察一个实例. 给出三个表格. 第一张表格中 a_{ih} 表示第 i 车间计划生产产品 h 的产量；第二张表格 b_{hj} 中表示生产一件产品 h 需要材料 j 的量；第三张表格中 c_{ij} 表示第 i 车间需要材料 j 的量.

表 4.1 计划产量表

	产品 1	产品 2	产品 3
第 1 车间	a_{11}	a_{12}	a_{13}
第 2 车间	a_{21}	a_{22}	a_{23}

表 4.2 材料单耗表

	材料 1	材料 2
产品 1	b_{11}	b_{12}
产品 2	b_{21}	b_{22}
产品 3	b_{31}	b_{32}

表 4.3　材料分配表

	材料 1	材料 2
第 1 车间	c_{11}	c_{12}
第 2 车间	c_{21}	c_{22}

显然，$c_{12}=a_{11}b_{12}+a_{12}b_{22}+a_{13}b_{32}$. 一般地，$c_{ij}=a_{i1}b_{1j}+a_{i2}b_{2j}+a_{i3}b_{3j}$. c_{ij}是第一个表格的第 i 行与第二个表格的第 j 列对应的元素乘积之和.

对应于三个表的三个矩阵分别是

$$\boldsymbol{A}=\begin{bmatrix}a_{11} & a_{12} & a_{13}\\ a_{21} & a_{22} & a_{23}\end{bmatrix}\qquad \boldsymbol{B}=\begin{bmatrix}b_{11} & b_{12}\\ b_{21} & b_{22}\\ b_{31} & b_{32}\end{bmatrix}\qquad \boldsymbol{C}=\begin{bmatrix}c_{11} & c_{12}\\ c_{21} & c_{22}\end{bmatrix}$$

我们很自然地认为 $\boldsymbol{C}$ 是 $\boldsymbol{A}$ 与 $\boldsymbol{B}$ 的乘积. 将其一般化，有

定义 4.2　设 $\boldsymbol{A}=(a_{ih})_{m\times n}$，$\boldsymbol{B}=(b_{hj})_{n\times p}$. 定义 $\boldsymbol{C}=(c_{ij})_{m\times p}$，其中 $c_{ij}=a_{i1}b_{1j}+a_{i2}b_{2j}+\cdots+a_{in}b_{nj}$，$i=1,2,\cdots,m$；$j=1,2,\cdots,p$. 称 $\boldsymbol{C}$ 为 $\boldsymbol{A}$ 与 $\boldsymbol{B}$ 的乘积，记为 $\boldsymbol{C}=\boldsymbol{AB}$.

矩阵的乘积有三个要点：① 两个矩阵的乘积要有定义，必须左边矩阵的列数等于右边矩阵的行数. 如果把第二个表格中的第三行去掉，那么第三个表格还能计算出来吗？② 乘积的行数等于左边矩阵的行数，乘积的列数等于右边矩阵的列数. ③ 乘积的第 i 行的第 j 列元素是左边矩阵的第 i 行和右边矩阵第 j 列对应的元素的乘积的和.

例 1　设 $\boldsymbol{A}=\begin{bmatrix}1 & 1\\ -1 & -1\end{bmatrix}$，$\boldsymbol{B}=\begin{bmatrix}1 & -1\\ -1 & 1\end{bmatrix}$，则

$$\boldsymbol{AB}=\begin{bmatrix}1\times1+1\times(-1) & 1\times(-1)+1\times1\\ (-1)\times1+(-1)\times(-1) & (-1)\times(-1)+(-1)\times1\end{bmatrix}$$

$$=\begin{bmatrix}0 & 0\\ 0 & 0\end{bmatrix},$$

$$BA=\begin{bmatrix}2 & 2\\ -2 & -2\end{bmatrix},$$

$$A\begin{bmatrix}0 & 0\\ 0 & 0\end{bmatrix}=\begin{bmatrix}0 & 0\\ 0 & 0\end{bmatrix}.$$

有时，用 $\operatorname{diag}(a_1,a_2,\cdots,a_n)$表示对角矩阵

$$\begin{bmatrix}a_1 & 0 & 0 & \cdots & 0\\ 0 & a_2 & 0 & \cdots & 0\\ 0 & 0 & a_3 & \cdots & 0\\ \vdots & \vdots & \vdots & & \vdots\\ 0 & 0 & 0 & \cdots & a_n\end{bmatrix}.$$

例 2 $\operatorname{diag}(3,5,2)\operatorname{diag}(2,3,4)=\operatorname{diag}(6,15,8)$.

一般地，两个对角矩阵相乘是一个对角矩阵，积的主对角线元素等于两个矩阵的主对角线元素对应相乘.

$$\operatorname{diag}(a_1,a_2,\cdots,a_n)\operatorname{diag}(b_1,b_2,\cdots,b_n)$$
$$=\operatorname{diag}(a_1b_1,a_2b_2,\cdots,a_nb_n).$$

例 3 第一章§2(1.1)式表示的线性方程组的系数矩阵 $A=(a_{ij})_{s\times n}$，常数项是 $\boldsymbol{\beta}=\begin{bmatrix}b_1\\ b_2\\ \vdots\\ b_s\end{bmatrix}$. 令 $X=\begin{bmatrix}x_1\\ x_2\\ \vdots\\ x_n\end{bmatrix}$，通过计算 AX，可以知道这个线性方程组可以写成矩阵的等式：$AX=\boldsymbol{\beta}$.

1.3 乘法的运算律

矩阵乘法是否满足交换律？回答是否定的. 设两矩阵 $A\in \mathrm{Mat}_{m\times n}(F)$，$B\in \mathrm{Mat}_{n\times p}(F)$. 其一，当 $m\neq p$ 时，AB 有定义，而 BA 却没有定义. 其二，当 $m=p\neq n$ 时，AB 与 BA 都有定义，但是 AB 与 BA 形状不同. 其三，即使当 $m=p=n$ 时，AB，BA 都有定义，并且都是 $m\times n$ 矩阵，但是 AB 与 BA 仍有可能不相等(参见例 1).

由 $AB=O$，不能得出 $A=O$，或 $B=O$. 由 $A\neq O$，并且 $AB=$

$\boldsymbol{AH}$，也不能推出 $\boldsymbol{B}=\boldsymbol{H}$(参见例 1).

所以，矩阵乘积与数的乘积的性质有很大的差异.我们不能以为在数的范围内成立的性质，矩阵也会有的.这种负迁移是初学者常犯的错误.

矩阵的乘法是不可交换的.但是对具体的两个矩阵 $\boldsymbol{A},\boldsymbol{B}$，也有可能 $\boldsymbol{AB},\boldsymbol{BA}$ 都有定义，并且 $\boldsymbol{AB}=\boldsymbol{BA}$.这时我们说 $\boldsymbol{A}$ 与 $\boldsymbol{B}$ 是可交换的($\boldsymbol{A},\boldsymbol{B}$ 可交换，则它们必均是 $n\times n$ 矩阵).

那么，矩阵乘法满足哪些性质呢？我们有：

定理 4.2 设 $\boldsymbol{A},\boldsymbol{G}\in \mathrm{Mat}_{m\times n}(F)$，$\boldsymbol{H}.\boldsymbol{B}\in \mathrm{Mat}_{n\times p}(F)$，$\boldsymbol{C}\in \mathrm{Mat}_{p\times s}(F)$，$k,l\in F$，

(1)(结合律) $(\boldsymbol{AB})\boldsymbol{C}=\boldsymbol{A}(\boldsymbol{BC})$，

(2)(单位矩阵) $\boldsymbol{AE}_n=\boldsymbol{A}$，$\boldsymbol{E}_m\boldsymbol{A}=\boldsymbol{A}$，

(3)(分配律 1) $\boldsymbol{A}(\boldsymbol{B}+\boldsymbol{H})=\boldsymbol{AB}+\boldsymbol{AH}$，

(4)(分配律 2) $(\boldsymbol{G}+\boldsymbol{A})\boldsymbol{B}=\boldsymbol{GB}+\boldsymbol{AB}$，

(5) $k(\boldsymbol{AB})=(k\boldsymbol{A})\boldsymbol{B}=\boldsymbol{A}(k\boldsymbol{B})$，

(6) $\boldsymbol{AO}_{n\times p}=\boldsymbol{O}_{m\times p}$.

这些性质都可以由定义来进行验证.这些验证是机械的，有些是冗长的.我们用小字写出结合律的证明，作为选学内容，其余的请读者自己验证.

结合律的证明：设

$\boldsymbol{A}=(a_{ij})\in \mathrm{Mat}_{m\times n}(F)$，$\boldsymbol{B}=(b_{ij})\in \mathrm{Mat}_{n\times p}(F)$，$\boldsymbol{C}=(c_{ij})\in \mathrm{Mat}_{p\times s}(F)$，

我们来证明：$(\boldsymbol{AB})\boldsymbol{C}=\boldsymbol{A}(\boldsymbol{BC})$.令

$$\boldsymbol{AB}=\boldsymbol{U}=(u_{ik})_{m\times p},\quad \boldsymbol{BC}=\boldsymbol{W}=(w_{jh})_{n\times s}.$$

其中

$$u_{ij}=\sum_{h=1}^{n}a_{ih}b_{hk}\qquad (i=1,2,\cdots,m;\ k=1,2,\cdots,p),$$

$$w_{hj}=\sum_{k=1}^{p}b_{hk}c_{kj}\qquad (h=1,2,\cdots,n;j=1,2,\cdots,s),$$

$(\boldsymbol{AB})\boldsymbol{C}=\boldsymbol{UC}$ 的第 i 行的第 j 列元素是

$$\sum_{k=1}^{p} u_{ik}c_{kj} = \sum_{k=1}^{p}(\sum_{h=1}^{n} a_{ih}b_{hk})c_{kj} = \sum_{k=1}^{p}\sum_{h=1}^{n} a_{ih}b_{hk}c_{kj}; \tag{4.1}$$

$\boldsymbol{A}(\boldsymbol{BC})=\boldsymbol{AW}$ 的第 i 行的第 j 列元素是

$$\sum_{k=1}^{p} a_{ih}w_{hj} = \sum_{h=1}^{n} a_{ih}(\sum_{k=1}^{p} b_{hk}c_{kj}) = \sum_{h=1}^{n}\sum_{k=1}^{p} a_{ih}b_{hk}c_{kj}. \tag{4.2}$$

由数字加法的结合律和交换律，(4.1)与(4.2)相等. 因此$(\boldsymbol{AB})\boldsymbol{C}=\boldsymbol{A}(\boldsymbol{BC})$. □

设 $\boldsymbol{A}\in \mathrm{Mat}_{n\times n}(F)$，由定理 4.2 的(2)，(4)，得

$$\boldsymbol{A}(k\boldsymbol{E}_n)=k(\boldsymbol{AE}_n)=k\boldsymbol{A};\ (k\boldsymbol{E}_n)\boldsymbol{A}=k(\boldsymbol{E}_n\boldsymbol{A})=k\boldsymbol{A}.$$

因此，数量矩阵 $k\boldsymbol{E}_n$ 与任何 $n\times n$ 矩阵可交换.

我们利用线性方程组的矩阵表达形式以及上述运算律，来证明下述重要性质.

引理 4.1 齐次线性方程组的两个解的和，一个解的倍都仍然是这个齐次线性方程组的解.

证明 设 α,η 是齐次线性方程组 $\boldsymbol{AX}=\boldsymbol{o}$ 的解. 即 $\boldsymbol{A}\alpha=\boldsymbol{o}$，$\boldsymbol{A}\eta=\boldsymbol{o}$，于是 $\boldsymbol{A}(\alpha+\eta)=\boldsymbol{A}\alpha+\boldsymbol{A}\eta=\boldsymbol{o}+\boldsymbol{o}=\boldsymbol{o}$；$\boldsymbol{A}(k\alpha)=k(\boldsymbol{A}\alpha)=k\boldsymbol{o}=\boldsymbol{o}$. 因此 $\alpha+\eta,k\alpha$ 也是 $\boldsymbol{AX}=\boldsymbol{o}$ 的解. □

但是，当 $\beta\neq\boldsymbol{o}$，线性方程组 $\boldsymbol{AX}=\beta$ 的两个解的和却不是解. 这是因为，如果 α,η 都是 $\boldsymbol{AX}=\beta$ 的解，则 $\boldsymbol{A}(\alpha+\eta)=\boldsymbol{A}\alpha+\boldsymbol{A}\eta=\beta+\beta=2\beta\neq\beta$，故 $\alpha+\eta$ 不是 $\boldsymbol{AX}=\beta$ 的解.

1.4 幂

由于乘法有结合律，我们可以定义方矩阵的幂.

定义 4.3 设 $\boldsymbol{A}$ 是一个 $n\times n$ 方矩阵，m 是自然数. m 个 $\boldsymbol{A}$ 相乘是有定义的，其积记为 $\boldsymbol{A}^m$，约定 $\boldsymbol{A}^0=\boldsymbol{E}_n$.

幂有以下性质：设 $\boldsymbol{A}$ 是一个方矩阵. m,p 是非负整数，则

$$\boldsymbol{A}^m\boldsymbol{A}^p=\boldsymbol{A}^{m+p},\quad (\boldsymbol{A}^m)^p=\boldsymbol{A}^{mp}. \tag{4.3}$$

(请读者自己证明.)

注意：如果 $\boldsymbol{B}\in \mathrm{Mat}_{s\times n}(F)$，但是 $s\neq n$，则 $\boldsymbol{B}^m$ 无定义.

由于乘法交换律不成立，一般来说，设 $A,B\in \mathrm{Mat}_{n\times r}(F)$，

$$(AB)^m\neq A^mB^m\quad (m>1);$$

乘法公式(包括牛顿二项式定理)，十字相乘都不成立. 例如：

$$(A+B)^2\neq A^2+2AB+B^2,\quad (A+B)(A-B)\neq A^2-B^2.$$

对于具体的，满足 $AB=BA$ 的矩阵 A 与 B，对应的上述公式是正确的. 不过用相应的公式，必须首先验证 A 与 B 可交换.

1.5 转置

矩阵的转置有下述性质：

定理 4.3 设 $A,B\in \mathrm{Mat}_{s\times n}(F)$，$C\in \mathrm{Mat}_{s\times n}(F)$，$k\in F$，则

$$(A^{\mathrm{T}})^{\mathrm{T}}=A,$$
$$(A+B)^{\mathrm{T}}=A^{\mathrm{T}}+B^{\mathrm{T}},$$
$$(AC)^{\mathrm{T}}=C^{\mathrm{T}}A^{\mathrm{T}},$$
$$(kA)^{\mathrm{T}}=kA^{\mathrm{T}}.$$

(证明留给读者).

注意：$(AC)^{\mathrm{T}}\neq A^{\mathrm{T}}C^{\mathrm{T}}$.

1.6 乘积的行列式

定理 4.4 设 A,B 都是 $n\times n$ 矩阵，则 $|AB|=|A||B|$.

定理的证明：设 $A=(a_{ij})_{n\times n}$，$B=(b_{ij})_{n\times n}$，令

$$|G|=\begin{vmatrix} -A & O \\ E_n & B \end{vmatrix}.$$

一方面，由第 3 章的例，有

$$\begin{vmatrix} -A & O \\ E & B \end{vmatrix}=|-A||B|=(-1)^n|A||B|.$$

另一方面，将 $|G|$ 的第 $(n+i)$ 行的 a_{ij} 倍加到 $|G|$ 的第 i 行，$i=1,2,\cdots,n$；$j=1,2,\cdots,n$；得 $\begin{vmatrix} O & C \\ E_n & B \end{vmatrix}$，其中 $C=(c_{ij})_{n\times r}$，而 $c_{ij}=a_{i1}b_{1j}+a_{i2}b_{2j}+\cdots a_{in}b_{nj}$，因此 $C=AB$.

由行列式性质，

$$|\boldsymbol{G}|=\begin{vmatrix}\boldsymbol{O} & \boldsymbol{AB}\\ \boldsymbol{E}_n & \boldsymbol{B}\end{vmatrix}. \tag{4.4}$$

依次对换等式(4.4)的右边行列式的第 j 列与第 $n+j$ 列，得

$$\begin{vmatrix}\boldsymbol{AB} & \boldsymbol{O}\\ \boldsymbol{B} & \boldsymbol{E}_n\end{vmatrix}, \tag{4.5}$$

这里共作了 n 次对换，故

$$|\boldsymbol{G}|=(-1)^n\begin{vmatrix}\boldsymbol{AB} & \boldsymbol{O}\\ \boldsymbol{B} & \boldsymbol{E}_n\end{vmatrix}=(-1)^n|\boldsymbol{AB}||\boldsymbol{E}_n|=(-1)^n|\boldsymbol{AB}|.$$

因此

$$|\boldsymbol{AB}|=|\boldsymbol{A}||\boldsymbol{B}|.$$ □

习题 4.1

1. 设 m,n 是不同的自然数，$\boldsymbol{A}$ 是 $m\times n$ 矩阵，$\boldsymbol{B}$ 是 $n\times m$ 矩阵，下列运算式有定义的有几个？

$\boldsymbol{A}+\boldsymbol{B}$，　$\boldsymbol{AB}$，　$\boldsymbol{BA}$，　$\boldsymbol{AB}^{\mathrm{T}}$，　$\boldsymbol{A}-\boldsymbol{B}^{\mathrm{T}}$.

2. 计算

1) $\begin{bmatrix}4 & 3 & 1\\ 1 & -2 & 3\\ 5 & 7 & 0\end{bmatrix}\begin{bmatrix}3 & 1\\ 1 & -2\\ 2 & 3\end{bmatrix}$，　　2) $\begin{bmatrix}4 & 3 & 1\\ 1 & -2 & 3\\ 5 & 7 & 0\end{bmatrix}\begin{bmatrix}3\\ 1\\ 2\end{bmatrix}$，

3) $(1\quad 2\quad 3)\begin{bmatrix}3\\ 1\\ 2\end{bmatrix}$，　　4) $\begin{bmatrix}3\\ 1\\ 2\end{bmatrix}(1\quad 2\quad 3)$，

5) $(x_1,x_2,x_3)\begin{bmatrix}a_{11} & a_{12} & a_{13}\\ a_{21} & a_{22} & a_{23}\\ a_{31} & a_{32} & a_{33}\end{bmatrix}\begin{bmatrix}x_1\\ x_2\\ x_3\end{bmatrix}$.

3. 设 $\boldsymbol{A}=\begin{bmatrix}1 & 2\\ 1 & 3\end{bmatrix}$，$\boldsymbol{B}=\begin{bmatrix}1 & 0\\ 1 & 3\end{bmatrix}$，计算：

1) $(\boldsymbol{A}+\boldsymbol{B})^2$，　　2) $\boldsymbol{A}^2+2\boldsymbol{AB}+\boldsymbol{B}^2$，

4. 求所有的与 $\boldsymbol{A}=\begin{bmatrix}1 & 1\\ 0 & 1\end{bmatrix}$ 可交换的矩阵.

5. 设 $\boldsymbol{A},\boldsymbol{B}$ 是 $n\times n$ 矩阵,并且 $\boldsymbol{A}$ 是对称矩阵,证明: $\boldsymbol{B}^{\mathrm{T}}\boldsymbol{A}\boldsymbol{B}$ 也是对称矩阵.

6. 设 $\boldsymbol{A}=\begin{bmatrix} b & 0 \\ a & b \end{bmatrix}$,求 $\boldsymbol{A}^2, \boldsymbol{A}^3, \cdots, \boldsymbol{A}^k$.

§2 逆矩阵

2.1 定义

设 $a,b\in F,a\neq 0$,解方程 $ax=b$ 的过程是: 两边乘以 a^{-1},得 $a^{-1}ax=a^{-1}b$,于是 $a^{-1}b=1x=x$. 这儿用到了 1 的性质: $1a=a$,用到了倒数问题: 对 $a\neq 0$,存在 a^{-1},使 $a^{-1}a=1$.

线性方程组的矩阵形式是 $\boldsymbol{AX}=\boldsymbol{\beta}$. 与数 1 有类似性质的是 $\boldsymbol{E}$. 什么类似于倒数呢? 用数学语言表达,就是下述定义.

定义 4.4 设 $\boldsymbol{A}$ 是 $n\times n$ 矩阵,如果存在矩阵 $\boldsymbol{B}$,使 $\boldsymbol{AB}=\boldsymbol{E}_n$, $\boldsymbol{BA}=\boldsymbol{E}_n$,则称 $\boldsymbol{A}$ 是可逆的.

定理 4.5 设 $\boldsymbol{A}$ 是 $n\times n$ 矩阵,满足上述定义中的条件的矩阵(如果存在的话),是唯一的.

证明 如果 $\boldsymbol{C}$ 也满足条件,则

$$\boldsymbol{C}=\boldsymbol{CE}_n=\boldsymbol{C}(\boldsymbol{AB})=(\boldsymbol{CA})\boldsymbol{B}=\boldsymbol{E}_n\boldsymbol{B}=\boldsymbol{B}.$$ □

如果 $\boldsymbol{A}$ 可逆,我们称唯一的满足上述条件的矩阵 $\boldsymbol{B}$ 为 $\boldsymbol{A}$ 的逆矩阵,记为 $\boldsymbol{A}^{-1}$. 注意:

(1) 当 $s\neq n$ 时, $s\times n$ 矩阵必不是可逆的.

(2) 写 $\boldsymbol{A}^{-1}$ 的前提是 $\boldsymbol{A}$ 是可逆的.

下面我们讨论在系数矩阵是可逆矩阵的条件下,解线性方程组的问题.

例 4 设线性方程组 $\boldsymbol{AX}=\boldsymbol{\beta}$,其中 $\boldsymbol{A}$ 是 $n\times n$ 可逆的矩阵. 证明: $\boldsymbol{AX}=\boldsymbol{\beta}$ 有唯一解: $\boldsymbol{X}=\boldsymbol{A}^{-1}\boldsymbol{\beta}$.

证明 先证明"有解": $\boldsymbol{A}(\boldsymbol{A}^{-1}\boldsymbol{\beta})=(\boldsymbol{AA}^{-1})\boldsymbol{\beta}=\boldsymbol{E}_n\boldsymbol{\beta}=\boldsymbol{\beta}$,故 $\boldsymbol{A}^{-1}\boldsymbol{\beta}$

是 $\boldsymbol{AX}=\boldsymbol{\beta}$ 的一个解. 再证明唯一性：设 η 是 $\boldsymbol{AX}=\boldsymbol{\beta}$ 的一个解，即 $\boldsymbol{A}\eta=\boldsymbol{\beta}$. 于是有 $\boldsymbol{A}^{-1}\boldsymbol{\beta}=\boldsymbol{A}^{-1}(\boldsymbol{A}\eta)=(\boldsymbol{A}^{-1}\boldsymbol{A})\eta=\eta$，故 $\boldsymbol{AX}=\boldsymbol{\beta}$ 有唯一解. □

定理 4.6（可逆矩阵的运算性质） 设 $\boldsymbol{A},\boldsymbol{B}\in \mathrm{Mat}_{n\times n}(F)$，

(1) 若 $\boldsymbol{A},\boldsymbol{B}$ 都是可逆的，则 $\boldsymbol{AB}$ 也是可逆的，并且 $(\boldsymbol{AB})^{-1}=\boldsymbol{B}^{-1}\boldsymbol{A}^{-1}$.

(2) 若 $\boldsymbol{A}$ 是可逆的，则 $\boldsymbol{A}^{-1}$ 也是可逆的，并且 $(\boldsymbol{A}^{-1})^{-1}=\boldsymbol{A}$.

(3) 若 A 是可逆的，则 A^{T} 也是可逆的，并且 $(\boldsymbol{A}^{\mathrm{T}})^{-1}=(\boldsymbol{A}^{-1})^{\mathrm{T}}$.

证明 (1) $(\boldsymbol{AB})(\boldsymbol{B}^{-1}\boldsymbol{A}^{-1})=\boldsymbol{A}(\boldsymbol{BB}^{-1})\boldsymbol{A}^{-1}=\boldsymbol{AE}_n\boldsymbol{A}^{-1}=\boldsymbol{AA}^{-1}=\boldsymbol{E}_n$. 同理 $(\boldsymbol{B}^{-1}\boldsymbol{A}^{-1})(\boldsymbol{AB})=\boldsymbol{E}_n$. 故 $\boldsymbol{AB}$ 是可逆的，并且 $(\boldsymbol{AB})^{-1}=\boldsymbol{B}^{-1}\boldsymbol{A}^{-1}$.

(2) 由定义立刻得到.

(3) $\boldsymbol{A}^{\mathrm{T}}(\boldsymbol{A}^{-1})^{\mathrm{T}}=(\boldsymbol{A}^{-1}\boldsymbol{A})^{\mathrm{T}}=\boldsymbol{E}_n{}^{\mathrm{T}}=\boldsymbol{E}_n$. 同理 $(\boldsymbol{A}^{-1})^{\mathrm{T}}\boldsymbol{A}^{\mathrm{T}}=\boldsymbol{E}_n$. 故 $\boldsymbol{A}^{\mathrm{T}}$ 是可逆的，并且 $(\boldsymbol{A}^{\mathrm{T}})^{-1}=(\boldsymbol{A}^{-1})^{\mathrm{T}}$. □

因此，设 $\boldsymbol{A}$ 是 $n\times n$ 可逆矩阵，设 m 是非负整数，则 $\boldsymbol{A}^m$ 也是可逆的，并且 $(\boldsymbol{A}^m)^{-1}=(\boldsymbol{A}^{-1})^m$. 我们规定 $\boldsymbol{A}^{-m}=(\boldsymbol{A}^m)^{-1}$. 当 $\boldsymbol{A}$ 可逆时，公式 $\boldsymbol{A}^m\boldsymbol{A}^p=\boldsymbol{A}^{m+p}$，$(\boldsymbol{A}^m)^p=\boldsymbol{A}^{mp}$，对所有的整数 m,n 都成立.

2.2 可逆的判定

并不是每一个方矩阵都是可逆的. 那么，一个 $n\times n$ 矩阵，满足什么条件，才是可逆的呢？当它是可逆的，又如何求它的逆矩阵呢？我们来讨论这些问题.

定义 4.5 设 $A=(a_{ij})_{n\times n}$ 是一个 $n\times n$ 矩阵，a_{ij} 的代数余子式是 A_{ij}，矩阵

$$\begin{bmatrix} A_{11} & A_{21} & \cdots & A_{n1} \\ A_{12} & A_{22} & \cdots & A_{n2} \\ \vdots & \vdots & & \vdots \\ A_{1n} & A_{2n} & \cdots & A_{nn} \end{bmatrix}$$

称为 $\boldsymbol{A}$ 的伴随矩阵，记为 $\boldsymbol{A}^*$.

A^*的特点是A^*的第j列元素是A的第j行元素的代数余子式.

AA^*的第i行的第j列元素是A的第i行的元素与A的第j列的代数余子式对应乘积之和. A^*A的第i行的第j列元素是A的第j行的元素与A的第i列的代数余子式对应乘积之和. 由行列式按一行(列)展开的公式,有:

引理 4.2 设A是$n\times n$矩阵,d是A的行列式,则

$$AA^*=dE_n,\ A^*A=dE_n.$$

定理 4.7 设A是$n\times n$矩阵,A是可逆的充分必要条件是A的行列式d不为零. 这时,有

$$A^{-1}=\frac{1}{d}A^*.$$

证明 如果$d\neq 0$,则由引理4.2,A是可逆的,并且$A^{-1}=\frac{1}{d}A^*$. 反之,如果A是可逆的,则A^{-1}存在,并且$AA^{-1}=E$. 两边取行列式,再利用定理4.4,有

$$1=|E|=|AA^{-1}|=|A|\,|A^{-1}|,$$

故$|A|\neq 0$. □

推论 设A,B是$n\times n$矩阵,如果$AB=E$,则A与B都是可逆的,并且$A^{-1}=B,B^{-1}=A$.

证明 由$AB=E$,两边取行列式,有$1=|E|=|AB|=|A||B|$,故$|A|\neq 0,|B|\neq 0$,于是A,B都是可逆的. 而$A^{-1}=A^{-1}E=A^{-1}(AB)=(A^{-1}A)B=EB=B$. 同理,$B^{-1}=A$. □

注:A,B必须都是方的,推论才成立.

例 5 矩阵A是否是可逆的?如果A是可逆的,求A的逆矩阵.

$$A=\begin{bmatrix}2 & 1 & 1\\ 3 & 1 & 2\\ 1 & -1 & 0\end{bmatrix}.$$

解 $|A|=\begin{vmatrix}2 & 1 & 1\\ 3 & 1 & 2\\ 1 & -1 & 0\end{vmatrix}=2\neq 0$,故 A 是可逆的.

$A_{11}=\begin{vmatrix}1 & 2\\ -1 & 0\end{vmatrix}=2$, $A_{12}=-\begin{vmatrix}3 & 2\\ 1 & 0\end{vmatrix}=2$, $A_{13}=\begin{vmatrix}3 & 1\\ 1 & -1\end{vmatrix}=-4$,

$A_{21}=-\begin{vmatrix}1 & 1\\ -1 & 0\end{vmatrix}=-1$, $A_{22}=-1$, $A_{23}=3$, $A_{31}=1$, $A_{32}=-1$,

$A_{33}=-1$. 故

$$A^{*}=\begin{bmatrix}2 & -1 & 1\\ 2 & -1 & -1\\ -4 & 3 & -1\end{bmatrix},\quad A=\frac{1}{2}\begin{bmatrix}2 & -1 & 1\\ 2 & -1 & -1\\ -4 & 3 & -1\end{bmatrix}.$$ □

下面我们利用逆矩阵,给出克莱姆法则的又一个证明:设 A 是一个 $n\times n$ 矩阵,并且 $d=|A|\neq 0$,考虑线性方程组 $AX=\beta$. 因为 $|A|\neq 0$,则 A 是可逆的,由例 4,$AX=\beta$ 有唯一解:$X=A^{-1}\beta=(d^{-1})A^{*}\beta$. 将右边乘出来,并且利用第三章中的记号,有

$$X=\frac{1}{d}\begin{bmatrix}d_1\\ d_2\\ \vdots\\ d_n\end{bmatrix}.$$ □

习题 4.2

1. 求下列矩阵的逆矩阵

1) $\begin{bmatrix}2 & 1\\ -1 & -1\end{bmatrix}$,　　2) $\begin{bmatrix}2 & 5 & 7\\ 6 & 3 & 4\\ 5 & -2 & -3\end{bmatrix}$.

2. 设 P 是可逆矩阵. 证明:线性方程组 $AX=\beta$ 与线性方程组 $PAX=P\beta$ 同解.

3. 设 P 是 $n\times n$ 可逆矩阵,C 是 $n\times m$ 矩阵. 证明:矩阵方程 $PX=C$ 有唯一解.

4. 设 A 是 $n\times n$ 矩阵,证明:如果 $A^3=O$,则 $(E-A)^{-1}=E+A+A^2$.

5. 设 $\boldsymbol{P},\boldsymbol{A}$ 都是 $n\times n$ 矩阵，其中 $\boldsymbol{P}$ 是可逆的，m 是自然数. 证明：

1) $(\boldsymbol{P}^{-1}\boldsymbol{AP})^2=\boldsymbol{P}^{-1}\boldsymbol{A}^2\boldsymbol{P}$，

2) $(\boldsymbol{P}^{-1}\boldsymbol{AP})^m=\boldsymbol{P}^{-1}\boldsymbol{A}^m\boldsymbol{P}$，

3) $|\boldsymbol{P}^{-1}\boldsymbol{AP}|=|\boldsymbol{A}|$.

6. 设 $\boldsymbol{A}$ 是 $n\times n$ 矩阵.

1) 证明：如果 $\boldsymbol{A}$ 是可逆的，则 $\boldsymbol{A}^*$ 也是可逆的.

2) 证明：$|\boldsymbol{A}^*|=|\boldsymbol{A}|^{n-1}$.

§3 初等矩阵

3.1 定义

我们来讨论矩阵的初等变换与矩阵乘积的关系.

定义 4.6 $n\times n$ 单位矩阵经过一次行(列)的初等变换所得到的矩阵称为初等矩阵.

初等矩阵有三类.

第一类：$\boldsymbol{E}_n$ 经过第 i 行与第 h 行互换所得到的矩阵，记为 $\boldsymbol{P}_n(i,h)$(它也可以由 $\boldsymbol{E}_n$ 经过第 i 列与第 h 列互换得到).

第二类：$\boldsymbol{E}_n$ 的第 i 行乘以 c，其中 $c\neq 0$，所得到的矩阵，记为 $\boldsymbol{P}_n(i(c))$(它也可以由 $\boldsymbol{E}_n$ 的第 i 列乘以 c 得到).

第三类：$\boldsymbol{E}_n$ 的第 h 行乘以 c 加到第 i 行所得到的矩阵，记为 $\boldsymbol{P}_n(i,h(c))$(它也可以由 $\boldsymbol{E}_n$ 的第 i 列乘以 c 加到第 h 列得到). 经计算，我们得到表 4.4.

表 4.4 (表中的第 k 列与第 1 列相等)

$\boldsymbol{X}$	$\boldsymbol{P}_n(i(c)),c\neq 0$	$\boldsymbol{P}_n(i,h(c))$	$\boldsymbol{P}_n(i,h)$
$\boldsymbol{XA}_{n\times m}$	$\boldsymbol{A}$ 的第 i 行乘以 c	$\boldsymbol{A}$ 的第 h 行乘以 c 加到第 i 行	互换 $\boldsymbol{A}$ 的第 i 行与第 h 行
$\boldsymbol{B}_{s\times n}\boldsymbol{X}$	$\boldsymbol{B}$ 的第 i 列乘以 c	$\boldsymbol{B}$ 的第 i 列乘以 c 加到第 h 列	互换 $\boldsymbol{A}$ 的第 h 列与第 i 列

续表

X	$P_n(i(c)),c\neq 0$	$P_n(i,h(c))$	$P_n(i,h)$
X^{-1}	$P_n(i(c^{-1}))$	$P_n(i,h(-c))$	$P_n(i,h)$
X^{T}	$P_n(i(c))$	$P_n(h,i(c))$	$P_n(i,h)$

由上表,我们得到:

定理 4.8 对一个 $n\times m$ 矩阵 $\boldsymbol{A}$,作一次行的初等变换,就相当于在 $\boldsymbol{A}$ 的左边乘上相应的 $n\times n$ 初等矩阵;对一个 $s\times n$ 矩阵 $\boldsymbol{B}$,作一次列的初等变换,就相当于在 $\boldsymbol{B}$ 的右边乘上相应的 $n\times n$ 初等矩阵;初等矩阵是可逆的,其逆矩阵也是同类的初等矩阵.

3.2 等价

定义 4.7 设 $\boldsymbol{A},\boldsymbol{B}$ 都是 $m\times n$ 矩阵,如果 $\boldsymbol{B}$ 可以由 $\boldsymbol{A}$ 经过若干次(行的初等变换)初等变换得到,则称 $\boldsymbol{B}$ 与 $\boldsymbol{A}$(行等价)等价.

不难验证,等价有性质

(1)(反身性) $\boldsymbol{A}$ 与 $\boldsymbol{A}$ 等价.

(2)(对称性) 如果 $\boldsymbol{B}$ 与 $\boldsymbol{A}$ 等价,则 $\boldsymbol{A}$ 与 $\boldsymbol{B}$ 等价.

(3)(传递性) 如果 $\boldsymbol{C}$ 与 $\boldsymbol{B}$ 等价,$\boldsymbol{B}$ 与 $\boldsymbol{A}$ 等价,则 $\boldsymbol{C}$ 与 $\boldsymbol{A}$ 等价.

行等价也有类似的性质.

$\boldsymbol{B}$ 与 $\boldsymbol{A}$ 行等价,就是存在初等矩阵 $\boldsymbol{P}_s,\cdots,\boldsymbol{P}_2,\boldsymbol{P}_1$,使

$$\boldsymbol{B}=\boldsymbol{P}_s(\cdots(\boldsymbol{P}_2(\boldsymbol{P}_1\boldsymbol{A}))\cdots)=(\boldsymbol{P}_s\cdots\boldsymbol{P}_2\boldsymbol{P}_1)\boldsymbol{A}=\boldsymbol{P}\boldsymbol{A}, \tag{4.6}$$

其中 $\boldsymbol{P}=\boldsymbol{P}_s\cdots\boldsymbol{P}_2\boldsymbol{P}_1$,由定理 4.6 可知 $\boldsymbol{P}$ 可逆.第 1 章定理 1.3 可以叙述为:对任何矩阵 $\boldsymbol{A}$,必存在一个可逆矩阵 $\boldsymbol{P}$,使 $\boldsymbol{PA}$ 是(阶梯形矩阵)行最简形矩阵.

通过类似于化行最简形矩阵的过程,经过若干次列的初等变换,可以将行最简形的矩阵化成形为

$$\begin{bmatrix}\boldsymbol{E}_r & \boldsymbol{O}\\ \boldsymbol{O} & \boldsymbol{O}\end{bmatrix} \tag{4.7}$$

的矩阵,类似地,对任何矩阵 $\boldsymbol{A}$,必存在可逆矩阵 $\boldsymbol{P},\boldsymbol{Q}$,使 $\boldsymbol{PAQ}$ 是形为(4.7)的矩阵.

定理 4.9 $n\times n$ 矩阵 $\boldsymbol{A}$ 可逆的充分必要条件是 $\boldsymbol{A}$ 是一些初等矩阵的积.

证明 充分性是明显的. 现在证明必要性.

设 $\boldsymbol{A}$ 是 $n\times n$ 矩阵, $\boldsymbol{A}$ 可经过一系列行的初等变换变成行最简形的矩阵 $\boldsymbol{H}$, 也就是说, 存在可逆矩阵 $\boldsymbol{P}=\boldsymbol{P}_s\cdots\boldsymbol{P}_2\boldsymbol{P}_1$, 其中 $\boldsymbol{P}_s,\cdots,\boldsymbol{P}_2,\boldsymbol{P}_1$ 都是初等矩阵, 使 $\boldsymbol{H}=\boldsymbol{PA}$.

如果 $\boldsymbol{A}$ 可逆, 则 $\boldsymbol{H}=\boldsymbol{PA}$ 可逆, 于是 $|\boldsymbol{H}|\neq 0$, 故 $\boldsymbol{H}$ 没有非零行. $n\times n$ 的行最简形矩阵有 n 个非零行, 必是 $\boldsymbol{E}_n$(参见第 1 章 § 3). 因此, $\boldsymbol{PA}=\boldsymbol{E}$.

$$\begin{aligned}\boldsymbol{A}&=(\boldsymbol{P}^{-1}\boldsymbol{P})\boldsymbol{A}=\boldsymbol{P}^{-1}(\boldsymbol{PA})=\boldsymbol{P}^{-1}=(\boldsymbol{P}_s\cdots\boldsymbol{P}_2\boldsymbol{P}_1)^{-1}\\&=\boldsymbol{P}_1^{-1}\boldsymbol{P}_2^{-1}\cdots\boldsymbol{P}_s^{-1}.\end{aligned}$$

而 $\boldsymbol{P}_j^{-1}(j=1,2,\cdots,s)$ 是初等矩阵. □

3.3 用初等变换求逆矩阵

用伴随矩阵来求逆矩阵的计算量一般都很大. 现在介绍一种实用方法.

先做一些准备工作.

设 $\boldsymbol{A}$ 是 $n\times t$ 矩阵, $\boldsymbol{B}$ 是 $m\times n$ 矩阵, $\boldsymbol{A}$ 的第 j 列组成一个 $n\times 1$ 矩阵, 记为 $\boldsymbol{\alpha}_j(j=1,2,\cdots,n)$, 有 $\boldsymbol{A}=(\boldsymbol{\alpha}_1,\boldsymbol{\alpha}_2,\cdots,\boldsymbol{\alpha}_t)$, 由乘积的定义 $\boldsymbol{BA}$ 的第 j 列, 恰是 $\boldsymbol{B}$ 与 $\boldsymbol{\alpha}_j$ 的乘积, 于是 $\boldsymbol{BA}=(\boldsymbol{B\alpha}_1,\boldsymbol{B\alpha}_2,\cdots,\boldsymbol{B\alpha}_t)$. 如果 $\boldsymbol{A}=(\boldsymbol{A}_1 \vdots \boldsymbol{A}_2)$(参见第 1 章 § 2 的(2.3)式), 则有 $\boldsymbol{BA}=(\boldsymbol{BA}_1 \vdots \boldsymbol{BA}_2)$. 我们把这些写成下述引理:

引理 4.3 设 $\boldsymbol{B}$ 是 $m\times n$ 矩阵, $\boldsymbol{\alpha}_j(j=1,2,\cdots,n)$ 是 $n\times 1$ 矩阵, $\boldsymbol{A}_1$ 是 $n\times t$ 矩阵, $\boldsymbol{A}_2$ 是 $n\times s$ 矩阵. 则

(1) $\boldsymbol{B}(\boldsymbol{\alpha}_1,\boldsymbol{\alpha}_2,\cdots,\boldsymbol{\alpha}_t)=(\boldsymbol{B\alpha}_1,\boldsymbol{B\alpha}_2\cdots,\boldsymbol{B\alpha}_t)$,

(2) $\boldsymbol{B}(\boldsymbol{A}_1 \vdots \boldsymbol{A}_2)=(\boldsymbol{BA}_1 \vdots \boldsymbol{BA}_2)$.

如果有初等矩阵 $\boldsymbol{P}_s,\cdots,\boldsymbol{P}_2,\boldsymbol{P}_1$, 使 $\boldsymbol{P}_s\cdots\boldsymbol{P}_2\boldsymbol{P}_1\boldsymbol{A}=\boldsymbol{E}_n$, 则 $\boldsymbol{A}$ 可逆, 并且, $\boldsymbol{A}^{-1}=\boldsymbol{P}_s\cdots\boldsymbol{P}_2\boldsymbol{P}_1$. 我们有

$$\boldsymbol{P}_s\cdots\boldsymbol{P}_2\boldsymbol{P}_1(\boldsymbol{A} \vdots \boldsymbol{E}_n)=(\boldsymbol{P}_s\cdots\boldsymbol{P}_2\boldsymbol{P}_1\boldsymbol{A} \vdots \boldsymbol{P}_s\cdots\boldsymbol{P}_2\boldsymbol{P}_1\boldsymbol{E}_n)=(\boldsymbol{E}_n \vdots \boldsymbol{A}^{-1}).$$

注意到 $P_1(A \mid E_n)$相当于对$(A \mid E_n)$作一次行的初等变换.于是,我们有用初等变换求逆矩阵的方法:设 A 是 $n\times n$ 矩阵,

(1) 写出 $n\times 2n$ 矩阵$(A \mid E_n)$.

(2) 对$(A \mid E_n)$施行行的初等变换,使$(A \mid E_n)$的左边的矩阵化成行最简形.

(3) 如果得到$(E_n \mid H)$,则 A 可逆,并且 $A^{-1}=H$.

例 6 设 $A=\begin{bmatrix}1&2&3\\2&2&1\\3&4&3\end{bmatrix}$,求 A 的逆矩阵.

解

$$(A \mid E_3)=\left[\begin{array}{ccc:ccc}1&2&3&0&1&0\\2&2&1&0&1&0\\3&4&3&0&0&1\end{array}\right],$$

$$\xrightarrow[r_3+(-3)r_1]{r_2+(-2)r_1}\left[\begin{array}{ccc:ccc}1&2&3&1&0&0\\0&-2&-5&-2&1&0\\0&-2&-6&-3&0&1\end{array}\right],$$

$$\xrightarrow[r_3+(-1)r_2]{r_1+r_2}\left[\begin{array}{ccc:ccc}1&0&-2&-1&1&0\\0&-2&-5&-2&1&0\\0&0&-1&-1&-1&1\end{array}\right],$$

$$\xrightarrow[r_2+(-5)r_3]{r_1+(-2)r_3}\left[\begin{array}{ccc:ccc}1&0&0&1&3&-2\\0&-2&0&3&6&-5\\0&0&-1&-1&-1&1\end{array}\right],$$

$$\xrightarrow[(-1)r_2]{(-2^{-1})r_2}\left[\begin{array}{ccc:ccc}1&0&1&2&1&2\\0&1&0&-\frac{3}{2}&-3&\frac{5}{2}\\0&0&1&1&1&-1\end{array}\right],$$

因此,

$$A^{-1}=\begin{bmatrix}2&1&2\\-\frac{3}{2}&-3&\frac{5}{2}\\1&1&-1\end{bmatrix}.\qquad \square$$

注：如果 A 可逆，则必可经过行的初等变换，将$(A \vdots E_n)$变成$(E_n \vdots H)$. 如果 A 不可逆，用行的初等变换将$(A \vdots E_n)$的左边化成行最简形时左边必然出现零行. 因此，上述方法可以判断 A 是否可逆.

同样地，我们可以利用行的初等变换，来解矩阵方程 $AX=B$，其步骤是：首先写出$(A \vdots B)$，再利用行的初等变换将$(A \vdots B)$的左边化成行最简形，如果得到$(E \vdots H)$. 则 $X=H$ 是方程的(唯一)解.

通过转置，我们可以利用行的初等变换，来解矩阵方程 $XA=C$，其步骤是：首先写出$(A^{\mathrm{T}} \vdots C^{\mathrm{T}})$，利用行的初等变换将$(A^{\mathrm{T}} \vdots C^{\mathrm{T}})$的左边化成行最简形，如果得到$(E \vdots H)$. 则 $X=H^{\mathrm{T}}$是方程的(唯一)解.

例 7 解矩阵方程 $XB=C$，其中

$$B=\begin{bmatrix}1 & -1 & 0\\ 0 & 2 & 4\\ 1 & 0 & 1\end{bmatrix},\quad C=\begin{bmatrix}2 & -3 & 1\\ 1 & 1 & 0\\ 2 & 1 & 1\end{bmatrix}.$$

解 取 $G=(B^{\mathrm{T}} \vdots C^{\mathrm{T}})$用行的初等变换将$(B^{\mathrm{T}} \vdots C^{\mathrm{T}})$的左边化成行最简形

$$(B^{\mathrm{T}} \vdots C^{\mathrm{T}})=\left[\begin{array}{ccc|ccc}1 & 0 & 1 & 2 & 1 & 2\\ -1 & 2 & 0 & -3 & 1 & 1\\ 0 & 4 & 1 & 1 & 0 & 1\end{array}\right],$$

$$\xrightarrow{r_2+r_1}\left[\begin{array}{ccc|ccc}1 & 0 & 1 & 2 & 1 & 2\\ 0 & 2 & 1 & -1 & 2 & 3\\ 0 & 4 & 1 & 1 & 0 & 1\end{array}\right],$$

$$\xrightarrow{r_3+(-2)r_1}\left[\begin{array}{ccc|ccc}1 & 0 & 1 & 2 & 1 & 2\\ 0 & 2 & 1 & -1 & -2 & 3\\ 0 & 0 & -1 & 3 & -4 & -5\end{array}\right],$$

$$\xrightarrow[r_2+r_3]{r_1+r_3}\left[\begin{array}{ccc|ccc}1 & 0 & 0 & 5 & -3 & -3\\ 0 & 2 & 0 & 2 & 2 & -2\\ 0 & 0 & -1 & 3 & -4 & -5\end{array}\right],$$

$$\xrightarrow[(-1)r_3]{(2^{-1})r_2}\left[\begin{array}{ccc:ccc}1&0&0&5&-3&-3\\0&1&0&1&-1&-1\\0&0&1&-3&4&5\end{array}\right],$$

故

$$X=\begin{bmatrix}5&1&-3\\-3&-1&4\\-3&-1&5\end{bmatrix}.$$

习题 4.3

1. 用初等变换求下列矩阵的逆矩阵.

1) $\begin{bmatrix}2&-1&1\\2&-1&-1\\-4&3&-1\end{bmatrix}$, 2) $\begin{bmatrix}3&-4&5\\2&-3&1\\3&-5&-1\end{bmatrix}$.

2. 解下列矩阵方程.

1) $\begin{bmatrix}2&5\\1&-1\end{bmatrix}X=\begin{bmatrix}1&1\\-1&-1\end{bmatrix}$, 2) $\begin{bmatrix}1&0&1\\1&2&-1\\-1&2&0\end{bmatrix}X=\begin{bmatrix}1&0&2\\-1&1&1\\1&0&1\end{bmatrix}$.

3. 设 $A=\begin{bmatrix}1&0&0\\0&1&1\\1&1&0\end{bmatrix}$, $B=\begin{bmatrix}2&0&1\\0&-2&0\\0&1&1\end{bmatrix}$, 又 X 是可逆矩阵, 并且满足矩阵方程 $AX^2B=XB$, 求矩阵 X.

4*. 设 $A=(a_{ij})$ 是 $n\times n$ 矩阵.

1) 证明: 如果 $P_n(h(2))A=AP_n(h(2))$, 则 $a_{hj}=0, j=1,\cdots,h-1,h+1,\cdots,n$; 并且 $a_{ih}=0, i=1,\cdots,h-1,h+1,\cdots,n$.

2) 设 $B=\mathrm{diag}(b_1,b_2,\cdots,b_n)$ 是一个对角矩阵, 设 $l\neq k$. 证明: 如果 $P_n(l,k)B=BP_n(l,k)$, 则 $b_l=b_k$.

3) 证明: 如果矩阵 A 与所有的 $n\times n$ 矩阵都可交换, 则 A 是一个数量矩阵(即 $A=cE_n$, 其中 $c\in F$).

* §4 分块矩阵

4.1 分块矩阵的运算

我们有时把一个大矩阵看成由一些小矩阵组成，这就是矩阵的分块. 我们已经用某些分块的矩阵来进行运算. 现在来讨论一般情况.

设 $\boldsymbol{A}$ 是一个 $s\times n$ 矩阵，在 $\boldsymbol{A}$ 的行之间作一些分划，列之间作一些分划，$\boldsymbol{A}$ 就写成

$$\boldsymbol{A}=\begin{bmatrix}\boldsymbol{A}_{11} & \boldsymbol{A}_{12} & \cdots & \boldsymbol{A}_{1t}\\ \boldsymbol{A}_{21} & \boldsymbol{A}_{22} & \cdots & \boldsymbol{A}_{2t}\\ \vdots & \vdots & & \vdots\\ \boldsymbol{A}_{u1} & \boldsymbol{A}_{u2} & \cdots & \boldsymbol{A}_{ut}\end{bmatrix}$$

其中，$\boldsymbol{A}_{ij}$是一个 $s_i\times n_j$ 矩阵，$i=1,2,\cdots,u,j=1,2,\cdots,t$，叫 $\boldsymbol{A}$ 的一个分块.

我们来讨论分块矩阵的运算，这些规则都可以由矩阵的运算定义来进行验证，验证工作请读者自己做.

1. 分块加法

设 $\boldsymbol{A},\boldsymbol{B}$ 都是 $s\times n$ 矩阵，如果对它们作相同的行的分划，并且作相同的列的分划，则把各小矩阵看成数，按数的矩阵求和规则相加，就是说.

$$\boldsymbol{A}+\boldsymbol{B}=\begin{bmatrix}\boldsymbol{A}_{11} & \boldsymbol{A}_{12} & \cdots & \boldsymbol{A}_{1t}\\ \boldsymbol{A}_{21} & \boldsymbol{A}_{22} & \cdots & \boldsymbol{A}_{2t}\\ \vdots & \vdots & & \vdots\\ \boldsymbol{A}_{u1} & \boldsymbol{A}_{u2} & \cdots & \boldsymbol{A}_{ut}\end{bmatrix}+\begin{bmatrix}\boldsymbol{B}_{11} & \boldsymbol{B}_{12} & \cdots & \boldsymbol{B}_{1t}\\ \boldsymbol{B}_{21} & \boldsymbol{B}_{22} & \cdots & \boldsymbol{B}_{2t}\\ \vdots & \vdots & & \vdots\\ \boldsymbol{B}_{u1} & \boldsymbol{B}_{u2} & \cdots & \boldsymbol{B}_{ut}\end{bmatrix}$$

$$=\begin{bmatrix}\boldsymbol{A}_{11}+\boldsymbol{B}_{11} & \boldsymbol{A}_{12}+\boldsymbol{B}_{12} & \cdots & \boldsymbol{A}_{1t}+\boldsymbol{B}_{1t}\\ \boldsymbol{A}_{21}+\boldsymbol{B}_{21} & \boldsymbol{A}_{22}+\boldsymbol{B}_{22} & \cdots & \boldsymbol{A}_{2t}+\boldsymbol{B}_{2t}\\ \vdots & \vdots & & \vdots\\ \boldsymbol{A}_{u1}+\boldsymbol{B}_{u1} & \boldsymbol{A}_{u2}+\boldsymbol{B}_{u2} & \cdots & \boldsymbol{A}_{ut}+\boldsymbol{B}_{ut}\end{bmatrix}.$$

2. 分块数量乘积

求分块矩阵的数量乘积时，可以把小矩阵看成数，按数的矩阵的数量乘积的规则进行. 就是说

$$kA=k\begin{bmatrix}A_{11} & A_{12} & \cdots & A_{1t}\\ A_{21} & A_{22} & \cdots & A_{2t}\\ \vdots & \vdots & & \vdots\\ A_{u1} & A_{u2} & \cdots & A_{ut}\end{bmatrix}=\begin{bmatrix}kA_{11} & kA_{12} & \cdots & kA_{1t}\\ kA_{21} & kA_{22} & \cdots & kA_{2t}\\ \vdots & \vdots & & \vdots\\ kA_{u1} & kA_{u2} & \cdots & kA_{ut}\end{bmatrix}.$$

3. 分块转置

设 A 如上，则

$$A^{T}=\begin{bmatrix}A_{11}^{T} & A_{21}^{T} & \cdots & A_{u1}^{T}\\ A_{12}^{T} & A_{22}^{T} & \cdots & A_{u2}^{T}\\ \vdots & \vdots & & \vdots\\ A_{1t}^{T} & A_{2t}^{T} & \cdots & A_{ut}^{T}\end{bmatrix}.$$

就是说，先把小矩阵看成是数进行转置，再将各个小矩阵都进行转置.

4. 分块乘法

设 A 是 $s\times n$ 矩阵，B 是 $n\times m$ 矩阵. 如果 A 的列的分划与 B 的行的分划相同(即 A 的列分成 n_1 列，n_2 列，…，n_t 列，B 的行也分成 n_1 行，n_2 行，…，n_t 行；对 A 的行的分划和 B 的列的分划都没有什么要求)，则 A 乘 B 可以按数字矩阵的乘法规则进行.

就是说

$$AB=\begin{bmatrix}A_{11} & A_{12} & \cdots & A_{1t}\\ A_{21} & A_{22} & \cdots & A_{2t}\\ \vdots & \vdots & & \vdots\\ A_{u1} & A_{u2} & \cdots & A_{ut}\end{bmatrix}\begin{bmatrix}B_{11} & B_{12} & \cdots & B_{1v}\\ B_{21} & B_{22} & \cdots & B_{2v}\\ \vdots & \vdots & & \vdots\\ B_{t1} & B_{t2} & \cdots & B_{tv}\end{bmatrix}=\begin{bmatrix}C_{11} & C_{12} & \cdots & C_{1v}\\ C_{21} & C_{22} & \cdots & C_{2v}\\ \vdots & \vdots & & \vdots\\ C_{u1} & C_{u2} & \cdots & C_{uv}\end{bmatrix}$$

其中

$$C_{ij}=A_{i1}B_{1j}+A_{i2}B_{2j}+\cdots+A_{it}B_{tj},i=1,2,\cdots,u;j=1,2,\cdots,v.$$

总之，将矩阵进行适当的分块(所谓适当，就是要使小矩阵的相关运算有定义)后，可以把分块矩阵中的小矩阵看成是数，按数字矩阵的运算规则来做.

最常用的分块是我们在本章 § 3 的引理 4.3 中介绍的，和下面的准对角矩阵.

4.2 准对角矩阵

设 A 是 $n\times n$ 矩阵，具有下述形状：

$$A=\begin{bmatrix} A_1 & O & O & \cdots & O \\ O & A_2 & O & \cdots & O \\ O & O & A_3 & \cdots & O \\ \vdots & \vdots & \vdots & & \vdots \\ O & O & O & \cdots & A_n \end{bmatrix}\begin{matrix} \}n_1 \\ \}n_2 \\ \}n_3, \\ \\ \}n_s \end{matrix}$$
$$\quad \underbrace{}_{n_1} \quad \underbrace{}_{n_2} \quad \underbrace{}_{n_3} \qquad \underbrace{}_{n_s}$$

其中 A_j 是 $n_j\times n_j$ 矩阵(注意,它们都是方的),$j=1,2,\cdots,s$.这种矩阵叫准对角矩阵,本书中记为 $\mathrm{sdiag}(A_1,A_2,\cdots,A_s)$.

设 $A=\mathrm{sdiag}(A_1,A_2,\cdots,A_s)$,$B=\mathrm{sdiag}(B_1,B_2,\cdots,B_s)$,其中 A_j 与 B_j 都是 $n_j\times n_j$ 矩阵.我们有

(1) $A+B=\mathrm{sdiag}(A_1+B_1,A_2+B_2,\cdots,A_s+B_s)$,

(2) $kA=\mathrm{sdiag}(kA_1,kA_2,\cdots,kA_s)$,

(3) $AB=\mathrm{sdiag}(A_1B_1,A_2B_2,\cdots,A_sB_s)$,

(4) 设 m 是自然数,则 $A^m=\mathrm{sdiag}(A_1^m,A_2^m,\cdots,A_s^m)$,

(5) $|A|=|A_1||A_2||A_3|\cdots|A_s|$,

(6) A 是可逆的充分必要条件是 $A_1,A_2,\cdots,A_s$ 都是可逆的,这时

$$A^{-1}=\mathrm{sdiag}(A_1^{-1},A_2^{-1},\cdots,A_s^{-1}).$$

这些结论的证明都比较简单,请读者自己证明.

可见,准对角矩阵是对角矩阵的推广.准对角矩阵的运算可以把小矩阵看成是数,按对角矩阵的运算规则来做.

4.3 分块初等变换

分块初等矩阵常用的有如下三种:

(1) 第一类 $P_1=\begin{bmatrix} O_{s\times t} & E_s \\ E_t & O_{t\times s} \end{bmatrix}$,

(2) 第二类 $P_2=\begin{bmatrix} E_s & O_{s\times t} \\ O_{t\times s} & kE_t \end{bmatrix}$, $P_3=\begin{bmatrix} kE_s & O_{s\times t} \\ O_{t\times s} & E_t \end{bmatrix}$,其中 $k\neq 0$.

(3) 第三类 $P_4=\begin{bmatrix} E_s & B_{s\times t} \\ O_{t\times s} & E_t \end{bmatrix}$, $P_5=\begin{bmatrix} E_s & O_{s\times t} \\ C_{t\times s} & E_t \end{bmatrix}$.

记 $n=s+t$.P_1 是由 E_n 经过若干次的行的互换得到.设 $B_{s\times t}=(b_{ij})$,则 P_2 可以由 b_n 经过 $b_{s+i\ \ j}$乘第 $s+j$ 行,加到第 i 行,$i=1,2,\cdots,s$,$j=1,2,\cdots,t$,得到.P_4 可以由 E_n 经过第 i 行乘 k,$i=1,2,\cdots,s$,得到.其余的请读者自己讨

论. 总之,上述矩阵可以由 $\boldsymbol{E}$ 经过与之同类的若干次行(列)的初等变换得到,即它们是与之同类的初等矩阵之积. 一个矩阵 $\boldsymbol{A}$ 的左(右)边乘一个分块初等矩阵,相当于作若干次相应类的行(列)的初等变换,形式上,相当于把小矩阵看成是数,而作的初等变换,例如: 设 $\boldsymbol{A}=\begin{bmatrix}\boldsymbol{A}_1 & \boldsymbol{A}_2\\ \boldsymbol{A}_3 & \boldsymbol{A}_4\end{bmatrix}$,其中 $\boldsymbol{A}_1$ 是 $s\times u$ 矩阵,$\boldsymbol{A}_2$ 是 $s\times v$ 矩阵,$\boldsymbol{A}_3$ 是 $t\times u$ 矩阵,$\boldsymbol{A}_4$ 是 $t\times v$ 矩阵,$u+v=m,t+s=n$. 有:

$$\begin{bmatrix}\boldsymbol{O}_{s\times t} & \boldsymbol{E}_s\\ \boldsymbol{E}_t & \boldsymbol{O}_{t\times s}\end{bmatrix}\begin{bmatrix}\boldsymbol{A}_1 & \boldsymbol{A}_2\\ \boldsymbol{A}_3 & \boldsymbol{A}_4\end{bmatrix}=\begin{bmatrix}\boldsymbol{A}_3 & \boldsymbol{A}_4\\ \boldsymbol{A}_1 & \boldsymbol{A}_2\end{bmatrix}, \tag{4.8}$$

积就是将 $\boldsymbol{A}$ 的第 1 行与第 2 行的小矩阵互换.

$$\begin{bmatrix}\boldsymbol{E}_s & \boldsymbol{B}_{s\times t}\\ \boldsymbol{O}_{t\times s} & \boldsymbol{E}_t\end{bmatrix}\begin{bmatrix}\boldsymbol{A}_1 & \boldsymbol{A}_2\\ \boldsymbol{A}_3 & \boldsymbol{A}_4\end{bmatrix}=\begin{bmatrix}\boldsymbol{A}_1+\boldsymbol{B}\boldsymbol{A}_3 & \boldsymbol{A}_2+\boldsymbol{B}\boldsymbol{A}_4\\ \boldsymbol{A}_3 & \boldsymbol{A}_4\end{bmatrix}, \tag{4.9}$$

积就是将 $\boldsymbol{A}$ 的第 2 行的小矩阵的左边乘 $\boldsymbol{B}$ 加到第 1 行的小矩阵上去.

$$\begin{bmatrix}\boldsymbol{E}_s & \boldsymbol{O}_{s\times t}\\ \boldsymbol{O}_{t\times s} & k\boldsymbol{E}_t\end{bmatrix}\begin{bmatrix}\boldsymbol{A}_1 & \boldsymbol{A}_2\\ \boldsymbol{A}_3 & \boldsymbol{A}_4\end{bmatrix}=\begin{bmatrix}\boldsymbol{A}_1 & \boldsymbol{A}_2\\ k\boldsymbol{A}_3 & k\boldsymbol{A}_4\end{bmatrix}. \tag{4.10}$$

其余情况,读者自己补充.

我们在定理 4.4 的证明中,就是用(4.9)式类型的分块初等变换得到(4.4)式,就是用(4.8)类型的分块变换得到(4.5)式的.

* §5 复数的矩阵模型

记 $\boldsymbol{W}=\{\begin{bmatrix}a & b\\ -b & a\end{bmatrix}|a,b\in\mathbf{R}\}$,$\mathbf{C}$ 是复数域.

我们有,设 $a,b,c,d\in\mathbf{R}$,

$$\begin{bmatrix}a & b\\ -b & a\end{bmatrix}+\begin{bmatrix}c & d\\ -d & c\end{bmatrix}=\begin{bmatrix}a+c & b+d\\ -b-d & a+c\end{bmatrix}, \tag{4.11}$$

$$\begin{bmatrix}a & b\\ -b & a\end{bmatrix}\begin{bmatrix}c & d\\ -d & c\end{bmatrix}=\begin{bmatrix}ac-bd & ad+bc\\ -ad-bc & ac-bd\end{bmatrix}. \tag{4.12}$$

设 $a+b\mathrm{i}\in\mathbf{C}$,其中 $a,b\in\mathbf{R}$,令 $a+b\mathrm{i}$ 对应 $\begin{bmatrix}a & b\\ -b & a\end{bmatrix}$,这是一个 1—1 对应,记 $\sigma(a+b\mathrm{i})=\begin{bmatrix}a & b\\ -b & a\end{bmatrix}$. 我们有 $\sigma(1)=\boldsymbol{E}_2,\sigma(-1)=-\boldsymbol{E}_2,\sigma(\mathrm{i})=$

$\begin{bmatrix} 0 & 1 \\ -1 & 0 \end{bmatrix}$;有对应的和等于和的对应,对应的积等于积的对应,即

$$\sigma((a+b\mathrm{i})+(c+d\mathrm{i}))=\sigma(a+b\mathrm{i})+\sigma(c+d\mathrm{i}),$$
$$\sigma((a+b\mathrm{i})(c+d\mathrm{i}))=\sigma(a+b\mathrm{i})\sigma(c+d\mathrm{i}).$$

有$\begin{bmatrix} 0 & 1 \\ -1 & 0 \end{bmatrix}^2=-\boldsymbol{E}_2$. 还可以定义$\begin{bmatrix} a & b \\ -b & a \end{bmatrix}$的模的平方为它的行列式.因此所有的 **C** 的(仅与四则运算,取模有关的)性质,完全在 $\boldsymbol{W}$ 中实现了. 于是 **C** 粗糙地等同于 $\boldsymbol{W}$.

历史上,引进复数是为了使一元二次方程都有根,当时人们认为虚数是人臆造出来的,因此称之为"想象的数",并不真实. **C** 有如上的矩阵模型,我们还能怀疑它的真实性吗?

第 5 章　向量空间和线性变换

有些量用一个数就可以表达,例如温度.有些量,例如速度,需要用一组数才能表达,后者被推广为 n 维向量.

有的数学对象(例如矩阵)间,都定义了加和数量乘积,它们都满足相同的运算性质.将其一般化,会事半功倍,那就是向量空间.

向量空间的研究方法,跟以前的方法不同.我们抽象地看待向量空间的元素,即不考虑它们的具体属性,是矩阵,还是 n 维向量,还是其他什么,只考虑元素间,可以进行哪些代数运算.把这些运算的最基本的性质作为公理提出来,然后从这些公理出发进行逻辑推理,逐步深入地揭示向量空间的其他性质,研究向量空间的结构.这种研究方法叫公理化方法,它使所得到的结果有广泛的适用性.近代的数学普遍地采用这种方法.

§1　n 维向量

我们知道垂直平面中运动物体的速度不仅有大小,而且有方向.给出水平分量和垂直分量,就可以描述它,也就是说要用一个由两个数组成的有序数组描述它.

在平面上(我们总是假定已经建立了直角坐标系),一个点要用一个由两个数组成的有序数组描述它.

空间中的点,则要用三个数组成的有序数组描述它.

一个三角形,则要给出三个顶点的坐标,用九个数组成的有序数组描述它.

一个工厂生产 n 种产品,这工厂的生产水平,就要用这 n 种产品的产量来表达,也就是说要用 n 个数组成的有序数组描述它.

定义 5.1 数域 F 上 n 个数 $a_1,a_2,\cdots,a_n$ 组成的有序数组 $\boldsymbol{\alpha}=\begin{bmatrix}a_1\\a_2\\\vdots\\a_n\end{bmatrix}$，称为一个($F$ 上的)n 维向量(有时也简称向量).

数 a_i 叫 $\boldsymbol{\alpha}$ 的第 i 个分量.常用小写的希腊字母 $\boldsymbol{\alpha},\boldsymbol{\beta}$ 等表示一个向量.

向量 $\boldsymbol{\alpha}$ 也可以写成$(a_1,a_2,\cdots,a_n)$.这样写的叫行向量，定义中写的叫列向量.它们(作为向量)被认为是一样的.

例 1 1) 一个 n 元线性方程组的解是一个 n 维向量.

2) $s\times n$ 矩阵的第 j 列，构成一个 s 维向量($j=1,\cdots,n$).它的第 i 行，构成一个 n 维向量($i=1,\cdots,s$).

一个 $s\times 1$ 矩阵，粗略地等同于一个 s 维列向量.一个$1\times n$ 矩阵，粗略地等同于一个 n 维行向量.

定义 5.2 两个 n 维向量 $\boldsymbol{\alpha}=\begin{bmatrix}a_1\\a_2\\\vdots\\a_n\end{bmatrix}$，$\boldsymbol{\beta}=\begin{bmatrix}b_1\\b_2\\\vdots\\b_n\end{bmatrix}$ 的对应分量都相等，即 $a_i=b_i(i=1,2,\cdots,n)$.就称这两个向量是相等的，记为$\boldsymbol{\alpha}=\boldsymbol{\beta}$.

分量全为零的 n 维向量称为零向量，记为 $\boldsymbol{o}_n$(简记为 $\boldsymbol{o}$).称 $\begin{bmatrix}-a_1\\-a_2\\\vdots\\-a_n\end{bmatrix}$ 为向量 $\boldsymbol{\alpha}=\begin{bmatrix}a_1\\a_2\\\vdots\\a_n\end{bmatrix}$ 的负向量，记为$-\boldsymbol{\alpha}$.

所有的数域 F 上的 n 维向量全体所组成的集合，称为 n 维向量空间，记为 F^n.

下面我们引进 n 维向量的加法与数乘.

物理中，我们知道两个速度的水平分速度之和是合速度的水平分速度，垂直分速度之和是合速度的垂直分速度.

定义 5.3 设 $\alpha=\begin{bmatrix}a_1\\a_2\\\vdots\\a_n\end{bmatrix}$, $\beta=\begin{bmatrix}b_1\\b_2\\\vdots\\b_n\end{bmatrix}\in F^n$. $k\in F$,则称 $\eta=\begin{bmatrix}a_1+b_1\\a_2+b_2\\\vdots\\a_n+b_n\end{bmatrix}$ 为 α 与 β 之和,记为 $\eta=\alpha+\beta$. 称 $\begin{bmatrix}ka_1\\ka_2\\\vdots\\ka_n\end{bmatrix}$ 为数 k 与向量 α 的数量乘积,记为 $k\alpha$.

当 $F=\mathbf{R}$, $n=2$ 时,上述的加与用平行四边形法则来做的结果是一样的.

由定义,我们不难验证有下面的运算性质:

定理 5.1(基本运算性质)

设 $\alpha,\beta,\eta\in F^n$, $k,l\in F$,

(1)(加法交换律) $\alpha+\beta=\beta+\alpha$;

(2)(加法结合律) $\alpha+(\beta+\eta)=(\alpha+\beta)+\eta$;

(3)(加零) $\alpha+o=\alpha$;

(4)(加负向量) $\alpha+(-\alpha)=o$;

(5)(与 1 的数量乘积) $1\alpha=\alpha$;

(6) $(kl)\alpha=k(l\alpha)$;

(7)(分配律) $(k+l)\alpha=k\alpha+l\alpha$;

(8)(分配律) $k(\alpha+\beta)=k\alpha+k\beta$.

习题 5.1

1. 如果 $3\begin{bmatrix}2\\1\\0\end{bmatrix}+4\begin{bmatrix}1\\1\\-1\end{bmatrix}+k\begin{bmatrix}-2\\a\\b\end{bmatrix}=\begin{bmatrix}4\\5\\6\end{bmatrix}$,求 k,a,b.

2. 证明：如果 $\begin{bmatrix} a_{11} & a_{12} & a_{13} \\ a_{21} & a_{22} & a_{23} \\ a_{31} & a_{32} & a_{33} \end{bmatrix} \begin{bmatrix} k_1 \\ k_2 \\ k_3 \end{bmatrix} = \begin{bmatrix} b_1 \\ b_2 \\ b_3 \end{bmatrix}$.

则

$$k_1 \begin{bmatrix} a_{11} \\ a_{21} \\ a_{31} \end{bmatrix} + k_2 \begin{bmatrix} a_{12} \\ a_{22} \\ a_{32} \end{bmatrix} + k_3 \begin{bmatrix} a_{13} \\ a_{23} \\ a_{33} \end{bmatrix} = \begin{bmatrix} b_1 \\ b_2 \\ b_3 \end{bmatrix}.$$

§2 向量空间

F^n，$\mathrm{Mat}_{m\times n}(F)$中，都定义有加和数量乘积，并且它们都满足相同的基本运算性质(第 4 章定理 1)，我们把这些抽象出来，就得到向量空间的定义.

定义 5.4 设 V 是一个非空集合，F 是一个数域. 在集合 V 的元素之间定义了一种代数运算，叫做加法. 这就是说，给出了一个法则，对于 V 中任意两个元素 $\boldsymbol{\alpha}$ 与 $\boldsymbol{\beta}$，在 V 中都有唯一的一个元素 $\boldsymbol{\gamma}$ 与它们对应，称为 $\boldsymbol{\alpha}$ 与 $\boldsymbol{\beta}$ 之和. 记为 $\boldsymbol{\gamma}=\boldsymbol{\alpha}+\boldsymbol{\beta}$. 在数域 F 与集合 V 的元素之间还定义了一种运算，叫做数量乘积. 这就是说，对于数域 F 中任意一个数 k 与 V 中任意一个元素 $\boldsymbol{\alpha}$，在 V 中都有唯一的一个元素 $\boldsymbol{\eta}$ 与它们对应，称为 $\boldsymbol{\alpha}$ 与数 k 的数量乘积，记为 $\boldsymbol{\eta}=k\boldsymbol{\alpha}$. 并且满足下述性质(也称为公理)：

设 $\boldsymbol{\alpha},\boldsymbol{\beta},\boldsymbol{\eta}\in V$，$k,l\in F$，

(1)(加法交换律) $\boldsymbol{\alpha}+\boldsymbol{\beta}=\boldsymbol{\beta}+\boldsymbol{\alpha}$；

(2)(加法结合律) $\boldsymbol{\alpha}+(\boldsymbol{\beta}+\boldsymbol{\eta})=(\boldsymbol{\alpha}+\boldsymbol{\beta})+\boldsymbol{\eta}$；

(3)(加零) 存在 $\boldsymbol{o}\in V$，使对任意 $\boldsymbol{\alpha}\in V$，都有 $\boldsymbol{\alpha}+\boldsymbol{o}=\boldsymbol{\alpha}$；

(4)(加负向量) 设 $\boldsymbol{\alpha}\in V$，存在 V 的一个元素 $(-\boldsymbol{\alpha})$，使 $\boldsymbol{\alpha}+(-\boldsymbol{\alpha})=\boldsymbol{o}$；

(5)(与 1 的数量乘积) $1\boldsymbol{\alpha}=\boldsymbol{\alpha}$；

(6) $(kl)\boldsymbol{\alpha}=k(l\boldsymbol{\alpha})$；

(7)（分配律）　　　　$(k+l)\alpha=k\alpha+l\alpha$；

(8)（分配律）　　　　$k(\alpha+\beta)=k\alpha+k\beta$.

那么,V 称为数域 F 上的一个向量空间.

V 中的元素称为向量,常用小写希腊字母 α,β 等表示.

F^n,$\mathrm{Mat}_{m\times n}(F)$都是数域 F 上的向量空间.

例 2　设 $F[x]$是系数在数域 F 中的,关于 x 的多项式全体所构成的集合,即:

$$F[x]=\{a_nx^n+a_{n-1}x^{n-1}+\cdots+a_1x+a_0\mid n\in\mathbf{N},\ a_0,a_1,\cdots,a_{n-1},a_n\in F\}.$$

初等数学中,我们熟悉它的加法,而数量乘积就是多项式与一个数的积.零元素就是零多项式.不难验证上述 8 条公理是满足的.因此,$F[x]$是数域 F 上的向量空间.

以后,除非另加声明,V 都是数域 F 上的向量空间.

由定义,可以得到下述简单性质:

定理 5.2

(1) 零元素唯一(即满足定义中公理(3)的元素是唯一的).

(2) α 的负元素唯一,即设 $\alpha\in V$,满足定义中公理(4)的元素是唯一的.记 α 的负元素为$-\alpha$,并且定义减法为:

$$\beta-\alpha=\beta+(-\alpha).$$

(3) $0\alpha=\boldsymbol{o}$；　$k\boldsymbol{o}=\boldsymbol{o}$；　$(-1)\alpha=-\alpha$.

(4) 如果 $k\alpha=\boldsymbol{o}$,则 $k=0$ 或者 $\alpha=\boldsymbol{o}$.

证明　(1) 设 η,ξ 都满足公理(3).η 满足公理(3),有 $\xi+\eta=\xi$,又 ξ 满足公理(3),有 $\xi+\eta=\eta+\xi=\eta$,故 $\eta=\xi$.

(2) 设 $\alpha\in V$,设 η,ξ 都满足公理(4),则

$$\begin{aligned}\eta&=\eta+\boldsymbol{o}=\eta+(\alpha+\xi)=(\eta+\alpha)+\xi=(\alpha+\eta)+\xi=\boldsymbol{o}+\xi\\&=\xi+\boldsymbol{o}=\xi.\end{aligned}$$

(3) $0\alpha=(0+0)\alpha=0\alpha+0\alpha$.

两边加$-(0\alpha)$,有

$$\boldsymbol{o}=0\alpha+(-(0\alpha))=(0\alpha+0\alpha)+(-(0\alpha))$$

$$=0\alpha+(0\alpha+(-(0\alpha)))=0\alpha+\boldsymbol{o}=0\alpha.$$

同理可证 $k\boldsymbol{o}=\boldsymbol{o}$.

现在证明第三个等式：

$$\alpha+(-1)\alpha=1\alpha+(-1)\alpha=(1-1)\alpha=0\alpha=\boldsymbol{o},$$

由负元素的唯一性，得$(-1)\alpha=-\alpha$.

(4) 如果 $k\alpha=\boldsymbol{o}$，又如果 $k\neq0$，则

$$\alpha=1\alpha=(k^{-1}k\alpha)=k^{-1}(k\alpha)=k^{-1}\boldsymbol{o}=\boldsymbol{o}.$$

定义 5.5 设 W 是向量空间 V 的一个非空子集. 如果

(1)（W 对加封闭） 设 $\alpha,\beta\in W$，则 $\alpha+\beta\in W$.

(2)（W 对数量乘积封闭） 设 $\alpha\in W,k\in F$，则 $k\alpha\in W$.

则称 W 是 V 的一个子空间.

由第 4 章引理 4.1 可得，设 $\boldsymbol{A}\in \mathrm{Mat}_{m\times n}(F)$，齐次线性方程组 $\boldsymbol{AX}=\boldsymbol{o}$ 的解集合是 F^n 的子空间.

但是由该引理后面的注可得，设 $\boldsymbol{A}\in \mathrm{Mat}_{m\times n}(F)$，线性方程组 $\boldsymbol{AX}=\beta,\beta\neq\boldsymbol{o}$ 的解集合不是 F^n 的子空间.

定理 5.3 设 W 是 V 的子空间，则 W 是 F 上的向量空间.

证明 首先，由于 W 对加、对数量乘积封闭. 因此在 W 中，被定义了加与数量乘积.

又，设 $\alpha\in W,-\alpha=(-1)\alpha\in W$. 因为 W 非空，可取 $\alpha\in W$，则 $-\alpha\in W$，则 $\boldsymbol{o}=\alpha+(-\alpha)\in W$. 并且 $\boldsymbol{o}$ 满足公理(3)；$-\alpha$ 满足定义中的公理(4). 公理(1)(2)(5)(6)(7)(8)自动地满足. □

定理 5.4 （数域 F 上的）齐次线性方程组 $\boldsymbol{AX}=\boldsymbol{o}$ 的解集合是一个(F 上的)向量空间，称为 $\boldsymbol{AX}=\boldsymbol{o}$ 的解空间.

于是 $\boldsymbol{AX}=\boldsymbol{o}$ 的解集合会满足向量空间的性质.

例 3 (1) 数域 F 上 $n\times n$ 对称矩阵全体所成的集合 W_1，是 $\mathrm{Mat}_{n\times n}(F)$的子空间.

(2) 数域 F 上 $n\times n$ 反对称矩阵全体所成的集合 W_2，是 $\mathrm{Mat}_{n\times n}(F)$的子空间.

(3) 系数在数域 F 中的，零多项式与次数小于 n 的多项式全

体所构成的集合，即：

$$\{a_{n-1}x^{n-1}+\cdots+a_1x+a_0\,|\,a_0,a_1,\cdots,a_{n-1}\in F\}.$$

记为 $F_n[x]$，是 $F[x]$ 的子空间.

证明 (1) 设 $\boldsymbol{A},\boldsymbol{B}\in W$，即 $\boldsymbol{A}^{\mathrm{T}}=\boldsymbol{A},\boldsymbol{B}^{\mathrm{T}}=\boldsymbol{B}$，有 $(\boldsymbol{A}+\boldsymbol{B})^{\mathrm{T}}=\boldsymbol{A}^{\mathrm{T}}+\boldsymbol{B}^{\mathrm{T}}=\boldsymbol{A}+\boldsymbol{B}$，因此 $(\boldsymbol{A}+\boldsymbol{B})\in W$. 又设 $k\in F$，于是：$(k\boldsymbol{A})^{\mathrm{T}}=k\boldsymbol{A}^{\mathrm{T}}=k\boldsymbol{A}$，因此 $k\boldsymbol{A}\in W$. □

其余的，请读者自行证明.

以后，凡不加声明，(与 F^n，$\mathrm{Mat}_{m\times n}(F)$，$F[x]$ 相关的)加和数量乘积都指通常加和数量乘积.

例 4 设 V 是向量空间，则仅由一个元素 $\boldsymbol{o}$ 组成的集合 $\{\boldsymbol{o}\}$，V 本身，都是 V 的子空间，这两个子空间叫 V 的平凡子空间，$\{\boldsymbol{o}\}$ 叫零空间. 除去这两个子空间，其他子空间(如果还有的话)，叫 V 的非平凡子空间.

我们还可以抽象地定义零空间. 设 V 是由一个元素 $\{\alpha\}$ 构成的集合，F 是数域. 定义 $\alpha+\alpha=\alpha$，对任意 $k\in F$，定义 $k\alpha=\alpha$，则 V 是 F 上的一个向量空间，V 的零元素是 α，α 的负元素是 α，V 是零空间.

例 5 (1) $\mathbf{R}^2$ 的全部子空间有：{原点}；经过原点的直线；$\mathbf{R}^2$.

(2) $\mathbf{R}^3$ 的全部子空间有：{原点}；经过原点的直线；经过原点的平面；$\mathbf{R}^3$.

例 6 两个子空间之交是子空间.

以上例子，请读者自行验证.

但是，两个子空间的并，一般不是子空间. 例如：$\mathbf{R}^2$ 中两条经过原点的不同的直线之并，不是 $\mathbf{R}^2$ 的子空间(参见图 5.1). 图中，有两条经过原点的直线 l_1 和 l_2，它们分别是子空间. 在直线 l_1

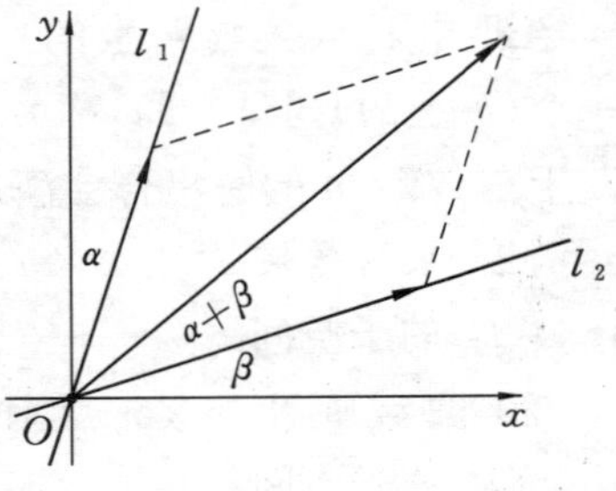

图 5.1

上取一个非零向量 α,在直线 l_2 上取一个非零向量 β,但是它们的和 $\alpha+\beta$ 却不在 $l_1\cup l_2$ 上,故 $l_1\cup l_2$ 对加不封闭,不是子空间.

习题 5.2

1. 设 V 是全体定义域是实数域的实函数所构成的集合. 证明:关于函数的加和数量乘积,V 是 $\mathbf{R}$ 上的一个向量空间.

2. 设 V 是全体实数的二元数列所构成的集合. 证明:V 对于下面定义的运算:

$$(a,b)\oplus(c,d)=(a+c,b+d+ac),$$
$$k\odot(a,b)=\left(ka,kb+\frac{1}{2}k(k-1)a^2\right)$$

是一个实数域上的向量空间.(注:为了与通常的加法与数量乘积区别,我们分别用"$\oplus$"与"$\odot$"来代表特别定义的加法与数量乘积. 下同)

3. 设 $V=\{(a,b)\mid a,b\in F\}$. 现在取加法为通常的加法,而数量乘积重新定义为:

$$k\odot(a,b)=(a,kb).$$

证明:V 关于加法和新定义数量乘积,不是 F 上的向量空间.(提示:考虑公理 7)

4. 1) $\{(a,b,a+b)\mid a,b\in F\}$,是不是 F^3 的子空间,为什么?
   2) $\{(1,a,3a)\mid a\in F\}$,是不是 F^3 的子空间,为什么?
   3) 设 $\boldsymbol{A}\in \mathrm{Mat}_{n\times m}(F)$,$\{\boldsymbol{A}\alpha\mid\alpha\in F^m\}$,是不是 F^n 的子空间,为什么?

5. 证明:向量空间的两个子空间之交,是子空间.

6. 例 3 中的 W_1 与 W_2 之并,是不是 $\mathrm{Mat}_{n\times n}(F)$ 的子空间,为什么?

§3　线性组合

3.1　线性组合

定义 5.6　设 $\{\alpha_1,\alpha_2,\cdots,\alpha_s\}$ 是向量空间 V 中的一个向量组,$k_1,k_2,\cdots,k_s$ 是 F 中的数,则 $k_1\alpha_1+k_2\alpha_2+\cdots+k_s\alpha_s$ 是 V 中的一个向量,记为 β,称 β 为向量组 $\{\alpha_1,\alpha_2,\cdots,\alpha_s\}$ 的一个线性组合. 也说 β

可经由$\{\alpha_1,\alpha_2,\cdots,\alpha_s\}$线性表出. 称$k_1,k_2,\cdots,k_s$是($\beta$由$\{\alpha_1,\alpha_2,\cdots,\alpha_s\}$线性表出的)一组组合系数.

依习惯,花括号{},常被省略;甚至"向量组"一词,也被省略,这时不要与"几个单个向量"混淆. 为了避免混淆,本书常常不作省略.

本书中,所谓向量组,总是只含有限多个向量(除非另加声明).

例 设$\alpha_1=(2,-3,1)$,$\alpha_2=(3,-1,7)$,$\beta=(5,3,19)$,$\eta_1=(2,1,-4)$,$\eta_2=(1,0,1)$,$\eta_3=(-4,-3,14)$.

1) 因$-2\alpha_1+3\alpha_2=\beta$,故$\beta$可由$\{\alpha_1,\alpha_2\}$线性表出.

2) 因$\eta_3=0\eta_1+0\eta_2+1\eta_3$,故$\eta_3$可由$\{\eta_1,\eta_2,\eta_3\}$线性表出,(0,0,1)是一组组合系数.

3)
$$\begin{aligned} \boldsymbol{o}=(0,0,0)&=0\eta_1+0\eta_2+0\eta_3,\\ &=3\eta_1+(-2)\eta_2+\eta_3, \end{aligned}$$
故$\boldsymbol{o}$可由$\{\eta_1,\eta_2,\eta_3\}$线性表出,(0,0,0)是($\boldsymbol{o}$由$\{\eta_1,\eta_2,\eta_3\}$线性表出的)一组组合系数,(3,−2,1)也是($\boldsymbol{o}$由$\{\eta_1,\eta_2,\eta_3\}$线性表出的)一组组合系数.

由此可知,$\boldsymbol{o}$必是一个向量组的一个线性组合,例如,可取一组全为零的组合系数;还可知,组合系数不一定是唯一的.

4) 在F^n中,记ε_i是第i个分量为1,其余分量为零的n维向量($i=1,2,\cdots,n$),称为n维单位向量. 本书中称向量组$\{\varepsilon_1,\varepsilon_2,\cdots,\varepsilon_n\}$为$n$维单位向量组. 对任意的$n$维向量$\alpha=(a_1,a_2,\cdots,a_n)$,都有
$$\alpha=a_1\varepsilon_1+a_2\varepsilon_2+\cdots+a_n\varepsilon_n,$$
因此,任何n维向量都可由向量组$\{\varepsilon_1,\varepsilon_2,\cdots,\varepsilon_n\}$线性表出.

例 7 设$\alpha_j=\begin{bmatrix} a_{1j}\\ a_{2j}\\ \vdots\\ a_{nj} \end{bmatrix}$, $j=1,2,\cdots,s$, $\beta=\begin{bmatrix} b_1\\ b_2\\ \vdots\\ b_n \end{bmatrix}$.

$$k_1\alpha_1+k_2\alpha_2+\cdots+k_s\alpha_s=\begin{bmatrix}a_{11}k_1+a_{12}k_2+\cdots+a_{1s}k_s\\a_{21}k_1+a_{22}k_2+\cdots+a_{2s}k_s\\\cdots\quad\cdots\\a_{n1}k_1+a_{n2}k_2+\cdots+a_{ns}k_s\end{bmatrix}.$$

于是,记 $A=(\alpha_1,\alpha_2,\cdots,\alpha_s)$,它是 $n\times s$ 矩阵.则线性方程组 $AX=\beta$ 有解的充分必要条件是 β 能由 A 的全体列向量所组成的向量组线性表出.并且 $(k_1,k_2,\cdots,k_s)$ 是一组组合系数的充分必要条件是:$(k_1,k_2,\cdots,k_s)$ 是 $AX=\beta$ 的一个解.这时

$$\beta=k_1\alpha_1+k_2\alpha_2+\cdots+k_s\alpha_s=(\alpha_1,\alpha_2,\cdots,\alpha_n)\begin{bmatrix}k_1\\k_2\\\vdots\\k_s\end{bmatrix}. \qquad (5.1)$$

上例给出了判断线性组合的一个方法.请看一个例子.

例 8 $\beta=\begin{bmatrix}1\\1\\1\\3\end{bmatrix}$ 能不能由 $\{\alpha_1,\alpha_2,\alpha_3,\alpha_4\}$ 线性表出?其中

$$\alpha_1=\begin{bmatrix}1\\-1\\-1\\0\end{bmatrix},\ \alpha_2=\begin{bmatrix}2\\1\\3\\5\end{bmatrix},\ \alpha_3=\begin{bmatrix}3\\2\\2\\5\end{bmatrix},\ \alpha_4=\begin{bmatrix}1\\3\\1\\2\end{bmatrix}.$$

解 令

$$C=(\alpha_1,\alpha_2,\alpha_3,\alpha_4,\beta)=\begin{bmatrix}1&2&3&1&1\\-1&1&2&3&1\\-1&3&2&1&1\\0&5&5&2&3\end{bmatrix}.$$

重复第 1 章例 8 的有关过程,得:以 C 为增广矩阵的线性方程组无解.因此 β 不能由 $\{\alpha_1,\alpha_2,\alpha_3,\alpha_4\}$ 线性表出.

3.2 向量组的线性表出

定义 5.7 设(Ⅰ)：$\{\beta_1,\beta_2,\cdots,\beta_t\}$，(Ⅱ)：$\{\alpha_1,\alpha_2,\cdots,\alpha_s\}$，是 V 中的两个向量组. ① 如果向量组(Ⅰ)中的每一个向量都能由向量组(Ⅱ)线性表出，则称向量组(Ⅰ)能由向量组(Ⅱ)线性表出. ② 如果(Ⅰ)与(Ⅱ)能相互线性表出，则称(Ⅰ)与(Ⅱ)等价，记为(Ⅰ)$\sim$(Ⅱ).

对 F^n 的两个向量组(Ⅰ)：$\{\beta_1,\beta_2,\cdots,\beta_t\}$，(Ⅱ)：$\{\alpha_1,\alpha_2,\cdots,\alpha_s\}$(向量写成列向量). 令 $\boldsymbol{A}=(\alpha_1,\alpha_2,\cdots,\alpha_s)$，这是一个 $n\times s$ 矩阵，$\boldsymbol{B}=(\beta_1,\beta_2,\cdots,\beta_t)$，这是一个 $n\times t$ 矩阵. 由例 7 与第 4 章的引理 4.3 可知：

引理 5.1 (Ⅰ)能由(Ⅱ)线性表示的充分必要条件是矩阵方程 $\boldsymbol{AX}=\boldsymbol{B}$ 有解.

也就是说，存在矩阵 $\boldsymbol{C}$(它必是 $s\times t$ 矩阵)，使 $\boldsymbol{AC}=\boldsymbol{B}$. 具体地，如果

$$\beta_j=c_{1j}\alpha_1+c_{2j}\alpha_2+\cdots+c_{sj}\alpha_s,\quad j=1,2,\cdots,t,$$

取 $\boldsymbol{C}=(c_{ij})_{s\times t}$，则

$$(\alpha_1,\alpha_2,\cdots,\alpha_s)\boldsymbol{C}=(\beta_1,\beta_2,\cdots,\beta_t).\tag{5.2}$$

这样我们就可以利用矩阵工具来讨论向量组的线性表出了.

附录 为了能在一般的向量空间中，也可以利用这种便利，我们引进下述形式写法. 设 V 是数域 F 上的向量空间(不一定是 F^n)，设 $\alpha_1,\alpha_2,\cdots,\alpha_s\in V,k_1,k_2,\cdots,k_s\in F,\boldsymbol{C}=(c_{ij})_{s\times t}$是矩阵. 记

$$\beta_j=c_{1j}\alpha_1+c_{2j}\alpha_2+\cdots+c_{sj}\alpha_s,j=1,2,\cdots,t.$$

我们规定：

$$(\alpha_1,\alpha_2,\cdots,\alpha_s)\begin{bmatrix}k_1\\k_2\\\vdots\\k_s\end{bmatrix}=k_1\alpha_1+k_2\alpha_2+\cdots+k_s\alpha_s;\tag{5.3}$$

$$(\alpha_1,\alpha_2,\cdots,\alpha_s)\begin{bmatrix}c_{11} & c_{12} & \cdots & c_{1t}\\ c_{21} & c_{22} & \cdots & c_{2t}\\ \vdots & \vdots & & \vdots\\ c_{s1} & c_{s2} & \cdots & c_{st}\end{bmatrix}=(\beta_1,\beta_2,\cdots,\beta_t). \tag{5.4}$$

这形式写法的规定可以这样记忆：把 $\alpha_1,\alpha_2,\cdots,\alpha_s$ 看成是数，于是 $(\alpha_1,\alpha_2,\cdots,\alpha_s)$ 被看成 $1\times s$ 矩阵，那么它们就是按照矩阵乘法的定义来做的.

如果 $\alpha_1,\alpha_2,\cdots,\alpha_s$ 是 n 维列向量(即 F^n 中的元素)，这规定就与真正的矩阵乘法一致，(5.3)式也就是例 7 中的(5.1)式，(5.4)式就是上一段中的(5.2)式.

由这些规定，通过计算，可以得到与矩阵类似的运算性质，例如：α_j，$\boldsymbol{C}$ 如上，$\boldsymbol{H}$ 是矩阵，有

$$((\alpha_1,\alpha_2,\cdots,\alpha_s)\boldsymbol{C})\boldsymbol{H}=(\alpha_1,\alpha_2,\cdots,\alpha_s)(\boldsymbol{CH}). \tag{5.5}$$

定理 5.5(*向量组线性表示的传递性*)　设(Ⅰ)，(Ⅱ)，(Ⅲ)是 V 的三个向量组. 如果(Ⅰ)能由(Ⅱ)线性表出，(Ⅱ)能白(Ⅲ)线性表出，则(Ⅰ)能由(Ⅲ)线性表出.

$V=F^n$ 时的**证明**　设(Ⅰ)：$\{\eta_1,\eta_2,\cdots,\eta_r\}$，(Ⅱ)：$\{\beta_1,\beta_2,\cdots,\beta_t\}$，(Ⅲ)：$\{\alpha_1,\alpha_2,\cdots,\alpha_s\}$，令 $\boldsymbol{A}=(\alpha_1,\alpha_2,\cdots,\alpha_s)$，$\boldsymbol{B}=(\beta_1,\beta_2,\cdots,\beta_t)$，$\boldsymbol{H}=(\eta_1,\eta_2,\cdots,\eta_r)$. 由条件，存在矩阵 $\boldsymbol{C}_1$，使 $\boldsymbol{B}=\boldsymbol{AC}_1$；存在矩阵 $\boldsymbol{C}_2$，使 $\boldsymbol{H}=\boldsymbol{BC}_2$. 于是 $\boldsymbol{H}=(\boldsymbol{AC}_1)\boldsymbol{C}_2=\boldsymbol{A}(\boldsymbol{C}_1\boldsymbol{C}_2)$，因此(Ⅰ)能由(Ⅲ)线性表出. □

附录　上面证明中，我们可以把 n 维向量换成一般向量空间的向量(参见本定理前的附录)，就得到一般向量空间的情况的证明. 本书中凡标"◇"符号的证明，写出的虽然是在 F^n 中的证明，但是都可以这样地利用(5.3)、(5.4)式把 n 维向量换成一般向量空间的向量，得到一般向量空间情况的证明.

定理 5.6(*向量组等价的性质*)　设(Ⅰ)，(Ⅱ)，(Ⅲ)是向量组，则

(1) (*反身性*)　(Ⅰ)与(Ⅰ)等价；

(2)(对称性)　如果(Ⅰ)与(Ⅱ)等价,则(Ⅱ)与(Ⅰ)等价;

(3)(传递性)　如果(Ⅰ)与(Ⅱ)等价,(Ⅱ)与(Ⅲ)等价,则(Ⅰ)与(Ⅲ)等价.

性质(1),(2)可由定义立刻得到,(3)是定理 5.5 的推论.

定理 5.7　两个矩阵行等价,则这两个矩阵的行向量组等价.

证明　设矩阵 $\boldsymbol{B}$ 是由矩阵 $\boldsymbol{A}$ 经过第 p 行的 c 倍加到第 i 行得到. 如果 $\boldsymbol{A}$ 的行向量组是(Ⅰ):$\{\boldsymbol{\alpha}_1,\boldsymbol{\alpha}_2,\cdots,\boldsymbol{\alpha}_s\}$,$\boldsymbol{B}$ 的行向量组是(Ⅱ):$\{\boldsymbol{\beta}_1,\boldsymbol{\beta}_2,\cdots,\boldsymbol{\beta}_t\}$,则 $\boldsymbol{\alpha}_h=\boldsymbol{\beta}_h,h=1,2,\cdots,i-1,i+1,\cdots,s$, $\boldsymbol{\beta}_i=\boldsymbol{\alpha}_i+c\boldsymbol{\alpha}_p$. 又 $\boldsymbol{\alpha}_i=\boldsymbol{\beta}_i-c\boldsymbol{\beta}_p$. 故(Ⅰ)与(Ⅱ)等价. 经其余的两种初等变换的证明留给读者. □

3.3　生成的子空间

我们讨论一种重要的子空间.

定理 5.8　设(Ⅱ):$\{\boldsymbol{\alpha}_1,\boldsymbol{\alpha}_2,\cdots,\boldsymbol{\alpha}_s\}$是 V 的一个向量组. 设 W 是由 $\boldsymbol{\alpha}_1,\boldsymbol{\alpha}_2,\cdots,\boldsymbol{\alpha}_s$ 的线性组合全体构成的集合,则 W 是 V 的一个子空间,称为由 $\boldsymbol{\alpha}_1,\boldsymbol{\alpha}_2,\cdots,\boldsymbol{\alpha}_s$ 生成的子空间,记为 $L(\boldsymbol{\alpha}_1,\boldsymbol{\alpha}_2,\cdots,\boldsymbol{\alpha}_s)$,或 $L((\text{Ⅱ}))$. 称$\{\boldsymbol{\alpha}_1,\boldsymbol{\alpha}_2,\cdots,\boldsymbol{\alpha}_s\}$为 W 的一个生成元素组.

证明　设 $\boldsymbol{\beta},\boldsymbol{\eta}\in L(\boldsymbol{\alpha}_1,\boldsymbol{\alpha}_2,\cdots,\boldsymbol{\alpha}_s)$,$k\in F$. 即:

$$\boldsymbol{\beta}=k_1\boldsymbol{\alpha}_1+k_2\boldsymbol{\alpha}_2+\cdots+k_s\boldsymbol{\alpha}_s,$$
$$\boldsymbol{\eta}=l_1\boldsymbol{\alpha}_1+l_2\boldsymbol{\alpha}_2+\cdots+l_s\boldsymbol{\alpha}_s.$$

故

$$\begin{aligned}\boldsymbol{\beta}+\boldsymbol{\eta}&=(k_1\boldsymbol{\alpha}_1+k_2\boldsymbol{\alpha}_2+\cdots+k_s\boldsymbol{\alpha}_s)+(l_1\boldsymbol{\alpha}_1+l_2\boldsymbol{\alpha}_2+\cdots+l_s\boldsymbol{\alpha}_s)\\&=(k_1+l_1)\boldsymbol{\alpha}_1+(k_2+l_2)\boldsymbol{\alpha}_2+\cdots+(k_s+l_s)\boldsymbol{\alpha}_s\in W;\\k\boldsymbol{\beta}&=kk_1\boldsymbol{\alpha}_1+kk_2\boldsymbol{\alpha}_2+\cdots+kk_s\boldsymbol{\alpha}_s\in W.\end{aligned}$$

□

例 9　F^n 中,设$\{\boldsymbol{\varepsilon}_1,\boldsymbol{\varepsilon}_2,\cdots,\boldsymbol{\varepsilon}_n\}$是 n 维单位向量组,则

$$L(\boldsymbol{\varepsilon}_1,\boldsymbol{\varepsilon}_2,\cdots,\boldsymbol{\varepsilon}_n)=F^n.$$

由上例可见,在 F^n 中只要把握了 $\boldsymbol{\varepsilon}_1,\boldsymbol{\varepsilon}_2,\cdots,\boldsymbol{\varepsilon}_n$,就能把握 F^n. F^n 中有无穷多个元素,现在我们通过 n 个(有限多个)元素去把握它.

由定义,有下述结论.

定理 5.9 设(Ⅰ):$\{\alpha_1,\alpha_2,\cdots,\alpha_s\}$与(Ⅱ):$\{\beta_1,\beta_2,\cdots,\beta_t\}$是 V 的两个向量组. $W_1=L(\alpha_1,\alpha_2,\cdots,\alpha_s)\subseteq W_2=L(\beta_1,\beta_2,\cdots,\beta_t)$的充分必要条件是(Ⅰ)能由(Ⅱ)线性表出. $W_1=W_2$ 的充分必要条件是(Ⅰ)与(Ⅱ)等价.

习题 5.3

1. β能不能由$\{\alpha_1,\alpha_2,\alpha_3,\alpha_4\}$线性表示?

$$\alpha_1=\begin{bmatrix}2\\3\\5\\2\end{bmatrix},\ \alpha_2=\begin{bmatrix}1\\-2\\1\\-1\end{bmatrix},\ \alpha_3=\begin{bmatrix}-1\\2\\-1\\1\end{bmatrix},\ \alpha_4=\begin{bmatrix}1\\-3\\2\\-3\end{bmatrix},\ \beta=\begin{bmatrix}1\\2\\-1\\4\end{bmatrix}.$$

2. 设$\boldsymbol{A}_1=\begin{bmatrix}1&0\\0&0\end{bmatrix}$,$\boldsymbol{A}_2=\begin{bmatrix}0&1\\1&0\end{bmatrix}$,$\boldsymbol{A}_3=\begin{bmatrix}0&0\\0&1\end{bmatrix}$,证明:任何 2×2 实对称矩阵都能由$\{\boldsymbol{A}_1,\boldsymbol{A}_2,\boldsymbol{A}_3\}$线性表出.

§4 线性相关性

如果一个向量能由一个向量组线性表出,为了反映组合系数是否唯一的性质,就引进下述概念.

定义 5.8 设$\{\alpha_1,\alpha_2,\cdots,\alpha_s\}$是 V 中的一个向量组($s\geqslant1$). 如果存在不全为零的 F 中的数 $k_1,k_2,\cdots,k_s$,使 $k_1\alpha_1+k_2\alpha_2+\cdots+k_s\alpha_s=\boldsymbol{o}$,则称向量组$\{\alpha_1,\alpha_2,\cdots,\alpha_s\}$是线性相关的.

向量组不线性相关称为线性无关. 即对任意不全为零的 F 中的数 $k_1,k_2,\cdots,k_s$,都有 $k_1\alpha_1+k_2\alpha_2+\cdots+k_s\alpha_s\neq\boldsymbol{o}$. 也就是说:

定义 5.9 设$\{\alpha_1,\alpha_2,\cdots,\alpha_s\}$是 V 中的一个向量组($s\geqslant1$). 如果从 $k_1\alpha_1+k_2\alpha_2+\cdots+k_s\alpha_s=\boldsymbol{o}$,可推出 $k_1=k_2=\cdots=k_s=0$,则称向量组$\{\alpha_1,\alpha_2,\cdots,\alpha_s\}$线性无关.

这定义的意思是: $\boldsymbol{o}$ 当然可以由 $\alpha_1,\alpha_2,\cdots,\alpha_s$ 线性表出,如果这种表示的组合系数不唯一,则$\{\alpha_1,\alpha_2,\cdots,\alpha_s\}$线性相关;如果唯

一，则$\{\alpha_1,\alpha_2,\cdots,\alpha_s\}$线性无关.

由例 7 可知：

定理 5.10 n 维列向量组 $\alpha_1,\alpha_2,\cdots,\alpha_s$ 线性相关的充分必要条件是：齐次线性方程组$(\alpha_1,\alpha_2,\cdots,\alpha_s)\boldsymbol{X}=\boldsymbol{o}$ 有非零解. n 维列向量组 $\alpha_1,\alpha_2,\cdots,\alpha_s$ 线性无关的充分必要条件是齐次线性方程组$(\alpha_1,\alpha_2,\cdots,\alpha_s)\boldsymbol{X}=\boldsymbol{o}$ 只有零解.

例 10 证明：n 维单位向量组$\{\varepsilon_1,\varepsilon_2,\cdots,\varepsilon_n\}$线性无关.

证明 因$(\varepsilon_1,\varepsilon_2,\cdots,\varepsilon_n)=\boldsymbol{E}_n$，$\boldsymbol{E}_nX=\boldsymbol{o}$ 只有零解，故$\{\varepsilon_1,\varepsilon_2,\cdots,\varepsilon_n\}$线性无关.

例 11 设 m 是非负整数，在 $F[x]$中，$\{1,x,x^2,\cdots,x^m\}$线性无关.

证明 我们知道，两个多项式相等，当且仅当各同次项的系数都相等. 于是，由

$$a_mx^m+a_{m-1}x^{m-1}+\cdots+a_1x+a_0=0,$$

可以推出 $a_0=a_1=\cdots=a_{m-1}=a_m=0$. 因此，$\{1,x,x^2,\cdots,x^m\}$线性无关.

定理 5.11 (1) $\{\alpha\}$(由一个向量组成的向量组)线性相关的充分必要条件是：$\alpha=\boldsymbol{o}$.

(2) $s\geqslant 2$ 时，s 个向量组成的向量组$\{\alpha_1,\alpha_2,\cdots,\alpha_s\}$线性相关的充分必要条件是：存在一个向量，可以由其余向量线性表出.

证明 (1) 充分性 $\alpha=\boldsymbol{o}$，则 $1\alpha=\boldsymbol{o}$，故$\{\alpha\}$线性相关.

必要性 $\{\alpha\}$线性相关，则存在 $k\neq 0$，使 $k\alpha=\boldsymbol{o}$，于是 $\boldsymbol{o}=k^{-1}\boldsymbol{o}=k^{-1}(k\alpha)=\alpha$.

(2) 充分性 设 α_j 可以由其余向量线性表出，即

$$\alpha_j=k_1\alpha_1+\cdots+k_{j-1}\alpha_{j-1}+k_{j+1}\alpha_{j+1}+\cdots+k_s\alpha_s,$$

因此

$$k_1\alpha_1+\cdots+k_{j-1}\alpha_{j-1}+(-1)\alpha_j+k_{j+1}\alpha_{j+1}+\cdots+k_s\alpha_s=\boldsymbol{o},$$

故结论成立.

必要性 设 $k_1,k_2,\cdots,k_s$ 不全为零，使 $k_1\alpha_1+k_2\alpha_2+\cdots+k_s\alpha_s=$

$\boldsymbol{o}$,不妨设 $k_j\neq 0$. 则

$$-k_j\boldsymbol{\alpha}_j=k_1\boldsymbol{\alpha}_1+\cdots+k_{j-1}\boldsymbol{\alpha}_{j-1}+k_{j+1}\boldsymbol{\alpha}_{j+1}+\cdots+k_s\boldsymbol{\alpha}_s,$$

于是

$$\boldsymbol{\alpha}_j=\left[-\frac{k_1}{k_j}\right]\boldsymbol{\alpha}_1+\cdots+\left[-\frac{k_{j-1}}{k_j}\right]\boldsymbol{\alpha}_{j-1}+\left[-\frac{k_{j+1}}{k_j}\right]\boldsymbol{\alpha}_{j+1}+\cdots+\left[-\frac{k_s}{k_j}\right]\boldsymbol{\alpha}_s.$$

□

例 12 在 $\mathbf{R}^3$ 中,1) 3 个向量线性相关⇔这 3 个向量共面.

2) 2 个向量线性相关⇔这 2 个向量共线.

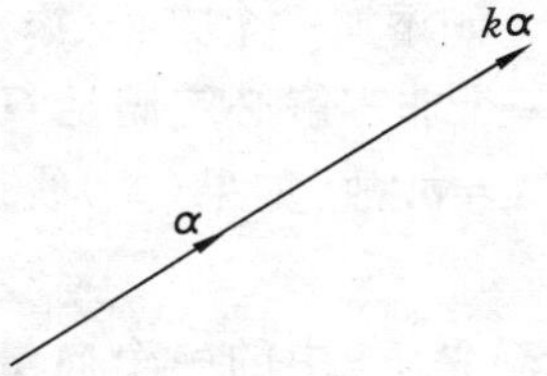

图 5.2

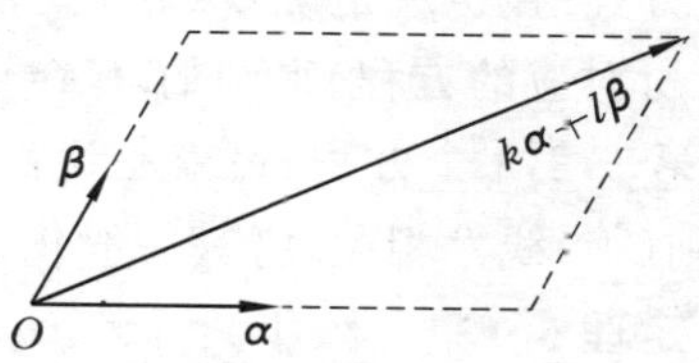

图 5.3

可见线性相关是共线,共面的推广;线性无关是不共线,不共面的推广.

定理 5.12 向量组的一个部分组线性相关,则原向量组线性相关.

证明 设 $\boldsymbol{\alpha}_1,\cdots,\boldsymbol{\alpha}_s$ 线性相关. 由定义,存在 $k_1,\cdots,k_s$ 不全为零,使 $k_1\boldsymbol{\alpha}_1+\cdots+k_s\boldsymbol{\alpha}_s=\boldsymbol{o}$,也就有,$k_1\boldsymbol{\alpha}_1+\cdots+k_s\boldsymbol{\alpha}_s+0\boldsymbol{\alpha}_{s+1}+\cdots+0\boldsymbol{\alpha}_t=\boldsymbol{o}$. 因此,$\boldsymbol{\alpha}_1,\cdots,\boldsymbol{\alpha}_s,\boldsymbol{\alpha}_{s+1},\cdots,\boldsymbol{\alpha}_t$ 线性相关. □

推论 ① 含零向量的向量组线性相关. ② 含重复向量的向量组线性相关. 上述定理和推论的逆命题都不正确.

F^3 中的向量组 (Ⅰ): $\{\boldsymbol{\alpha}_1,\boldsymbol{\alpha}_2,\boldsymbol{\alpha}_3\}$,其中

$$\boldsymbol{\alpha}_1=\begin{bmatrix}3\\4\\5\end{bmatrix},\boldsymbol{\alpha}_2=\begin{bmatrix}2\\-5\\-3\end{bmatrix},\boldsymbol{\alpha}_3=\begin{bmatrix}7\\-6\\-1\end{bmatrix},$$

在每一个向量同一个位置上都添上一个分量，得 F^4 中的向量组：

（Ⅱ）：$\{\beta_1,\beta_2,\beta_3\}$，其中

$$\beta_1=\begin{bmatrix}3\\4\\-2\\5\end{bmatrix},\ \beta_2=\begin{bmatrix}2\\-5\\0\\-3\end{bmatrix},\ \beta_3=\begin{bmatrix}7\\-6\\-2\\-1\end{bmatrix}.$$

令 $\boldsymbol{H}=(\alpha_1,\alpha_2,\alpha_3)$，$\boldsymbol{G}=(\beta_1,\beta_1,\beta_s)$. 以 $\boldsymbol{G}$ 为系数矩阵的齐次线性方程组有 4 个方程，去掉第 3 个方程，就是以 $\boldsymbol{H}$ 为系数矩阵的齐次线性方程组. 也就是说 $\boldsymbol{GX}=\boldsymbol{o}$ 是由 $\boldsymbol{HX}=\boldsymbol{o}$ 添加一个方程（添加的分量所对应的方程）得到的. $\boldsymbol{GX}=\boldsymbol{o}$ 的一个非零解必定满足 $\boldsymbol{GX}=\boldsymbol{o}$ 的第 1，2，4 个方程，也就是说满足 $\boldsymbol{HX}=\boldsymbol{o}$. 故，如果（Ⅱ）线性相关，则（Ⅰ）线性相关. 将其一般化，就有：

定理 5.13 设（Ⅰ）：$\{\alpha_1,\alpha_2,\cdots,\alpha_s\}$ 是 F^n 中的一个向量组，每个向量都添加 m 个分量（所添加分量的位置对每个向量都一样），得到 F^{n+m} 中的向量组（Ⅱ）：$\{\beta_1,\beta_2,\cdots,\beta_s\}$. 如果（Ⅱ）线性相关，则（Ⅰ）线性相关. 如果（Ⅰ）线性无关，则（Ⅱ）线性无关.

证明 这两个结论互为逆否命题. 现在证明前一个：令 $\boldsymbol{H}=(\alpha_1,\alpha_2,\cdots,\alpha_s)$，$\boldsymbol{G}=(\beta_1,\beta_2,\cdots,\beta_s)$. $\boldsymbol{GX}=\boldsymbol{o}$ 是由 $\boldsymbol{HX}=\boldsymbol{o}$ 添加若干个方程得到的，$\boldsymbol{GX}=\boldsymbol{o}$ 的解必定是 $\boldsymbol{HX}=\boldsymbol{o}$ 的解.（Ⅱ）线性相关，则 $\boldsymbol{GX}=\boldsymbol{o}$ 有非零解，因此 $\boldsymbol{HX}=\boldsymbol{o}$ 有非零解，所以（Ⅰ）线性相关. □

添加分量的相反的过程是删去分量，而从几何上看删去分量就是作投影，例如在 $\mathbf{R}^3$ 中，向量 β 向 Oxy 平面作投影，就是删去 β 的第三个分量. 两个向量共线，其投影必定共线.

定理 5.14 如果向量组 $\{\alpha_1,\alpha_2,\cdots,\alpha_s\}$ 线性无关，$\{\alpha_1,\alpha_2,\cdots,\alpha_s,\alpha_{s+1}\}$ 线性相关，则 α_{s+1} 能由 $\{\alpha_1,\alpha_2,\cdots,\alpha_s\}$ 线性表出，并且表达形式唯一.

证明 $\{\alpha_1,\alpha_2,\cdots,\alpha_s,\alpha_{s+1}\}$ 线性相关，则存在不全为零的 $k_1,k_2,\cdots,k_s,k_{s+1}$，使 $k_1\alpha_1+k_2\alpha_2+\cdots+k_s\alpha_s+k_{s+1}\alpha_{s+1}=\boldsymbol{o}$.

（现用反证法来证明 $k_{s+1}\neq 0$） 假定 $k_{s+1}=0$，则

$$k_1\boldsymbol{\alpha}_1+k_2\boldsymbol{\alpha}_2+\cdots+k_s\boldsymbol{\alpha}_s+0\boldsymbol{\alpha}_{s-1}=\boldsymbol{o}.$$

于是 $k_1,k_2,\cdots,k_s$ 不全为零，使

$$k_1\boldsymbol{\alpha}_1+k_2\boldsymbol{\alpha}_2+\cdots+k_s\boldsymbol{\alpha}_s=\boldsymbol{o},$$

这与$\{\boldsymbol{\alpha}_1,\boldsymbol{\alpha}_2,\cdots,\boldsymbol{\alpha}_s\}$线性无关矛盾. 故 $k_{s+1}\neq 0$. 因此

$$\boldsymbol{\alpha}_{s+1}=\left[-\frac{k_1}{k_{s+1}}\right]\boldsymbol{\alpha}_1+\left[-\frac{k_2}{k_{s+1}}\right]\boldsymbol{\alpha}_2+\cdots+\left[-\frac{k_s}{k_{s+1}}\right]\boldsymbol{\alpha}_s.$$

现在证明唯一性. 如果

$$\boldsymbol{\alpha}_{s+1}=h_1\boldsymbol{\alpha}_1+h_2\boldsymbol{\alpha}_2+\cdots+h_s\boldsymbol{\alpha}_s=l_1\boldsymbol{\alpha}_1+l_2\boldsymbol{\alpha}_2+\cdots+l_s\boldsymbol{\alpha}_s,$$

有

$$(h_1-l_1)\boldsymbol{\alpha}_1+(h_2-l_2)\boldsymbol{\alpha}_2+\cdots+(h_s-l_s)\boldsymbol{\alpha}_s=\boldsymbol{o},$$

因此有 $h_1-l_1=0,h_2-l_2=0,\cdots,h_s-l_s=0$，即有

$$h_1=l_1,h_2=l_2,\cdots,h_s=l_s.$$ □

下面我们介绍一个定理. 它与一个关于替换问题的定理等价，人们习惯称它替换定理.

定理 5.15 设（Ⅰ）：$\{\boldsymbol{\alpha}_1,\boldsymbol{\alpha}_2,\cdots,\boldsymbol{\alpha}_s\}$与（Ⅱ）：$\{\boldsymbol{\beta}_1,\boldsymbol{\beta}_2,\cdots,\boldsymbol{\beta}_t\}$是 V 中的两个向量组. 如果

(1)（Ⅱ）能由（Ⅰ）线性表出；

(2) $t>s$；

则向量组（Ⅱ）线性相关.

◇**在 $\boldsymbol{F}^n$ 中的证明** 记 $\boldsymbol{A}=(\boldsymbol{\alpha}_1,\boldsymbol{\alpha}_2,\cdots,\boldsymbol{\alpha}_s)$，$\boldsymbol{B}=(\boldsymbol{\beta}_1,\boldsymbol{\beta}_2,\cdots,\boldsymbol{\beta}_t)$.（Ⅱ）能由（Ⅰ）线性表出，于是存在 $s\times t$ 矩阵 $\boldsymbol{C}$ 使 $\boldsymbol{B}=\boldsymbol{AC}$. 又 $s<t$，故齐次线性方程组 $\boldsymbol{CX}=\boldsymbol{o}$ 有非零解，设 $\boldsymbol{K}=\begin{bmatrix}k_1\\k_2\\\vdots\\k_t\end{bmatrix}$ 是 $\boldsymbol{CX}=\boldsymbol{o}$ 的一个非零解，则 $\boldsymbol{BK}=\boldsymbol{ACK}=\boldsymbol{Ao}=\boldsymbol{o}$. 而

$$BK=(\boldsymbol{\beta}_1,\boldsymbol{\beta}_2,\cdots,\boldsymbol{\beta}_t)\begin{bmatrix}k_1\\k_2\\\vdots\\k_t\end{bmatrix}=k_1\boldsymbol{\beta}_1+k_2\boldsymbol{\beta}_2+\cdots+k_t\boldsymbol{\beta}_t.$$

注意到 $k_1,k_2,\cdots,k_t$ 不全为零,故(Ⅱ)线性相关. □

推论 5.1 如果,向量组(Ⅱ)能由向量组(Ⅰ)线性表出,并且(Ⅱ)线性无关,则(Ⅱ)所含的向量个数小于等于(Ⅰ)所含的向量个数.

这是定理的逆否命题.

推论 5.2 设 s,n 是正整数,并且 $s>n$,则 s 个 n 维向量必定线性相关.

这是因为,n 维向量都能由 n 维单位向量组$\{\boldsymbol{\varepsilon}_1,\boldsymbol{\varepsilon}_2,\cdots,\boldsymbol{\varepsilon}_n\}$线性表出.

推论 5.3 两个等价的线性无关的向量组,必定含有相同个数的向量.

两次利用推论 5.1,即得.

习题 5.4

1. 下述说法对吗?

1) 如果有 F 中的数 $k_1,k_2,\cdots,k_s$,使 $k_1\boldsymbol{\alpha}_1+k_2\boldsymbol{\alpha}_2+\cdots+k_s\boldsymbol{\alpha}_s=\boldsymbol{o}$,则向量组$\{\boldsymbol{\alpha}_1,\boldsymbol{\alpha}_2,\cdots,\boldsymbol{\alpha}_s\}$线性相关.

2) 如果有 F 中不全为零的数 $k_1,k_2,\cdots,k_s$,使 $k_1\boldsymbol{\alpha}_1+k_2\boldsymbol{\alpha}_2+\cdots+k_s\boldsymbol{\alpha}_s\neq\boldsymbol{o}$,则$\{\boldsymbol{\alpha}_1,\boldsymbol{\alpha}_2,\cdots,\boldsymbol{\alpha}_s\}$线性无关.

2. 下列向量组线性相关,还是线性无关?

1) $\boldsymbol{\alpha}_1=\begin{bmatrix}3\\1\\2\\-4\end{bmatrix},\ \boldsymbol{\alpha}_2=\begin{bmatrix}1\\0\\5\\2\end{bmatrix},\ \boldsymbol{\alpha}_3=\begin{bmatrix}-1\\2\\0\\3\end{bmatrix}$;

2) $\alpha_1=\begin{bmatrix}-2\\1\\0\\3\end{bmatrix}$, $\alpha_2=\begin{bmatrix}1\\-3\\2\\4\end{bmatrix}$, $\alpha_3=\begin{bmatrix}3\\0\\2\\1\end{bmatrix}$, $\alpha_4=\begin{bmatrix}2\\-2\\4\\6\end{bmatrix}$.

3. 设 $E_{11}=\begin{bmatrix}1&0\\0&0\end{bmatrix}$,$E_{12}=\begin{bmatrix}0&1\\0&0\end{bmatrix}$,$E_{21}=\begin{bmatrix}0&0\\1&0\end{bmatrix}$ $E_{22}=\begin{bmatrix}0&0\\0&1\end{bmatrix}$. 证明：$\{E_{11},E_{12},E_{21},E_{22}\}$线性无关.

4. 设向量组$\{\alpha_1,\alpha_2,\alpha_3\}$线性无关,下述向量组哪些线性无关？

1) $\{o,\alpha_2,\alpha_3\}$;

2) $\{\alpha_2,\alpha_1+\alpha_3,\alpha_2\}$;

3) $\{\alpha_1+2\alpha_2,\alpha_2-3\alpha_3,\alpha_2+\alpha_3,\alpha_1+4\alpha_2+\alpha_3\}$;

4) $\{\alpha_1,4\alpha_1-3\alpha_2\}$;

5) $\{\alpha_1+\alpha_2,\alpha_2+\alpha_3,\alpha_3+\alpha_1\}$.

5. 如果向量组$\{\alpha_1,\alpha_2\}$线性相关,必定有 $k\in F$ 使 $\alpha_1=k\alpha_2$ 吗？

6. 证明：任何 4 个 2×2 对称矩阵必定线性相关.（提示：利用练习 5.2 的第二题）

§5 基 维 数

5.1 定义

在 $\mathbf{R}^2$ 中建立直角坐标系,实际上就是给定两个向量$\{\varepsilon_1,\varepsilon_2\}$,它们互相垂直,长度为 1. 于是,任何 $\mathbf{R}^2$ 中的向量 α（其终点记为 P）,都有 $\alpha=a\varepsilon_1+b\varepsilon_2$. 从而平面上每一点 P 都唯一地对应了一对实数(a,b). 这样做的好处,大家都很熟悉,由此可见,向量组$\{\varepsilon_1,\varepsilon_2\}$很好地描述了 $\mathbf{R}^2$ 的结构.

为了推广到一般向量空间,我们提取$\{\varepsilon_1,\varepsilon_2\}$的本质性质. ① 不共线,即线性无关,② 任何向量都能由它们线性表出. 因此我们定义：

定义 5.10 设 V 是数域 F 上的一个线性空间,设 $\alpha_1,\alpha_2,\cdots,\alpha_s\in V$（$s$ 是正整数）,满足：

(1) $\{\alpha_1,\alpha_2,\cdots,\alpha_s\}$线性无关；

(2) 任何 V 中的向量都能由$\{\alpha_1,\alpha_2,\cdots,\alpha_s\}$线性表出.

则称向量组$\{\alpha_1,\alpha_2,\cdots,\alpha_s\}$为 V 的一个基.

例 13

1) $\{\boldsymbol{\varepsilon}_1,\boldsymbol{\varepsilon}_2,\cdots,\boldsymbol{\varepsilon}_n\}$是 F^n 的一个基.

2) $\{1,\boldsymbol{x},\boldsymbol{x}^2,\cdots,\boldsymbol{x}^{n-2},\boldsymbol{x}^{n-1}\}$是 $F_n[x]$的一个基.

3) 设 $\boldsymbol{E}_{ij}$是第 i 行和第 j 列交叉点的元素为 1,其余元素都是零的 $s\times n$ 矩阵.则,

$$\{\boldsymbol{E}_{ij}\mid i=1,2,\cdots,s;j=1,2,\cdots,n\}$$

是 $\mathrm{Mat}_{s\times n}(F)$的一个基.

4) $\{\boldsymbol{E}_{ij}+\boldsymbol{E}_{ji}\mid n\geqslant j\geqslant i\geqslant 1\}$是$\{\boldsymbol{A}\in \mathrm{Mat}_{n\times n}\in(F)\mid \boldsymbol{A}=\boldsymbol{A}^{\mathrm{T}}\}$(即$\{n\times n$对称矩阵$\}$)的一个基.

5) 任何 2 个不共线的向量组成的向量组是 $\mathbf{R}^2$ 的一个基.参见例 12.由此可见一个向量空间的基不是唯一的.

与基类似,我们有下述定义.

定义 5.11 设(Ⅰ):$\{\alpha_1,\alpha_2,\cdots,\alpha_s\}$是 V 的一个向量组,设(Ⅱ):$\{\alpha_{i_1},\alpha_{i_2},\cdots,\alpha_{i_r}\}$($i_j\in\{1,2,\cdots,s\}$,$j=1,2,\cdots,r$),是(Ⅰ)的一个部分组,如果,① (Ⅱ)线性无关,② (Ⅰ)中的任何向量都能由(Ⅱ)线性表出.则称(Ⅱ)为(Ⅰ)的一个极大线性无关组.

由基的定义可知,向量组$\{\alpha_1,\alpha_2,\cdots,\alpha_n\}$是 V 的一个基的充分必要条件是:$V=L(\alpha_1,\alpha_2,\cdots,\alpha_n)$,并且$\{\alpha_1,\alpha_2,\cdots,\alpha_n\}$线性无关.由定义 5.11,可知,设(Ⅱ):$\{\alpha_{i_1},\alpha_{i_2},\cdots,\alpha_{i_r}\}$是(Ⅰ)$\{\alpha_1,\alpha_2,\cdots,\alpha_s\}$的一个部分组,则(Ⅱ)是(Ⅰ)的一个极大线性无关组的充分必要条件是:(Ⅱ)线性无关并且(Ⅱ)与(Ⅰ)等价;另一个充分必要条件是:(Ⅱ)是 $L(\alpha_1,\alpha_2,\cdots,\alpha_s)$的一个基.

如果(Ⅰ):$\{\alpha_1,\alpha_2,\cdots,\alpha_n\}$,(Ⅱ):$\{\beta_1,\beta_2,\cdots,\beta_t\}$是 V 的两个基.由定义,(Ⅰ)与(Ⅱ)等价,它们又都线性无关,由定理 5.15 的推论 5.3,有 $t=n$,也就是说 V 的两个基必有相同个数的向量.一个向量空间 V 的一个基里所含的向量个数,是向量空间 V 的一个重要的特征.对于极大线性无关组也有类似的结论.

定义 5.12 设 V 是一个向量空间，设$\{\alpha_1,\alpha_2,\cdots,\alpha_n\}$是 V 的一个基. 则称 n 为 V 维数，记为 $\dim V=n$. 定义零空间的维数为零. 维数是自然数或是零的向量空间，叫做有限维的向量空间. 不然，就叫做无限维的.

例 14 $\dim F^n=n$(特别地 $\dim\mathbf{R}^2=2$，$\dim\mathbf{R}^3=3$，可见，它是几何维数的推广). $\dim\mathrm{Mat}_{m\times n}(F)=m\times n$，$\dim F_n[x]=n$，$\dim\{n\times n$ 对称矩阵$\}=\frac{1}{2}n(n+1)$.

定义 5.13 一个含非零向量的向量组(Ⅱ)的一个极大线性无关组里所含的向量个数，称为向量组(Ⅱ)的秩. 记为 rank(Ⅱ). 规定只含零向量的向量组的秩为零.

向量组(Ⅱ)的秩等于(Ⅱ)所含的向量个数的充分必要条件是(Ⅱ)线性无关.

向量组(Ⅱ)的秩等于 $\dim L$((Ⅱ)).

定理 5.16 等价的向量组有相同的秩.

定理 5.17 设 $n,t\in\mathbf{N}$，并且 $t>n$. 有：① 如果 V 的维数等于 n，则 V 中任何由 t 个向量组成的向量组(Ⅰ)，一定线性相关. ② 如果向量组(Ⅱ)的秩等于 n，则(Ⅱ)中任何由 t 个向量组成的向量组(Ⅰ)，一定线性相关.

这是因为(Ⅰ)能由 V 的基((Ⅱ)的极大线性无关组)线性表示，由定理 5.15 推论 5.1 即得.

例 15 $F[x]$中，对任何非负整数 m，$\{1,x,x^2,\cdots,x^m\}$都线性无关，故 $F[x]$没有基(不然，与上述定理矛盾). 因此，这是一个无限维的向量空间. □

5.3 基的存在性的讨论

什么样的向量空间，会有(本书定义 5.10 的意义下的)基呢? 给出充分必要条件是困难的，因为没有一般的实用的找基的办法. 那么退而求其次，找一个很多常见向量空间都满足的充分条件. 也

许定理 5.17 的①的逆命题可以考虑.就是说

引理 5.2 设 m 是自然数,如果非零向量空间 V 中,任何 m 个向量组成的向量组都线性相关,则 V 有基.

证明 取 V 中的一个非零向量 $\boldsymbol{\alpha}_1$,组成向量组$(\mathrm{I})_1$:$\{\boldsymbol{\alpha}_1\}$,它线性无关,情况一:如果对 V 任何向量 $\boldsymbol{\beta}$,都有$\{\boldsymbol{\alpha}_1,\boldsymbol{\beta}\}$线性相关,则由定理 5.14,$\boldsymbol{\beta}$能由$(\mathrm{I})_1$线性表出,因此$(\mathrm{I})_1$是 V 的一个基,过程结束.不然,则属情况二,存在 $\boldsymbol{\alpha}_2$,使向量组$(\mathrm{I})_2$:$\{\boldsymbol{\alpha}_1,\boldsymbol{\alpha}_2\}$线性无关.情况一:如果对任何向量 $\boldsymbol{\beta}$,都有$\{\boldsymbol{\alpha}_1,\boldsymbol{\alpha}_2,\boldsymbol{\beta}\}$线性相关.则由定理 5.14,$\boldsymbol{\beta}$能由$(\mathrm{I})_2$线性表出,因此$(\mathrm{I})_2$是 V 的一个基,过程结束.不然,则属于情况二,存在 $\boldsymbol{\alpha}_3$,使向量组$(\mathrm{I})_3$:$\{\boldsymbol{\alpha}_1,\boldsymbol{\alpha}_2,\boldsymbol{\alpha}_3\}$线性无关.继续这过程.注意到:$(\mathrm{I})_t$线性无关,并且含 t 个向量,故 $t<m$.因此这个过程不可能无限地进行下去,也就是说做到 s 次($s<m$),势必出现情况一而停止,这时$(\mathrm{I})_s$:$\{\boldsymbol{\alpha}_1,\boldsymbol{\alpha}_2,\cdots,\boldsymbol{\alpha}_s\}$就是 V 的一个基. □

定理 5.18 设 W 是 V 的子空间,如果 V 是有限维的,则 W 也是有限维的.

这是因为,如果 $\boldsymbol{W}\neq\{\boldsymbol{o}\}$,设 $\dim V=n\in\mathbf{N}$,任何 $n+1$ 个 W 中的向量必定线性相关,由引理即得结论.

在一个向量组中,添加若干个向量,所成的向量组称为原向量组的扩充,也就是说原向量组是现向量组的一个部分组(在这意义下,现向量组就是原向量组,也是一种扩充).从引理 5.2 的证明过程,可得

定理 5.19 设 V 是 n 维的向量空间($n\in\mathbf{N}$),则 V 中任何线性无关的向量组,都可以扩充成 V 的一个基.

对于向量组(II):$\{\boldsymbol{\eta}_1,\boldsymbol{\eta}_2,\cdots,\boldsymbol{\eta}_m\}$,也可以用引理 5.2 的方法,来找它的一个极大线性无关组(只要把 V 换成(II),而各步得到的$(\mathrm{I})_t$,有 $t<m+1$).因此

定理 5.20 任何含非零向量的向量组(II),都有一个极大线性无关组.任何(II)的一个线性无关的部分组都可以扩充成(II)的一个极大线性无关组.

推论 由一个向量组(Ⅱ)生成的向量空间 $L((\text{Ⅱ}))$是有限维的. 并且,$\dim L((\text{Ⅱ}))=\operatorname{rank}((\text{Ⅱ}))$.

定理 5.21 设 n 是自然数.

(1) 如果 $\dim V=n$,则 V 中任何一个由 n 个向量组成的线性无关的向量组,一定是 V 的一个基.

(2) 如果向量组(Ⅱ)的秩是 n,则(Ⅱ)的任何一个由 n 个向量组成的线性无关的向量组,一定是(Ⅱ)的一个极大线性无关组.

(3) 向量空间 V 的子空间 W 的维数不大于 V 的维数. $W=V$ 的充分必要条件是 $\dim W$ 等于 $\dim V$.

(4) 如果向量组(Ⅲ)能由向量组(Ⅰ)线性表出,则$\operatorname{rank}(\text{Ⅲ})\leqslant \operatorname{rank}(\text{Ⅰ})$.

证明 (1) 设(Ⅱ)是由 n 个 V 中的向量组成的线性无关的向量组,(Ⅱ)可以扩充成 V 的一个基(Ⅳ),但是,(Ⅱ)与(Ⅳ)都含有 n 个向量,所以(未添加向量),(Ⅱ)就是(Ⅳ),因此(Ⅳ)是 V 的一个基.

同理有(2).

(3) W 的一个基(Ⅱ)可以扩充为 V 的一个基(Ⅳ). 故$\dim W\leqslant \dim V$. 又,如果 $\dim W=\dim V$,则由(Ⅱ)到(Ⅳ)没有添加向量,即(Ⅱ)就是(Ⅳ),故(Ⅱ)是 V 的一个基. 因此 $W=L((\text{Ⅱ}))=V$.

(4) (Ⅲ)能由(Ⅰ)线性表出,则 $L((\text{Ⅲ}))\subseteq L((\text{Ⅰ}))$. 我们有:
$\operatorname{rank}((\text{Ⅲ}))=\dim L((\text{Ⅲ}))\leqslant \dim L((\text{Ⅰ}))=\operatorname{rank}((\text{Ⅰ}))$. □

本书主要讨论有限维的向量空间. 以后的向量空间总是有限维的(除了几个例子或另加声明).

习题 5.5

1. 证明:$\{\alpha_1,\alpha_2,\alpha_3\}$是 F^3 的一个基,其中

$$\alpha_1=\begin{bmatrix}1\\1\\1\end{bmatrix},\alpha_2=\begin{bmatrix}0\\1\\1\end{bmatrix},\alpha_3=\begin{bmatrix}0\\1\\-1\end{bmatrix}.$$

2. 设 $\boldsymbol{\alpha}_1=\begin{bmatrix}1\\-3\\2\\-1\end{bmatrix},\boldsymbol{\alpha}_2=\begin{bmatrix}2\\9\\-5\\4\end{bmatrix},\boldsymbol{\alpha}_3=\begin{bmatrix}2\\-1\\1\\0\end{bmatrix}$. 证明：$\{\boldsymbol{\alpha}_1,\boldsymbol{\alpha}_2\}$是$\{\boldsymbol{\alpha}_1,\boldsymbol{\alpha}_2,\boldsymbol{\alpha}_3\}$的一个极大线性无关组.

3. 设(Ⅰ)：$\{\boldsymbol{\alpha}_1,\boldsymbol{\alpha}_2,\cdots,\boldsymbol{\alpha}_s\}$是向量空间 V 的一个向量组,并且(Ⅰ)的秩是 r,(Ⅲ)：$\{\boldsymbol{\alpha}_1,\boldsymbol{\alpha}_2,\cdots,\boldsymbol{\alpha}_r\}$是(Ⅰ)的一个部分组. 如果(Ⅰ)能由(Ⅲ)线性表出,则(Ⅲ)是(Ⅰ)的一个极大线性无关组.

4. 设(Ⅰ)：$\{\boldsymbol{\alpha}_1,\boldsymbol{\alpha}_2,\cdots,\boldsymbol{\alpha}_n\}$是 F^n 的一个向量组,证明：如果 n 维单位向量组$\{\boldsymbol{\varepsilon}_1,\boldsymbol{\varepsilon}_2,\cdots,\boldsymbol{\varepsilon}_n\}$都能由(Ⅰ)线性表出,则(Ⅰ)是 F^n 的一个基.

5. 设(Ⅰ),(Ⅲ)是 V 的向量组. 证明：如果(Ⅰ)能由(Ⅲ)线性表出,并且(Ⅰ)的秩等于(Ⅲ)的秩,则 L((Ⅰ))$=L$((Ⅲ)).

6. 设 $\boldsymbol{A}$ 是 $m\times n$ 矩阵,(Ⅰ)：$\{\boldsymbol{\beta}_1,\boldsymbol{\beta}_2,\cdots,\boldsymbol{\beta}_t\}$是 F^n 的(列)向量组.

1) 证明：如果(Ⅰ)线性相关,则向量组(Ⅲ)：$\{\boldsymbol{A}\boldsymbol{\beta}_1,\boldsymbol{A}\boldsymbol{\beta}_2,\cdots,\boldsymbol{A}\boldsymbol{\beta}_t\}$线性相关.

2) 证明：(Ⅲ)的秩$\leqslant$(Ⅰ)的秩.

3) 证明：如果 $\boldsymbol{A}$ 可逆(这时,当然 $m=n$),则(Ⅲ)的秩=(Ⅰ)的秩.

§6 矩阵的秩

6.1 定义

$m\times n$ 矩阵 $\boldsymbol{A}$ 有 n 个列,每一列构成一个 m 维向量,这 n 个列向量所组成的向量组叫 $\boldsymbol{A}$ 的列向量组. $\boldsymbol{A}$ 有 m 个行,每一行构成一个 n 维向量,这 m 个行向量所组成的向量组叫 $\boldsymbol{A}$ 的行向量组.

定义 5.14 $m\times n$ 矩阵 $\boldsymbol{A}$ 的行向量组的秩,称为 $\boldsymbol{A}$ 的行秩;$\boldsymbol{A}$ 的列向量组的秩,称为 $\boldsymbol{A}$ 的列秩.

$\boldsymbol{A}$ 经过行的初等变换变成 $\boldsymbol{B}$,则 $\boldsymbol{A}$ 与 $\boldsymbol{B}$ 的行向量组等价,故 $\boldsymbol{A}$ 的行秩等于 $\boldsymbol{B}$ 的行秩;$\boldsymbol{A}$ 经过列的初等变换变成 $\boldsymbol{C}$,则 $\boldsymbol{A}$ 与 $\boldsymbol{C}$ 的列向量组等价,故 $\boldsymbol{A}$ 的列秩等于 $\boldsymbol{C}$ 的列秩.

引理 5.3 设 H 是一个行最简形的矩阵,则 H 的行秩等于

H 中的非零行的个数.

证明 如果 H 有 s 个非零行,这 s 个非零行组成的向量组记为(Ⅱ),则(Ⅱ)是由 $\boldsymbol{E}_s$ 的行向量组(Ⅲ)：$\{\boldsymbol{\varepsilon}_1^{\mathrm{T}},\boldsymbol{\varepsilon}_2^{\mathrm{T}},\cdots,\boldsymbol{\varepsilon}_s^{\mathrm{T}}\}$(其中$\{\boldsymbol{\varepsilon}_1,\boldsymbol{\varepsilon}_2,\cdots,\boldsymbol{\varepsilon}_s\}$是 s 维单位向量组)添加分量所成的向量组.(Ⅱ)线性无关,所以(Ⅱ)线性无关,可见(Ⅱ)是 $\boldsymbol{H}$ 的一个极大线性无关组,因此 $\boldsymbol{H}$ 的行秩等于 s. □

如果 $\boldsymbol{B}$ 是一个阶梯形的矩阵,(按我们在第一章介绍的过程)用行的初等变换将 $\boldsymbol{B}$ 变成行最简形时,非零行变成非零行,零行不变.因此也有,阶梯形矩阵的行秩等于它的非零行的个数.

$m\times n$ 矩阵的行秩与列秩是截然不同的两个概念(只要想想,如果 $m\neq n$,行向量组是由 n 维向量组成的,而列向量组是由 m 维向量组成的).但是有趣的是

定理 5.22 矩阵的行秩等于列秩.

证明 设 $\boldsymbol{A}$ 是 $m\times n$ 矩阵.先证明：$\boldsymbol{A}$ 的列秩$\leqslant\boldsymbol{A}$ 的行秩.分三步进行.

第一步：设 $\boldsymbol{A}$ 的列秩等于 r,$\boldsymbol{A}$ 的第 j 列是 $\boldsymbol{\beta}_j(j=1,2,\cdots,n)$,设(Ⅱ)：$\{\boldsymbol{\beta}_{j_1},\boldsymbol{\beta}_{j_2},\cdots,\boldsymbol{\beta}_{j_r}\}$是 $\boldsymbol{A}$ 的列向量组的一个极大线性无关组.设 $\boldsymbol{B}$ 是以(Ⅱ)为列向量组的 $m\times r$ 矩阵.即 $\boldsymbol{B}=(\boldsymbol{\beta}_{j_1},\boldsymbol{\beta}_{j_2},\cdots,\boldsymbol{\beta}_{j_r})$(当 $j_1=1,j_2=2,\cdots,j_r=r$ 时,$\boldsymbol{B}$ 的位置如图 5.4).

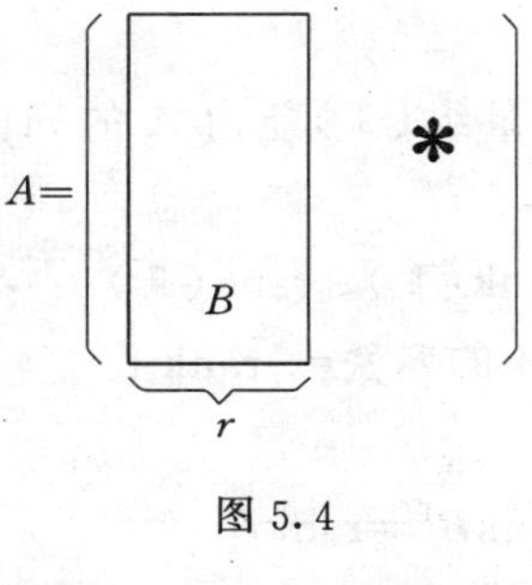

图 5.4

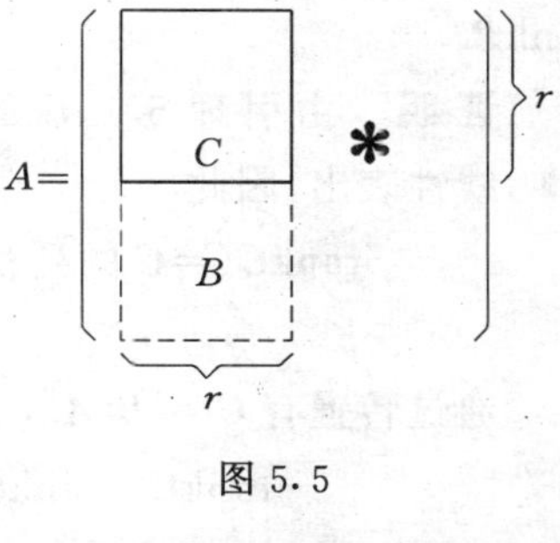

图 5.5

第二步：由于(Ⅱ)线性无关,有齐次线性方程组 $\boldsymbol{BX}=\boldsymbol{o}$ 只有零解.$\boldsymbol{B}$ 经行的初等变换变成行最简形 $\boldsymbol{H}$,则 $\boldsymbol{HX}=\boldsymbol{o}$ 只有零解,故 $\boldsymbol{H}$ 的非零

行的个数等于$\boldsymbol{BX}=\boldsymbol{o}$中的未知数的个数$r$,因此$\boldsymbol{H}$的秩是$r$,所以$\boldsymbol{B}$的秩也是$r$. 设(Ⅲ):$\{\boldsymbol{\alpha}_{i_1}^{\mathrm{T}},\boldsymbol{\alpha}_{i_2}^{\mathrm{T}},\cdots,\boldsymbol{\alpha}_{i_r}^{\mathrm{T}}\}$是$\boldsymbol{B}$的行向量组的一个极大线性无关组,以它们为行向量的$r\times r$矩阵记为$\boldsymbol{C}$($i_1=1,i_2=2,\cdots,i_r=r$时,$C$的位置如图 5.5).

第三步:$\boldsymbol{A}$的第i行构成的行向量记为$\boldsymbol{\eta}_i^{\mathrm{T}},i=1,2,\cdots,n$. 则(Ⅳ):$\{\boldsymbol{\eta}_{i_1}^{\mathrm{T}},\boldsymbol{\eta}_{i_2}^{\mathrm{T}},\cdots,\boldsymbol{\eta}_{i_r}^{\mathrm{T}}\}$是由(Ⅲ)添加分量而成的(参见图 5.6),因此(Ⅳ)线性无关.(Ⅳ)能扩充成$\boldsymbol{A}$的行向量组的一个极大线性无关组,故$\boldsymbol{A}$的行向量组的秩$\geqslant r$. 这样证明了$\boldsymbol{A}$的行秩$\geqslant\boldsymbol{A}$的列秩.

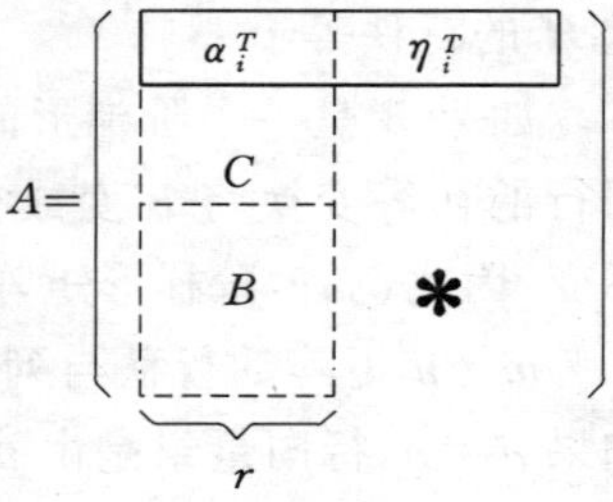

图 5.6

通过转置有:$\boldsymbol{A}$的列秩$=\boldsymbol{A}^{\mathrm{T}}$的行秩$\geqslant\boldsymbol{A}^{\mathrm{T}}$的列秩$=\boldsymbol{A}$的行秩.

因此,$\boldsymbol{A}$的行秩等于$\boldsymbol{A}$的列秩. □

定义 5.15 矩阵$\boldsymbol{A}$的行秩(列秩)称为矩阵$\boldsymbol{A}$的秩. 记为$\mathrm{rank}\boldsymbol{A}$.

定义 5.14 后面的结论可以叙述成

定理 5.23 矩阵经过初等变换后,其秩不变.

下面我们讨论矩阵的乘积的秩.

定理 5.24 设$\boldsymbol{C}=\boldsymbol{AB}$,则$\mathrm{rank}\boldsymbol{C}\leqslant\mathrm{rank}\boldsymbol{A}$,并且$\mathrm{rank}\boldsymbol{C}\leqslant\mathrm{rank}\boldsymbol{B}$.

证明 由引理 5.1,$\boldsymbol{C}$的列向量组(Ⅰ)能由$\boldsymbol{A}$的列向量组(Ⅲ)线性表出,因此

$$\mathrm{rank}\boldsymbol{C}(=\boldsymbol{C}\text{ 的列秩})=\mathrm{rank}(\text{Ⅰ})\leqslant\mathrm{rank}(\text{Ⅲ})=(\boldsymbol{A}\text{ 的列秩}=)\mathrm{rank}\boldsymbol{A}.$$

通过转置有$\boldsymbol{C}^{\mathrm{T}}=\boldsymbol{B}^{\mathrm{T}}\boldsymbol{A}^{\mathrm{T}}$,于是

$$\mathrm{rank}\boldsymbol{C}=\mathrm{rank}\boldsymbol{C}^{\mathrm{T}}\leqslant\mathrm{rank}\boldsymbol{B}^{\mathrm{T}}=\mathrm{rank}\boldsymbol{B}. \tag{5.6}$$

□

推论 乘一个可逆矩阵,矩阵的秩不变.

证明 设$\boldsymbol{C}=\boldsymbol{AB}$,其中$\boldsymbol{A}$可逆,则$\boldsymbol{B}=\boldsymbol{A}^{-1}\boldsymbol{C}$,由上述定理,有

$$\operatorname{rank}\boldsymbol{B}=\operatorname{rank}\boldsymbol{A}^{-1}\boldsymbol{C}\leqslant\operatorname{rank}\boldsymbol{C}.$$

从该式与(5.6),可得$\operatorname{rank}\boldsymbol{C}=\operatorname{rank}\boldsymbol{B}$.

同理可以证明,如果$\boldsymbol{B}$可逆,则$\operatorname{rank}\boldsymbol{C}=\operatorname{rank}\boldsymbol{A}$. □

6.2 矩阵的秩的求法

根据定理5.23和引理5.3,我们可以利用初等变换,来求矩阵$\boldsymbol{A}$的秩.步骤如下:用初等变换(行的初等变换,列的初等变换都可以)将$\boldsymbol{A}$变成阶梯形的矩阵$\boldsymbol{B}$,而$\boldsymbol{B}$的非零行的个数就是$\boldsymbol{A}$的秩.

例16 求$\boldsymbol{A}=\begin{bmatrix}1 & 0 & -3 & -1\\ 2 & 1 & -1 & -3\\ 1 & 4 & 1 & 0\\ 0 & 2 & -6 & 3\end{bmatrix}$的秩.

解:

$$\boldsymbol{A}\xrightarrow[r_3+(-1)r_1]{r_2+(-2)r_1}\begin{bmatrix}1 & 0 & -3 & -1\\ 0 & 1 & 5 & -1\\ 0 & 4 & 4 & 1\\ 0 & 2 & -6 & 3\end{bmatrix},$$

$$\xrightarrow[r_4+(-2)r_2]{r_3+(-4)r_2}\begin{bmatrix}1 & 0 & -3 & -1\\ 0 & 1 & 5 & -1\\ 0 & 0 & -16 & 5\\ 0 & 0 & -16 & 5\end{bmatrix},$$

$$\xrightarrow{r_4+(-1)r_3}\begin{bmatrix}1 & 0 & -3 & -1\\ 0 & 1 & 5 & -1\\ 0 & 0 & -16 & 5\\ 0 & 0 & 0 & 0\end{bmatrix},$$

这个阶梯形矩阵有3个非零行,故$\operatorname{rank}\boldsymbol{A}=3$. □

由于$\boldsymbol{A}$的秩就是$\boldsymbol{A}$的行向量组的秩,也就是$\boldsymbol{A}$的列向量组的

秩，因此，要求一个 n 维向量组（Ⅱ）的秩，可以作一个以（Ⅱ）为列向量组的矩阵 $\boldsymbol{A}$（或以（Ⅱ）为行向量组的矩阵 $\boldsymbol{B}$），然后，用上述方法求出 $\boldsymbol{A}(\boldsymbol{B})$ 的秩，它就是（Ⅱ）的秩.

我们有重要的结论：设 $\boldsymbol{A}$ 是 $n\times n$ 矩阵，如果 $\mathrm{rank}\boldsymbol{A}=n$，则 $|\boldsymbol{A}|\neq 0$. 这是因为，设 $\boldsymbol{A}$ 经行的初等变换变成行最简形的矩阵 $\boldsymbol{H}$，由定理 5.23，$n=\mathrm{rank}\boldsymbol{A}=\mathrm{rank}\boldsymbol{H}$，故 $\boldsymbol{H}$ 没有非零行，于是 $\boldsymbol{H}=\boldsymbol{E}_n$. 由第 4 章的定理 4.9 的证明过程，存在一个可逆矩阵 $\boldsymbol{P}$，使 $\boldsymbol{PA}=\boldsymbol{H}=\boldsymbol{E}_n$，有 $1=|\boldsymbol{E}_n|=|\boldsymbol{PA}|=|\boldsymbol{P}||\boldsymbol{A}|$，因此 $|\boldsymbol{A}|\neq 0$.

我们把上述结论，连同过去得到的一些结果，综合成下面的定理：

定理 5.25 设 $\boldsymbol{A}$ 是 $n\times n$ 矩阵，则下面叙说等价：

(1) $|\boldsymbol{A}|\neq 0$，

(2) $\mathrm{rank}\boldsymbol{A}=n$，

(3) $\boldsymbol{A}$ 的行向量组线性无关，

(4) $\boldsymbol{A}$ 的列向量组线性无关，

(5) 齐次线性方程组 $\boldsymbol{AX}=\boldsymbol{o}$ 只有零解.

（注：从(5)到(1)，就是齐次线性方程组的克莱姆法则的逆命题.）

定义 5.16 $m\times n$ 矩阵 $\boldsymbol{A}$ 中，任意选定 s 个行，s 个列，其中 $s\leqslant m$，并且 $s\leqslant n$. 位于这些选定的行和列的交点上的 s^2 个元素，按其原来的次序组成一个 $s\times s$ 矩阵，这个矩阵的行列式称为 $\boldsymbol{A}$ 的一个 s 阶子式.

一个 $m\times n$ 矩阵，有 $C_m^sC_n^s$ 个 s 阶子式.

$n\times n$ 矩阵 $\boldsymbol{A}=(a_{ij})_{n\times n}$ 只有一个 n 阶子式，就是 $|\boldsymbol{A}|$，$\boldsymbol{A}$ 的 $(n-1)$ 阶子式恰是 $\boldsymbol{A}$ 的余子式. 注意到，$|\boldsymbol{A}|=a_{i1}A_{i1}+a_{i2}A_{i2}+\cdots+a_{in}A_{in}$，因此如果 $|\boldsymbol{A}|\neq 0$ 则 $\boldsymbol{A}$ 必至少有一个 $(n-1)$ 阶子式不为零. 依次推下去，有：如果 $|\boldsymbol{A}|\neq 0$，则对任意小于 n 的非负整数 s，都至少有一个 $\boldsymbol{A}$ 的 $(n-s)$ 阶子式不为零.

定理 5.26 设 A 是一个 $m\times n$ 矩阵，$\boldsymbol{A}$ 的秩等于 r 的充分必

要条件是：① 有一个 r 阶子式不为零，② 并且所有的 $(r+1)$ 阶子式全为零.

证明 我们分四点进行.

第一点：我们证明，“如果 $\text{rank}\boldsymbol{A}=r$，则 $\boldsymbol{A}$ 至少有一个 r 阶子式不为零”. 利用定理 5.22 的证明中的符号，该证明的第二步得到的 $r\times r$ 矩阵 $\boldsymbol{C}$ 的行向量组线性无关，由定理 5.25，$|\boldsymbol{C}|\neq 0$，而 $|\boldsymbol{C}|$ 是 $\boldsymbol{A}$ 的一个 r 阶子式.

第二点：因此，由第一点和本定理上面的一段，对任意小于 r 的正整数 s，都至少有一个 A 的 s 阶子式不为零.

第三点：我们证明：“如果 $\boldsymbol{A}$ 有一个 t 阶子式不为零，则 $\boldsymbol{A}$ 的秩 $\geqslant t$”. 设这个不为零的 t 阶子式所对应的 $t\times t$ 矩阵是 $\boldsymbol{P}$，$\boldsymbol{P}$ 由取 $\boldsymbol{A}$ 的第 $i_1, i_2, \cdots, i_t$ 行；第 $j_1, j_2, \cdots, j_t$ 列而得到的. $\boldsymbol{P}$ 的行向量组记为(Ⅲ)′：$\{\zeta_1, \zeta_2, \cdots, \zeta_t\}$，由定理 5.25，(Ⅲ)′线性无关. $\boldsymbol{A}$ 的第 $i_1, i_2, \cdots, i_t$ 行组成的向量组(Ⅳ)是由(Ⅲ)′添加分量而成的，故(Ⅳ)线性无关，它可以扩充成的行向量组的一个极大线性无关组，因此，$\text{rank}\boldsymbol{A}\geqslant t$.

第四点：必要性：如果 $\text{rank}\boldsymbol{A}=r$，第一点的结论就是①. 由第三点的逆否命题得②. 充分性：据第三点由①得 $\text{rank}\boldsymbol{A}\geqslant r$. 由②得 $\text{rank}\boldsymbol{A}<r+1$. 因此如果①，②同时成立，则 $\text{rank}\boldsymbol{A}=r$. □

如果 $m\times n$ 矩阵 $\boldsymbol{A}$ 的秩是 r，取 $\boldsymbol{A}$ 的列向量组的一个极大线性无关组，以它们为列向量组组成一个 $m\times r$ 矩阵 $\boldsymbol{B}$. 再取 $\boldsymbol{B}$ 的行向量组的一个极大线性无关组(它必定含 r 个向量)，组成一个 $r\times r$ 矩阵，这个矩阵的行列式就是 A 的一个不为零的 r 阶子式.

习题 5.6

1. 设 $\boldsymbol{A}$ 是一个 $m\times n$ 矩阵，$W=\{\boldsymbol{A}\alpha \mid \alpha\in F^n\}$. 证明：如果 $\boldsymbol{A}$ 的列秩是 r，则 $\dim W=r$.

2. 求下列矩阵的秩.

1) $\begin{bmatrix} 1 & 1 & -1 \\ -2 & 1 & 1 \\ 1 & 1 & 1 \end{bmatrix}$，　　2) $\begin{bmatrix} 0 & 2 & 2 & 0 & 2 \\ 0 & -1 & -1 & 1 & 1 \\ 1 & 1 & 0 & -1 & 0 \end{bmatrix}$.

3. 求向量组$\{\alpha_1,\alpha_2,\alpha_3\}$的秩.

$\alpha_1=(1,2,1,3),\alpha_2=(4,-1,-5,-6)$,

$\alpha_3=(1,-3,-4,-7)$.

4. 证明：$C=(A\mid B)$的秩$\leqslant A$的秩$+B$的秩.

5. 证明：$\text{rank}(A+B)\leqslant\text{rank}A+\text{rank}B$.

6. 设A是$r\times n$矩阵,B是$n\times r$矩阵,证明：如果$AB=E_r$,则$\text{rank}A=\text{rank}B=r$.

7*. 设A是$n\times n$矩阵,证明：如果对任意$\beta\in F^n$,线性方程组$AX=\beta$都有解,则A可逆.

§7 坐　标

7.1 坐标

本节中,设V是数域F上n维向量空间($n\in\mathbf{N}$),我们任意取定V的一个基(Ⅰ)：$\{\alpha_1,\alpha_2,\cdots,\alpha_n\}$.

对任意$\eta\in V$,η可以唯一地写成：$\eta=k_1\alpha_1+k_2\alpha_2+\cdots+k_n\alpha_n$,于是,$V$的任何向量都可由它的基线性表示的组合系数所唯一确定.组合系数完整地描述了向量.

定义 5.17 设V是一个向量空间,(Ⅰ)：$\{\alpha_1,\alpha_2,\cdots,\alpha_n\}$是$V$的一个基.设$\eta\in V$,那么$\eta$可以写成：$\eta=k_1\alpha_1+k_2\alpha_2+\cdots+k_n\alpha_n$,

我们称$(k_1,k_2,\cdots,k_n)$,或$K=\begin{bmatrix}k_1\\k_2\\\vdots\\k_n\end{bmatrix}$为$\eta$在基(Ⅰ)下的坐标.

如果$V=F^n$(元素写成列向量),(Ⅰ)：$\{\alpha_1,\alpha_2,\cdots,\alpha_n\}$是$V$的一个基,则有：

① 如果$A=(\alpha_1,\alpha_2,\cdots,\alpha_n)$,则$|A|\neq 0$;

◇② $AK=\eta\Leftrightarrow K$是η在基(Ⅰ)下的坐标.

③ 设$\{\eta_1,\eta_2,\cdots,\eta_s\}\in V$,$B$是$n\times s$矩阵,$B=(K_1,K_2,\cdots,K_s)$

($\boldsymbol{B}$ 的第 j 列是 $\boldsymbol{K}_j$). 则有：$\boldsymbol{K}_j$ 是 $\boldsymbol{\eta}_j$ 在基(Ⅰ)下的坐标，$j=1,2,\cdots,s \Leftrightarrow (\boldsymbol{\alpha}_1,\boldsymbol{\alpha}_2,\cdots,\boldsymbol{\alpha}_n)\boldsymbol{K}=(\boldsymbol{\eta}_1,\boldsymbol{\eta}_2,\cdots,\boldsymbol{\eta}_s)$(参见引理 5.1).

例 17 在 $V=F^n$ 中，设(Ⅲ)：$\{\boldsymbol{\varepsilon}_1,\boldsymbol{\varepsilon}_2,\cdots,\boldsymbol{\varepsilon}_n\}$是由 n 维单位向量组成的基，设 $\boldsymbol{\eta}=\begin{bmatrix} a_1 \\ a_2 \\ \vdots \\ a_n \end{bmatrix}\in V$，则 $\boldsymbol{\eta}=a_1\boldsymbol{\varepsilon}_1+a_2\boldsymbol{\varepsilon}_2+\cdots+a_n\boldsymbol{\varepsilon}_n$，所以在基(Ⅲ)下的坐标恰是 $\begin{bmatrix} a_1 \\ a_2 \\ \vdots \\ a_n \end{bmatrix}$. □

7.2 过渡矩阵

我们看到同一个向量在 V 的不同的基下的坐标是不同的，为了研究向量在不同的基下的坐标之间的关系，我们引进过渡矩阵.

设(Ⅱ)：$\{\boldsymbol{\alpha}_1,\boldsymbol{\alpha}_2,\cdots,\boldsymbol{\alpha}_n\}$是 V 的一个基，设(Ⅵ)：$\{\boldsymbol{\beta}_1,\boldsymbol{\beta}_2,\cdots,\boldsymbol{\beta}_n\}$是 V 的另一个基，则(Ⅵ)能由(Ⅱ)线性表出，即有：

$$\begin{aligned} \boldsymbol{\beta}_1&=a_{11}\boldsymbol{\alpha}_1+a_{21}\boldsymbol{\alpha}_2+\cdots+a_{n1}\boldsymbol{\alpha}_n, \\ \boldsymbol{\beta}_2&=a_{12}\boldsymbol{\alpha}_1+a_{22}\boldsymbol{\alpha}_2+\cdots+a_{n2}\boldsymbol{\alpha}_n, \\ &\cdots \\ \boldsymbol{\beta}_n&=a_{1n}\boldsymbol{\alpha}_1+a_{2n}\boldsymbol{\alpha}_2+\cdots+a_{nn}\boldsymbol{\alpha}_n. \end{aligned} \tag{5.7}$$

这样，我们得到一个 $n\times n$ 矩阵 $\boldsymbol{A}=\begin{bmatrix} a_{11} & a_{12} & \cdots & a_{1n} \\ a_{21} & a_{22} & \cdots & a_{2n} \\ \vdots & \vdots & & \vdots \\ a_{n1} & a_{n2} & \cdots & a_{nn} \end{bmatrix}$.

定义 5.18 沿用上述符号，上述 $n\times n$ 矩阵 $\boldsymbol{A}$ 叫由基$\{\boldsymbol{\alpha}_1,\boldsymbol{\alpha}_2,\cdots,\boldsymbol{\alpha}_n\}$到基$\{\boldsymbol{\beta}_1,\boldsymbol{\beta}_2,\cdots,\boldsymbol{\beta}_n\}$的过渡矩阵.

上述矩阵 $\boldsymbol{A}$ 的第 j 列是 $\boldsymbol{\beta}_j$ 在基$\{\boldsymbol{\alpha}_1,\boldsymbol{\alpha}_2,\cdots,\boldsymbol{\alpha}_n\}$下的坐标($j=1,2,\cdots,n$). 可以证明，过渡矩阵总是可逆的.

◇ 如果 $V=F^n$，沿用上述符号，则，从基 $\{\alpha_1,\alpha_2,\cdots,\alpha_n\}$ 到基 $\{\beta_1,\beta_2,\cdots,\beta_n\}$ 的过渡矩阵是 A 的充分必要条件是：A 满足：

$$(\alpha_1,\alpha_2,\cdots,\alpha_n)A=(\beta_1,\beta_2,\cdots,\beta_n).$$

7.3 坐标变换

现在来讨论 7.2 节开头提出的问题.

定理 5.27 设（Ⅱ）：$\{\alpha_1,\alpha_2,\cdots,\alpha_n\}$，（Ⅵ）：$\{\beta_1,\beta_2,\cdots,\beta_n\}$ 是 V 的两个基. 从（Ⅱ）到（Ⅵ）的过渡矩阵是 A，设 $\eta\in V$. 如果 η 在基（Ⅱ）下的坐标是 $\begin{bmatrix}k_1\\k_2\\\vdots\\k_n\end{bmatrix}$，在基（Ⅵ）下的坐标是 $\begin{bmatrix}l_1\\l_2\\\vdots\\l_n\end{bmatrix}$，则

$$\begin{bmatrix}k_1\\k_2\\\vdots\\k_n\end{bmatrix}=A\begin{bmatrix}l_1\\l_2\\\cdots\\l_n\end{bmatrix}.$$

◇ F^n 中的证明：

由条件，有

$$\eta=(\alpha_1,\alpha_2,\cdots,\alpha_n)\begin{bmatrix}k_1\\k_2\\\vdots\\k_n\end{bmatrix}, \tag{5.8}$$

$$\eta=(\beta_1,\beta_2,\cdots,\beta_n)\begin{bmatrix}l_1\\l_2\\\vdots\\l_n\end{bmatrix}, \tag{5.9}$$

$$(\alpha_1,\alpha_2,\cdots,\alpha_n)A=(\beta_1,\beta_2,\cdots,\beta_n) \tag{5.10}$$

把(5.10)代入(5.9)得

$$\eta=((\alpha_1,\alpha_2,\cdots,\alpha_n)A)\begin{bmatrix}l_1\\l_2\\\vdots\\l_n\end{bmatrix}.$$

可见$\begin{bmatrix}k_1\\k_2\\\vdots\\k_n\end{bmatrix}$和$\left(A\begin{bmatrix}l_1\\l_2\\\vdots\\l_n\end{bmatrix}\right)$都是$\eta$在基(Ⅵ)下的坐标,因此它们相等. □

习题 5.7

1. 求$g(x)=x^2-3x+1$在基$\{(x-2)^2,(x+2),3\}$下的坐标.

2. 求矩阵$A=\begin{bmatrix}3&-5\\0&2\end{bmatrix}$在基$\left\{\begin{bmatrix}1&0\\0&0\end{bmatrix},\begin{bmatrix}0&1\\0&0\end{bmatrix},\begin{bmatrix}0&0\\1&0\end{bmatrix},\begin{bmatrix}0&0\\0&1\end{bmatrix}\right\}$下的坐标.

3. 求由基$\{\alpha_1,\alpha_2,\alpha_3\}$到基$\{\alpha_1,5\alpha_2,\alpha_3\}$的过渡矩阵.

◇4. 1) 设(Ⅱ),(Ⅲ),(Ⅳ)是向量空间F^n的三个基. 如果从基(Ⅱ)到基(Ⅲ)的过渡矩阵是A,从基(Ⅲ)到基(Ⅵ)的过渡矩阵是B,求从基(Ⅱ)到基(Ⅵ)的过渡矩阵.

2) 证明过渡矩阵是可逆的.(提示:在第一问中,令(Ⅱ)就是(Ⅵ))

§8 线性变换

线性变换是线性代数的重要内容,线性代数的应用很多都是通过线性变换来实现的. 第7章的序中提到的应用,就是通过线性变换,然后转化成矩阵的,而第7章讨论的就是转化成矩阵以后的做法. 我们首先介绍映射,引进线性变换的概念. 讨论线性变换在基下的矩阵.

8.1 映射

定义 5.19 设S,T是两个集合,σ是一个法则,它使S中的

每一个元素 a 都有 T 中的一个确定的元素 b 与之对应，则称 σ 是从 S 到 T 的一个映射. b 称为 a 在 σ 下的像，记为 $b=\sigma(a)$（有时也记为 $b=\sigma a$）.

如果 S 和 T 都是实数域的子集，从 S 到 T 中的一个映射就是初等数学中的函数.

例 18 设 $S=\mathrm{Mat}_{n\times n}(F)$，$T=F$，法则 σ 是把每一个 S 中的元素 $\boldsymbol{A}$（于是 $\boldsymbol{A}$ 是一个 $n\times n$ 矩阵），对应 $\boldsymbol{A}$ 的行列式 $|\boldsymbol{A}|$，这是一个数（即令 $\sigma(\boldsymbol{A})=|\boldsymbol{A}|$），则 σ 是从 S 到 T 的一个映射.

例 19 设 $\boldsymbol{A}$ 是一个 F 上 $m\times n$ 矩阵，$S=F^n$，$T=F^m$，法则 σ 是把每一个 S 中的元素 $\boldsymbol{\alpha}$（$\boldsymbol{\alpha}$ 是 n 维列向量），对应 $\boldsymbol{A\alpha}$，这是一个 m 维向量（即令 $\sigma(\boldsymbol{\alpha})=\boldsymbol{A\alpha}$），则 σ 是从 S 到 T 的一个映射.

从 S 到 S 的一个映射，也叫 S 的一个变换.

8.2 线性变换的定义

（取定直角坐标系）设 τ 使 $\mathbf{R}^2$ 中的每一个向量 $\boldsymbol{\alpha}$ 对应它绕原点旋转 θ 角后所得到的向量（也就是说 τ 是平面上绕原点旋转 θ 角的变换）. 设 σ 使 $\mathbf{R}^3$ 中的每一个向量对应它向 Oxy 平面所作的射影（也就是说 σ 是 $\mathbf{R}^3$ 中向 Oxy 平面作射影的变换）. 它们都有"保持线性关系"的性质，譬如把直线变成直线，更本质地，都有保持了加和数量乘积. 就是说，以 τ 为例，对任意 $\boldsymbol{\alpha},\boldsymbol{\beta}\in\mathbf{R}^2$，$k\in\mathbf{R}$，都有$\tau(\boldsymbol{\alpha}+\boldsymbol{\beta})=\tau(\boldsymbol{\alpha})+\tau(\boldsymbol{\beta})$，$\tau(k\boldsymbol{\alpha})=k\tau(\boldsymbol{\alpha})$. 一般地，我们定义：

定义 5.20 设 V 是一个 F 上向量空间，σ 是 V 的一个变换，满足：对任意 $\boldsymbol{\alpha},\boldsymbol{\beta}\in V$，$k\in F$，都有 $\sigma(\boldsymbol{\alpha}+\boldsymbol{\beta})=\sigma(\boldsymbol{\alpha})+\sigma(\boldsymbol{\beta})$，$\sigma(k\boldsymbol{\alpha})=k\sigma(\boldsymbol{\alpha})$. 则称 σ 是 V 的一个线性变换.

例 20 设 $\boldsymbol{A}$ 是一个 F 上 $n\times n$ 矩阵，对任意 $\boldsymbol{\alpha}\in F^n$（列向量），令 $\rho(\boldsymbol{\alpha})=\boldsymbol{A\alpha}$（$\boldsymbol{A\alpha}\in F^n$，$\rho$ 是 F^n 的一个变换），则 ρ 是 F^n 的一个线性变换.

证明 对任意 $\boldsymbol{\alpha},\boldsymbol{\beta}\in F^n$，$k\in F$，都有：

$$\rho(\boldsymbol{\alpha}+\boldsymbol{\beta})=\boldsymbol{A}(\boldsymbol{\alpha}+\boldsymbol{\beta})=\boldsymbol{A}\boldsymbol{\alpha}+\boldsymbol{A}\boldsymbol{\beta}=\rho(\boldsymbol{\alpha})+\rho(\boldsymbol{\beta});$$
$$\rho(k\boldsymbol{\alpha})=\boldsymbol{A}(k\boldsymbol{\alpha})=k(\boldsymbol{A}\boldsymbol{\alpha})=k\rho(\boldsymbol{\alpha}).$$

因此 ρ 是 F^n 的一个线性变换. □

例 21 设 V 是一个 F 上的向量空间,对任意 $\boldsymbol{\sigma}\in V$,令 $\sigma(\boldsymbol{\alpha})=\boldsymbol{o}$,$\rho(\boldsymbol{\alpha})=\boldsymbol{\alpha}$,不难验证 σ,ρ 都是 V 的线性变换,σ 叫 V 的零变换,有时记为 $\boldsymbol{o}$,ρ 叫 V 的恒等变换,记为 id;设 $k\in F$,令 $\tau(\boldsymbol{\alpha})=k\boldsymbol{\alpha}$,不难验证 τ 也是 V 的一个线性变换,叫(由 k 定义的)数乘变换.

8.3 简单性质

线性变换有下述简单性质

定理 5.28 设 V 是一个 F 上的向量空间,设 σ 是 V 的一个线性变换,设 $\boldsymbol{\alpha},\boldsymbol{\alpha}_1,\boldsymbol{\alpha}_2,\cdots,\boldsymbol{\alpha}_s\in V$,$k_1,k_2,\cdots,k_s\in F$,有

① $\sigma(\boldsymbol{o})=\boldsymbol{o}$,

② $\sigma(-\boldsymbol{\alpha})=-\sigma(\boldsymbol{\alpha})$,

③ $\sigma(k_1\boldsymbol{\alpha}_1+k_2\boldsymbol{\alpha}_2+\cdots+k_s\boldsymbol{\alpha}_s)=k_1\sigma(\boldsymbol{\alpha}_1)+k_2\sigma(\boldsymbol{\alpha}_2)+\cdots+k_s\sigma(\boldsymbol{\alpha}_s)$.

证明 ① 因为 $\sigma(\boldsymbol{o})=\sigma(\boldsymbol{o}+\boldsymbol{o})=\sigma(\boldsymbol{o})+\sigma(\boldsymbol{o})$,所以 $\sigma(\boldsymbol{o})=\boldsymbol{o}$.

② 因为 $\boldsymbol{o}=\sigma(\boldsymbol{o})=\sigma(\boldsymbol{\alpha}+(-\boldsymbol{\alpha}))=\sigma(\boldsymbol{\alpha})+\sigma(-\boldsymbol{\alpha})$,所以 $\sigma(-\boldsymbol{\alpha})=-\sigma(\boldsymbol{\alpha})$. 而反复使用定义中的条件就可以得到③. □

8.4 线性变换的矩阵

定义 5.21 设 V 是一个 F 上的向量空间,σ 是 V 的一个线性变换,设$\{\boldsymbol{\beta}_1,\boldsymbol{\beta}_2,\cdots,\boldsymbol{\beta}_n\}$是 V 的一个基,记 $\sigma(\boldsymbol{\beta}_j)=a_{1j}\beta_1+a_{2j}\beta_2+\cdots+a_{nj}\beta_n$. 令 $\boldsymbol{A}$ 是 $n\times n$ 矩阵,

$$\boldsymbol{A}=\begin{bmatrix} a_{11} & a_{12} & \cdots & a_{1n} \\ a_{21} & a_{22} & \cdots & a_{2n} \\ \vdots & \vdots & & \vdots \\ a_{n1} & a_{n2} & \cdots & a_{nn} \end{bmatrix}$$

则称 $\boldsymbol{A}$ 是 σ 在基$\{\boldsymbol{\beta}_1,\boldsymbol{\beta}_2,\cdots,\boldsymbol{\beta}_n\}$下的矩阵.

也就是说：$\boldsymbol{A}$ 是 $n\times n$ 矩阵，它的第 j 列是 $\sigma(\boldsymbol{\beta}_j)$在基$\{\boldsymbol{\beta}_1,\boldsymbol{\beta}_2,\cdots,\boldsymbol{\beta}_n\}$下的坐标.

例 22 设 τ 是平面上绕原点旋转 θ 角的线性变换，求 τ 在基$\{\boldsymbol{\varepsilon}_1,\boldsymbol{\varepsilon}_2\}$下的矩阵.

解
$$\tau(\boldsymbol{\varepsilon}_1)=\begin{bmatrix}\cos\theta\\ \sin\theta\end{bmatrix}=(\cos\theta)\boldsymbol{\varepsilon}_1+(\sin\theta)\boldsymbol{\varepsilon}_2,$$
$$\tau(\boldsymbol{\varepsilon}_2)=\begin{bmatrix}-\sin\theta\\ \cos\theta\end{bmatrix}=(-\sin\theta)\boldsymbol{\varepsilon}_1+(\cos\theta)\boldsymbol{\varepsilon}_2,$$

因此 τ 在基$\{\boldsymbol{\varepsilon}_1,\boldsymbol{\varepsilon}_2\}$下的矩阵是$\begin{bmatrix}\cos\theta & -\sin\theta\\ \sin\theta & \cos\theta\end{bmatrix}$. □

例 23 求由例 20 所定义的线性变换 ρ 在基$\{\boldsymbol{\varepsilon}_1,\boldsymbol{\varepsilon}_2,\cdots,\boldsymbol{\varepsilon}_n\}$下的矩阵.

解 设 $\boldsymbol{A}$ 的第 j 列是 $\boldsymbol{\alpha}_j$，$\rho\boldsymbol{\varepsilon}_j=\boldsymbol{A}\boldsymbol{\varepsilon}_j=\boldsymbol{\alpha}_j$，因此 ρ 在基$\{\boldsymbol{\varepsilon}_1,\boldsymbol{\varepsilon}_2,\cdots,\boldsymbol{\varepsilon}_n\}$下的矩阵就是 $\boldsymbol{A}$. □

习题 5.8

1. 设 $V=\mathrm{Mat}_{n\times n}(F)$，设 $\boldsymbol{A}\in V$. 对任意 $\boldsymbol{B}\in V$，令 $\sigma(\boldsymbol{B})=\boldsymbol{AB}$，证明：$\sigma$ 是 V 的一个线性变换.

2. 在 $V=F^3$ 中，

1) 令 $\sigma(a_1,a_2,a_3)=(3a_1-a_2-3a_3,a_1+4a_2-4a_3,-2a_1-a_2)$，证明：$\sigma$ 是 V 的一个线性变换.

2) $\sigma(a_1,a_2,a_3)=(3a_1-a_2,a_1-4a_3,a_2a_3)$，证明：$\sigma$ 不是 V 的线性变换.

3. 设 σ 是向量空间 V 的一个线性变换，证明：如果向量组$\{\boldsymbol{\alpha}_1,\boldsymbol{\alpha}_2,\cdots,\boldsymbol{\alpha}_s\}$线性相关，则$\{\sigma\boldsymbol{\alpha}_1,\sigma\boldsymbol{\alpha}_2,\cdots,\sigma\boldsymbol{\alpha}_s\}$也线性相关.

4*. 设 V 是 F 上的 n 维向量空间，设$\{\boldsymbol{\eta}_1,\boldsymbol{\eta}_2,\cdots,\boldsymbol{\eta}_n\}$是 V 的一个基，设 $\boldsymbol{\alpha}_1,\boldsymbol{\alpha}_2,\cdots,\boldsymbol{\alpha}_n\in V$. 证明：存在 V 的一个线性变换 σ，使对任意 $j=1,2,\cdots,n$，都有 $\sigma(\boldsymbol{\eta}_j)=\boldsymbol{\alpha}_j$.（提示：设 $\boldsymbol{\beta}\in V$，则 $\boldsymbol{\beta}=k_1\boldsymbol{\eta}_1+k_2\boldsymbol{\eta}_2+\cdots+k_n\boldsymbol{\eta}_n$，令 $\sigma\boldsymbol{\beta}=k_1\sigma\boldsymbol{\eta}_1+k_2\sigma\boldsymbol{\eta}_2+\cdots+k_n\sigma\boldsymbol{\eta}_n$）

5. F^3 中，令 $\sigma(a_1,a_2,a_3)=(2a_1-a_3,a_1+4a_3,a_1-a_2)$，求 σ 在基$\{\boldsymbol{\varepsilon}_1,\boldsymbol{\varepsilon}_2,$

$\varepsilon_3\}$下的矩阵.

6. 在第 1 题中,令 $n=2, A=\begin{bmatrix} 2 & 1 \\ -1 & 0 \end{bmatrix}$. 求 σ 在基$\left\{\begin{bmatrix} 1 & 0 \\ 0 & 0 \end{bmatrix}, \begin{bmatrix} 0 & 1 \\ 0 & 0 \end{bmatrix}, \begin{bmatrix} 0 & 0 \\ 1 & 0 \end{bmatrix}, \begin{bmatrix} 0 & 0 \\ 0 & 1 \end{bmatrix}\right\}$下的矩阵.

第 6 章　线性方程组的解的结构

当线性方程组的解集有无穷多个元素时,怎样把握解集?因此需要讨论解的结构.

空间解析几何中说,一个三元一次方程(组成的线性方程组的解集合)是一张平面;在适当条件下,两个三元一次方程组成的线性方程组(的解集合)是一条直线.这就是属于解的结构的问题.

本书中,讨论线性方程组是以讨论解的结构为主线的.我们在前几章中,实际上已经开展了讨论.

本章中,$\boldsymbol{AX}=\boldsymbol{\beta}$ 表示一个线性方程组,$\boldsymbol{AX}=\boldsymbol{o}_s$ 表示一个齐次线性方程组,其中 $\boldsymbol{A}$ 是一个数域 F 上的 $s\times n$ 矩阵,$\boldsymbol{X}=\begin{bmatrix}x_1\\x_2\\\vdots\\x_n\end{bmatrix}$,$\boldsymbol{\beta}=\begin{bmatrix}b_1\\b_2\\\vdots\\b_s\end{bmatrix}\in F^s$,$\boldsymbol{o}_s=\begin{bmatrix}0\\0\\\vdots\\0\end{bmatrix}$是 s 维零向量.

§1　同解定理的证明和有解的判定

现在我们用矩阵来证明第 1 章定理 1.2(关于线性方程组同解的定理).这就是要证明:设 $\boldsymbol{AX}=\boldsymbol{\beta}$ 与 $\boldsymbol{BX}=\boldsymbol{\zeta}$ 是两个线性方程组,如果$(\boldsymbol{A}\ \vdots\ \boldsymbol{\beta})$经过若干次行的初等变换变成$(\boldsymbol{B}\ \vdots\ \boldsymbol{\zeta})$,则 $\boldsymbol{AX}=\boldsymbol{\beta}$ 与 $\boldsymbol{BX}=\boldsymbol{\zeta}$ 同解.

证明　经过一次行的初等变换相当于在矩阵的左边乘一个初

等矩阵,故由条件,存在初等矩阵 $\boldsymbol{P}_s,\cdots,\boldsymbol{P}_2,\boldsymbol{P}_1$,使 $\boldsymbol{P}_s\cdots\boldsymbol{P}_2\boldsymbol{P}_1(\boldsymbol{A} \vdots \boldsymbol{\beta})=(\boldsymbol{B} \vdots \boldsymbol{\zeta})$,记 $\boldsymbol{P}_s\cdots\boldsymbol{P}_2\boldsymbol{P}_1=\boldsymbol{P}$. 因为初等矩阵是可逆的,因此 $\boldsymbol{P}$ 是可逆的. 我们有

$$(\boldsymbol{B} \vdots \boldsymbol{\zeta})=\boldsymbol{P}(\boldsymbol{A} \vdots \boldsymbol{\beta})=(\boldsymbol{PA} \vdots \boldsymbol{P\beta})$$

于是,$\boldsymbol{PA}=\boldsymbol{B}$,$\boldsymbol{P\beta}=\boldsymbol{\zeta}$,设 η 是 $\boldsymbol{AX}=\boldsymbol{\beta}$ 的一个解,则 $\boldsymbol{A}\eta=\boldsymbol{\beta}$,因此 $\boldsymbol{PA}\eta=\boldsymbol{P\beta}$,即 η 是 $\boldsymbol{BX}=\boldsymbol{\zeta}$ 的一个解. 设 η 是 $\boldsymbol{BX}=\boldsymbol{\zeta}$ 的一个解,则 $\boldsymbol{B}\eta=\boldsymbol{\zeta}$,即 $\boldsymbol{PA}\eta=\boldsymbol{P\zeta}$,等号两边的左边乘以 $\boldsymbol{P}^{-1}$,得

$$\boldsymbol{A}\eta=(\boldsymbol{P}^{-1}\boldsymbol{P})\boldsymbol{A}\eta=\boldsymbol{P}^{-1}(\boldsymbol{PA}\eta)=\boldsymbol{P}^{-1}\boldsymbol{\zeta}=\boldsymbol{P}^{-1}(\boldsymbol{P\beta})=\boldsymbol{\beta},$$

因此 η 是 $\boldsymbol{AX}=\boldsymbol{\beta}$ 的一个解. 这就证明了 $\boldsymbol{AX}=\boldsymbol{\beta}$ 与 $\boldsymbol{BX}=\boldsymbol{\zeta}$ 同解. □

下面,我们来讨论线性方程组 $\boldsymbol{AX}=\boldsymbol{\beta}$ 有解的条件 .

设 α_j 是 A 的第 j 列,$j=1,2,\cdots,n$. 设(Ⅰ):$\{\alpha_1,\alpha_2,\cdots,\alpha_n\}$是 A 的列向量组.

我们已经得到(第 5 章例 7):“$\boldsymbol{AX}=\boldsymbol{\beta}$ 有解$\Leftrightarrow\boldsymbol{\beta}$ 能由(Ⅱ)线性表出”. 又由“$\boldsymbol{\beta}$ 能由(Ⅱ)线性表出$\Leftrightarrow$(Ⅱ)与$\{\alpha_1,\alpha_2,\cdots,\alpha_n,\boldsymbol{\beta}\}$的秩相等”. 因此有

定理 6.1 线性方程组 $AX=\beta$ 有解的充分必要条件是:它的增广矩阵的秩等于系数矩阵的秩.

习题 6.1

1. 设 $\boldsymbol{A}$ 是 $s\times n$ 矩阵,$\boldsymbol{B}$ 是 $s\times s$ 矩阵,证明:线性方程组 $\boldsymbol{AX}=\boldsymbol{\beta}$ 的解都是线性方程组 $\boldsymbol{BAX}=\boldsymbol{B\beta}$ 的解.

2. $\boldsymbol{A}$ 是 $s\times n$ 矩阵,$\boldsymbol{B}$ 是 $s\times m$ 矩阵,证明:矩阵方程 $\boldsymbol{AX}=\boldsymbol{B}$ 有解的充分必要条件是:$\mathrm{rank}\boldsymbol{A}=\mathrm{rank}(\boldsymbol{A} \vdots \boldsymbol{B})$.

§2 齐次线性方程组的解的结构

我们已经得到(第 5 章定理 5.4)$\boldsymbol{AX}=\boldsymbol{o}$ 的解集合是 F 上的一个向量空间,叫 $\boldsymbol{AX}=\boldsymbol{o}$ 的解空间.

定义 6.1 如果齐次线性方程组 $\boldsymbol{AX}=\boldsymbol{o}$ 有非零解,则解空间的一个基,叫做这个齐次线性方程组的一个基础解系.

这就是,我们在解空间中,通过建立坐标系,用有限多个解去把握具有无穷多个元素的解集合.而解空间的维数就是一个基础解系中所含向量的个数.

如何找基础解系呢?我们考察第1章的例10.我们取 x_1,x_2 为自由变量,这个齐次线性方程组的全部解表示成

$$\begin{cases} x_1=c_1+c_2, \\ x_2=c_1, \\ x_3=2c_2, \\ x_4=c_2. \end{cases} \tag{6.1}$$

也可以写成

$$\begin{bmatrix} x_1 \\ x_2 \\ x_3 \\ x_4 \end{bmatrix}=c_1\begin{bmatrix} 1 \\ 1 \\ 0 \\ 0 \end{bmatrix}+c_2\begin{bmatrix} 1 \\ 0 \\ 2 \\ 1 \end{bmatrix}. \tag{6.2}$$

令 $\boldsymbol{\eta}_1=\begin{bmatrix} 1 \\ 1 \\ 0 \\ 0 \end{bmatrix}$,$\boldsymbol{\eta}_2=\begin{bmatrix} 1 \\ 0 \\ 2 \\ 1 \end{bmatrix}$,则解集合(即解空间)是

$$\{c_1\boldsymbol{\eta}_1+c_2\boldsymbol{\eta}_2 \mid c_1,c_2 \text{ 是}(F\text{ 中的})\text{数}\} \tag{6.3}$$

现在我们来说明(Ⅱ):$\{\boldsymbol{\eta}_1,\boldsymbol{\eta}_2\}$是 $\boldsymbol{AX}=\boldsymbol{o}$ 的一个基础解系.保留 $\boldsymbol{\eta}_1,\boldsymbol{\eta}_2$ 中自由变量所对应的分量,删去其余的分量,分别得$\begin{bmatrix} 1 \\ 0 \end{bmatrix}$,$\begin{bmatrix} 0 \\ 1 \end{bmatrix}$,这就是 $\boldsymbol{\varepsilon}_1,\boldsymbol{\varepsilon}_2$.我们知道$\{\boldsymbol{\varepsilon}_1,\boldsymbol{\varepsilon}_2\}$线性无关,而向量组(Ⅱ)是由$\{\boldsymbol{\varepsilon}_1,\boldsymbol{\varepsilon}_2\}$添加分量得到,也线性无关.另一方面由(6.2)式,所有的解可以由(Ⅱ)线性表出.因此(Ⅱ)是 $\boldsymbol{AX}=\boldsymbol{o}$ 的一个基础解系.

现在写出解该题的过程.

例 1 解线性方程组

$$\begin{cases}x_1-x_2-x_3+x_4=0,\\x_1-x_2+x_3-3x_4=0,\\x_1-x_2-2x_3+3x_4=0.\end{cases}$$

解 对线性方程组的系数矩阵施行行的初等变换(过程从略，参见第1章例10)得行最简形的矩阵(我们已经将零行去掉了,它对应于恒等式 0=0. 以后也如此)

$$\begin{bmatrix}1&-1&0&-1\\0&0&1&-2\end{bmatrix}$$

原方程组与下面方程组同解：

$$\begin{cases}x_1-x_2\qquad-x_4=0,\\\qquad\qquad x_3-2x_4=0.\end{cases}$$

(选取 x_2,x_4 为自由变量)令 $x_2=c_1,x_4=c_2$,原方程组的全部解表示成：

$$\begin{cases}x_1=c_1+c_2,\\x_2=c_1,\\x_3=2c_2,\\x_4=c_2.\end{cases}$$

令 $\boldsymbol{\eta}_1=\begin{bmatrix}1\\1\\0\\0\end{bmatrix},\boldsymbol{\eta}_2=\begin{bmatrix}1\\0\\2\\1\end{bmatrix}$,则$\{\boldsymbol{\eta}_1,\boldsymbol{\eta}_2\}$是原方程组的一个基础解系. 解空间的维数是 2,解空间是$\{c_1\boldsymbol{\eta}_1+c_2\boldsymbol{\eta}_2\mid c_1,c_2$ 是数$\}$. □

(注① 更好地应该写:“解空间是$\{c_1\boldsymbol{\eta}_1+c_2\boldsymbol{\eta}_2\mid c_1,c_2\in F\}$”. 不过题目中 F 往往没有明确地写出来,我们不妨笼统地写“c_1,c_2 是数”.

② $\boldsymbol{\eta}_1,\boldsymbol{\eta}_2$ 也可以这样描述：令一个自由变量为 1,其余的自由变量为零,所得到的解.)

定理 6.2 设 $\boldsymbol{AX}=\boldsymbol{o}_s$ 是一个齐次线性方程组，其中 $\boldsymbol{A}$ 是 $s\times n$ 矩阵，记 $r=\text{rank}\boldsymbol{A}$，令 $t=n-r$. 则解空间的维数是 t.

也就是说，如果 $\text{rank}\boldsymbol{A}=n$，则 $\boldsymbol{AX}=\boldsymbol{o}$ 解空间是零空间 $\{\boldsymbol{o}\}$，即方程组只有零解. 如果 $\text{rank}\boldsymbol{A}<n$，则 $\boldsymbol{AX}=\boldsymbol{o}$ 有基础解系，并且一个基础解系中含有 t 个解向量.

其证明就是将例 1 的解过程一般化.

证明 设 $\boldsymbol{A}$ 经行的初等变换变成行最简形的矩阵 $\boldsymbol{H}$.

如果 $r=n$，则 $\boldsymbol{H}$ 的秩也是 n，$\boldsymbol{H}$ 有 n 个非零的行，因此 $\boldsymbol{H}=\begin{bmatrix}\boldsymbol{E}_n\\ \boldsymbol{O}\end{bmatrix}$，故 $\boldsymbol{AX}=\boldsymbol{o}$ 只有零解，即解空间是零空间.

如果 $r<n$，即 $t>0$.

为了表述方便而不失一般性，我们假定 $\boldsymbol{H}=\begin{bmatrix}\boldsymbol{E}_r & -\boldsymbol{B}\\ \boldsymbol{O} & \boldsymbol{O}\end{bmatrix}$，其中 $\boldsymbol{B}=(b_{ij})$ 是一个 $r\times t$ 矩阵（实际上，只要重新排列未知数 x_1，x_2，…，x_n 的次序就可以做到这一点. 例 1 中，可令 $y_1=x_1$，$y_2=x_3$，$y_3=x_2$，$y_4=x_4$），（在例 1 中，$\boldsymbol{B}=\begin{bmatrix}1 & 1\\ 0 & 2\end{bmatrix}$）. 设 $\boldsymbol{B}$ 的第 j 列是 $\boldsymbol{\alpha}_j$，$j=1,2,\cdots,t$，$\boldsymbol{\alpha}_j$ 是一个 r 维向量也是一个 $r\times 1$ 矩阵. 于是 $\boldsymbol{HX}=\boldsymbol{o}$ 就是

$$\begin{cases} x_1 \qquad -b_{11}x_{r+1}-b_{12}x_{r+2}-\cdots-b_{1t}x_n=0,\\ \quad x_2 \qquad -b_{21}x_{r+1}-b_{22}x_{r+2}-\cdots-b_{2t}x_n=0,\\ \qquad \vdots \\ \qquad x_r-b_{r1}x_{r+1}-b_{r2}x_{r+2}-\cdots-b_{rt}x_n=0. \end{cases} \tag{6.4}$$

（这儿，我们已经将恒等式 0=0 去掉了.）此式就是

$$\begin{bmatrix}x_1\\ x_2\\ \vdots\\ x_r\end{bmatrix}=\boldsymbol{B}\begin{bmatrix}x_{r+1}\\ x_{r+2}\\ \vdots\\ x_n\end{bmatrix}. \tag{6.5}$$

取 x_{r+1}，x_{r+2}，…，x_n 为自由变量. 令 $x_{r+1}=c_1$，$x_{r+2}=c_2$，…，

$x_n=c_t$；令 $\boldsymbol{\eta}_1=\begin{bmatrix}\boldsymbol{\alpha}_1\\ \boldsymbol{\varepsilon}_1\end{bmatrix},\boldsymbol{\eta}_2=\begin{bmatrix}\boldsymbol{\alpha}_2\\ \boldsymbol{\varepsilon}_2\end{bmatrix},\cdots,\boldsymbol{\eta}_t=\begin{bmatrix}\boldsymbol{\alpha}_t\\ \boldsymbol{\varepsilon}_t\end{bmatrix}$（其中 $\boldsymbol{\varepsilon}_1,\boldsymbol{\varepsilon}_2,\cdots,\boldsymbol{\varepsilon}_t$ 是 t 维单位列向量，例 1 中，$t=2,\boldsymbol{\alpha}_1=\begin{bmatrix}1\\0\end{bmatrix},\boldsymbol{\alpha}_2=\begin{bmatrix}1\\2\end{bmatrix}$），由(6.5)式得

$$\begin{bmatrix}x_1\\x_2\\\vdots\\x_r\end{bmatrix}=\boldsymbol{B}\begin{bmatrix}c_1\\c_2\\\vdots\\c_t\end{bmatrix}=c_1\boldsymbol{\alpha}_1+c_2\boldsymbol{\alpha}_2+\cdots+c_t\boldsymbol{\alpha}_t,$$

又

$$\begin{bmatrix}c_1\\c_2\\\vdots\\c_t\end{bmatrix}=c_1\boldsymbol{\varepsilon}_1+c_2\boldsymbol{\varepsilon}_2+\cdots+c_t\boldsymbol{\varepsilon}_t,$$

因此，$\boldsymbol{X}=c_1\boldsymbol{\eta}_1+c_2\boldsymbol{\eta}_2+\cdots+c_t\boldsymbol{\eta}_t$ 是 $\boldsymbol{HX}=\boldsymbol{o}$ 的唯一的满足 $x_{r+1}=c_1$，$x_{r+2}=c_2,\cdots,x_n=c_t$ 的解. $\boldsymbol{HX}=\boldsymbol{o}$ 的解集合（也就是 $\boldsymbol{AX}=\boldsymbol{o}$ 的解集合）是：

$$\{c_1\boldsymbol{\eta}_1+c_2\boldsymbol{\eta}_2+\cdots+c_t\boldsymbol{\eta}_t\,|\,c_1,c_2,\cdots,c_t\in F\}. \tag{6.6}$$

向量组（Ⅱ）：$\{\boldsymbol{\eta}_1,\boldsymbol{\eta}_2,\cdots,\boldsymbol{\eta}_t\}$是由向量组（Ⅲ）：$\{\boldsymbol{\varepsilon}_1,\boldsymbol{\varepsilon}_2,\cdots,\boldsymbol{\varepsilon}_t\}$添加分量而成的，（Ⅲ）线性无关，则（Ⅱ）线性无关. 又由(6.6)式可见，$\boldsymbol{AX}=\boldsymbol{o}$ 的解都可以由（Ⅱ）线性表出. 因此（Ⅱ）是解空间 W 的一个基，是 $\boldsymbol{AX}=\boldsymbol{o}$ 的一个基础解系，并且 W 的维数是 t. □

例 2 设 $\boldsymbol{A},\boldsymbol{B}$ 是 $n\times n$ 矩阵，证明：如果 $\boldsymbol{AB}=\boldsymbol{o}$，则（$\boldsymbol{A}$ 的秩）+（$\boldsymbol{B}$ 的秩）$\leqslant n$.

证明 设 $\boldsymbol{\beta}_j$ 是 $\boldsymbol{B}$ 的第 j 列向量，（Ⅲ）：$\{\boldsymbol{\beta}_1,\boldsymbol{\beta}_2,\cdots,\boldsymbol{\beta}_n\}$是 $\boldsymbol{B}$ 的列向量组. 则

$$\begin{aligned}(\boldsymbol{o},\boldsymbol{o},\cdots,\boldsymbol{o})=\boldsymbol{o}=\boldsymbol{AB}&=\boldsymbol{A}(\boldsymbol{\beta}_1,\boldsymbol{\beta}_2,\cdots,\boldsymbol{\beta}_n)\\&=(\boldsymbol{A}\boldsymbol{\beta}_1,\boldsymbol{A}\boldsymbol{\beta}_2,\cdots,\boldsymbol{A}\boldsymbol{\beta}_n),\end{aligned}$$

因此 β_j 是齐次线性方程组 $\boldsymbol{AX}=\boldsymbol{o}$ 的解，$j=1,2,\cdots,n$. $\boldsymbol{AX}=\boldsymbol{o}$ 的解空间 W 的维数是 $n-\mathrm{rank}(\boldsymbol{A})$，而 $L((\text{Ⅲ}))\subseteq \mathbf{W}$，故 $\mathrm{rank}\boldsymbol{B}=$

$\text{rank}(\mathrm{III}) \leqslant \dim W = n - \text{rank}\boldsymbol{A}.$ □

习题 6.2

1. 求下列齐次线性方程组的一个基础解系，并且用它来表示解空间.

1) $\begin{cases} x_1 - 2x_2 + 3x_3 - 4x_4 = 0, \\ \quad\ \ x_2 - x_3 + x_4 = 0, \\ x_1 + 3x_2 \qquad\ \ + x_4 = 0. \end{cases}$

2) $\begin{cases} x_1 + x_2 \qquad - 2x_4 - x_5 = 0, \\ x_1 - x_2 - 2x_3 - x_4 \qquad = 0, \\ 4x_1 - 2x_2 + 6x_3 + 3x_4 - 4x_5 = 0, \\ 2x_1 + 4x_2 - 2x_3 + 4x_4 - 7x_5 = 0. \end{cases}$

3) $\begin{cases} x_1 - 2x_2 + x_3 - x_4 + x_5 = 0, \\ 2x_1 + x_2 - x_3 + 2x_4 - 3x_5 = 0, \\ 3x_1 - 2x_2 - x_3 + x_4 - 2x_5 = 0, \\ 2x_1 - 5x_2 + x_3 - 2x_4 + 2x_5 = 0. \end{cases}$

2. 设 $\boldsymbol{B}$ 是一个 $m \times r$ 矩阵，$\text{rank}\boldsymbol{B} = r$. 证明：如果 $\boldsymbol{BC} = \boldsymbol{o}$，则 $\boldsymbol{C} = \boldsymbol{o}$.

3. 设 $\boldsymbol{A}$ 是 $m \times n$ 矩阵，$\boldsymbol{B}$ 是 $s \times m$ 矩阵，证明：如果 $\text{rank}\boldsymbol{A} = \text{rank}\boldsymbol{BA}$，则齐次线性方程组 $\boldsymbol{AX} = \boldsymbol{o}$ 与齐次线性方程组 $\boldsymbol{BAX} = \boldsymbol{o}$ 同解.

4. 设 $\boldsymbol{A}$ 是 $n \times n$ 矩阵，证明：如果 $\text{rank}\boldsymbol{A} = n$，则 $\text{rank}\boldsymbol{A}^* = n$；如果 $\text{rank}\boldsymbol{A} = n-1$，则 $\text{rank}\boldsymbol{A}^* = 1$；如果 $\text{rank}\boldsymbol{A} < n-1$，则 $\text{rank}\boldsymbol{A}^* = 0$.

§3　非齐次线性方程组的解的结构

现在假定 $\boldsymbol{AX} = \boldsymbol{\beta}$ 有解.

我们看到，当 $\boldsymbol{\beta} \neq \boldsymbol{o}$ 时，$\boldsymbol{AX} = \boldsymbol{\beta}$ 的解集合不是线性空间，解集合的讨论要依赖于齐次线性方程组.

称齐次线性方程组 $\boldsymbol{AX} = \boldsymbol{o}$ 为线性方程组 $\boldsymbol{AX} = \boldsymbol{\beta}$ 的导出(线性方程)组.

引理 6.1　设 $\boldsymbol{\xi}, \boldsymbol{\gamma}$ 是线性方程组 $\boldsymbol{AX} = \boldsymbol{\beta}$ 的解，$\boldsymbol{\eta}$ 是它的导出

组 $AX=o$ 的解，则① $\xi-\gamma$ 是 $AX=o$ 的解；② $\xi+\eta$ 是 $AX=\beta$ 的解.

证明 由条件有，$A\xi=\beta, A\gamma=\beta, A\eta=o$. 因此 $A(\xi-\gamma)=A\xi-A\gamma=\beta-\beta=o$，故 $\xi-\gamma$ 是 $AX=o$ 的解. $A(\xi-\eta)=A\xi+A\eta=\beta+o=\beta$，故 $\xi+\eta$ 是 $AX=\beta$ 的解. □

因此，有

定理 6.3 (1) 如果 $AX=\beta$ 有解，则 $AX=\beta$ 有唯一解 $\Leftrightarrow$ $AX=o$ 只有零解.

(2) $AX=\beta$ 有唯一解 $\Leftrightarrow$ 增广矩阵的秩 $=$ 系数矩阵的秩 $=$ 未知数的个数.

(3) $AX=\beta$ 有无穷多个解 $\Leftrightarrow$ 增广矩阵的秩 $=$ 系数矩阵的秩 $<$ 未知数的个数. 这时，如果 $(\eta_1,\eta_2,\cdots,\eta_t)$ 是 $AX=o$ 的一个基础解系，ξ 是 $AX=\beta$ 的一个解，则 $AX=\beta$ 的解集合是 $\{\xi+c_1\eta_1+c_2\eta_2+\cdots+c_t\eta_t \mid c_1,c_2,\cdots,c_t\in F\}$.

例 3 解线性方程组

$$\begin{cases} \qquad\qquad\quad 6x_3+2x_4=-8, \\ -x_1+3x_2-6x_3-4x_4=6, \\ 2x_1-6x_2+8x_3 \qquad\quad =0, \\ x_1-3x_2+5x_3+2x_4=-3. \end{cases}$$

解 用行的初等变换将它的增广矩阵化成行最简形，得

$$\left[\begin{array}{cccc|c} 1 & -3 & 0 & 0 & 4 \\ 0 & 0 & 1 & 0 & -1 \\ 0 & 0 & 0 & 1 & -1 \end{array}\right]$$

原方程组与下面的方程组同解

$$\begin{cases} x_1-3x_2 = 4 \\ x_3 = -1 \\ x_4 = -1 \end{cases}$$

(取 x_2 为自由变量)令 $x_2=c_1$，得原方程组的(全部)解(参见第 1 章例 9)：

$$\begin{cases} x_1 = \ \ 4+3c_1, \\ x_2 = \qquad \ c_1, \\ x_3 = -1, \\ x_4 = -1, \quad \text{其中 } c_1 \text{ 是数}. \end{cases}$$

上式也可以写成

$$\begin{bmatrix} x_1 \\ x_2 \\ x_3 \\ x_4 \end{bmatrix} = \begin{bmatrix} 4 \\ 0 \\ -1 \\ -1 \end{bmatrix} + c_1 \begin{bmatrix} 3 \\ 1 \\ 0 \\ 0 \end{bmatrix}, \quad \text{令 } \boldsymbol{\xi} = \begin{bmatrix} 4 \\ 0 \\ -1 \\ -1 \end{bmatrix}, \boldsymbol{\eta}_1 = \begin{bmatrix} 3 \\ 1 \\ 0 \\ 0 \end{bmatrix}.$$

$\boldsymbol{\xi}$ 是原方程组的一个解，$\{\boldsymbol{\eta}_1\}$ 是原方程组的导出方程组的一个基础解系. 原方程组的解集合是 $\{\boldsymbol{\xi}+c_1\boldsymbol{\eta}_1 \mid c_1 \text{ 是数}\}$. □

几何解释：我们在 $\mathbf{R}^3$ 中考虑. 设 $\boldsymbol{A}$ 是一个实 $s\times 3$ 矩阵，$\boldsymbol{\beta}$ 是一个 s 维实向量. 如果 $\boldsymbol{A}$ 的秩是 2，则 $\boldsymbol{AX}=\boldsymbol{\beta}$ 的导出组 $\boldsymbol{AX}=\boldsymbol{o}$ 的解集合是一条经过原点的直线 l；设 ξ 是 $\boldsymbol{AX}=\boldsymbol{\beta}$ 的一个解，则 $\boldsymbol{AX}=\boldsymbol{\beta}$ 的解集合是经过 ξ 的终点的与 l 平行的直线(图 6.1). 如果 $\boldsymbol{A}$ 的秩是 1，则 $\boldsymbol{AX}=\boldsymbol{\beta}$ 的导出组 $\boldsymbol{AX}=\boldsymbol{o}$ 的解集合是一张经过原点的平面 P；设 ξ 是 $\boldsymbol{AX}=\boldsymbol{\beta}$ 的一个解，则 $\boldsymbol{AX}=\boldsymbol{\beta}$ 的解集合是经过 ξ 的终点的与 P 平行的平面.

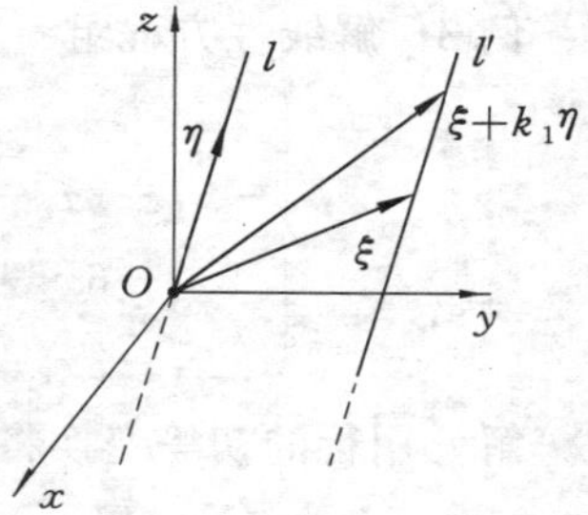

图 6.1

例 4 设 $\boldsymbol{A}$ 是 $m\times n$ 矩阵，设 $\operatorname{rank}\boldsymbol{A}=r$. 证明：存在一个 $m\times r$ 矩阵 $\boldsymbol{B}$ 和一个 $r\times n$ 矩阵 $\boldsymbol{C}$，使 $\boldsymbol{A}=\boldsymbol{BC}$.

证明 设 $\boldsymbol{\beta}_j$ 是 $\boldsymbol{A}$ 的第 j 列向量，(Ⅵ)：$\{\boldsymbol{\beta}_1,\boldsymbol{\beta}_2,\cdots,\boldsymbol{\beta}_n\}$ 是 $\boldsymbol{A}$ 的列向量组，设(Ⅱ)：$\{\boldsymbol{\alpha}_1,\boldsymbol{\alpha}_2,\cdots,\boldsymbol{\alpha}_r\}$ 是(Ⅵ)的一个极大线性无关组，令 $\boldsymbol{B}=(\boldsymbol{\alpha}_1,\boldsymbol{\alpha}_2,\cdots,\boldsymbol{\alpha}_r)$，这是一个 $m\times r$ 矩阵. (Ⅵ)能由(Ⅱ)线性表出，即对任意 $j(j=1,2,\cdots,n)$，$\boldsymbol{\beta}_j$ 都能由(Ⅱ)线性表出，于是线性方程组 $\boldsymbol{BX}=\boldsymbol{\beta}_j$ 有解，记 $\boldsymbol{\eta}_j$ 是 $\boldsymbol{BX}=\boldsymbol{\beta}_j$ 的一个解，有 $\boldsymbol{B\eta}_j=\boldsymbol{\beta}_j$. 令 $\boldsymbol{C}$ 是一个 $r\times n$ 矩阵，$\boldsymbol{C}=$

$(\eta_1,\eta_2,\cdots,\eta_n)$，有

$$\begin{aligned}BC&=B(\eta_1,\eta_2,\cdots,\eta_n)=(B\eta_1,B\eta_2,\cdots,B\eta_n)\\&=(\beta_1,\beta_2,\cdots,\beta_n)=A.\end{aligned}$$

□

（注：因为 $\mathrm{rank}\boldsymbol{A}\leqslant\mathrm{rank}\boldsymbol{B}$，故 $\mathrm{rank}\boldsymbol{B}=r$，同理 $\mathrm{rank}\boldsymbol{C}=r$. 题目中的结论，叫 $\boldsymbol{A}$ 满秩分解. 这个结论在矩阵论中有广泛的应用.）

习题 6.3

1. 解下列线性方程组.（如果有无穷多解时，要求求出导出线性方程组的一个基础解系，并且用导出线性方程组的基础解系表示原方程组的解空间.）

1) $\begin{cases}x_1+2x_2+3x_3+4x_4=5,\\x_1-x_2+x_3+x_4=1.\end{cases}$

2) $\begin{cases}x_1+2x_2+3x_3+4x_4=5,\\2x_1+4x_2-x_4=-3,\\-x_1-2x_2+3x_3+2x_4=8,\\x_1-2x_2-9x_3-5x_4=-21.\end{cases}$

2. 设 $\xi_1,\xi_2,\cdots,\xi_t$ 都是线性方程组 $\boldsymbol{AX}=\boldsymbol{\beta}$ 的解（其中 $\boldsymbol{\beta}\neq\boldsymbol{o}$）. 证明：$k_1\xi_1+k_2\xi_2+\cdots+k_t\xi_t$ 是 $\boldsymbol{AX}=\boldsymbol{\beta}$ 的解的充分必要条件是 $k_1+k_2+\cdots+k_t=1$.

3*. 如果线性方程组

$$\begin{cases}a_{11}x_1+a_{12}x_2+\cdots+a_{1n}x_n=b_1,\\a_{21}x_1+a_{22}x_2+\cdots+a_{2n}x_n=b_2,\\\qquad\vdots\\a_{n1}x_1+a_{n2}x_2+\cdots+a_{nn}x_n=b_n\end{cases}$$

对任何 $b_1,b_2,\cdots,b_n$ 都有解，证明：它的系数矩阵的行列式不为零.

第 7 章　矩阵的对角化

很多问题,例如工程技术中的振动问题,稳定性问题,数学中的解微分方程组问题等,需要对一个 $n\times n$ 矩阵 $\boldsymbol{A}$,找一个可逆的矩阵 $\boldsymbol{C}$,使 $\boldsymbol{C}^{-1}\boldsymbol{AC}$ 比较简单. 于是就有相似矩阵的概念(§1). 这个问题解决的关键在于找 n 维列向量 $\boldsymbol{\alpha}$,使 $\boldsymbol{A\alpha}$ 是 $\boldsymbol{\alpha}$ 的倍. 这就有特征值和特征向量的概念(§2). 本章的主要目标是研究存在可逆的矩阵 $\boldsymbol{C}$,使 $\boldsymbol{C}^{-1}\boldsymbol{AC}$ 是对角形的条件,和求 $\boldsymbol{C}$ 的方法(§3). 我们还是任意选定一个数域 F,所有的矩阵的元素、向量的分量、数都取自于 F.

§1　矩阵的相似

定义 7.1　设 $\boldsymbol{A},\boldsymbol{B}$ 是 F 上的 $n\times n$ 矩阵,如果存在 F 上的可逆矩阵 $\boldsymbol{C}$,使 $\boldsymbol{B}=\boldsymbol{C}^{-1}\boldsymbol{AC}$,则称 $\boldsymbol{B}$ 与 $\boldsymbol{A}$ 相似,记为 $\boldsymbol{B}\sim\boldsymbol{A}$.

定理 7.1　矩阵相似有如下性质: ① (反身性) $\boldsymbol{A}\sim\boldsymbol{A}$. ② (对称性) 如果 $\boldsymbol{B}\sim\boldsymbol{A}$,则 $\boldsymbol{A}\sim\boldsymbol{B}$. ③ (传递性) 如果 $\boldsymbol{H}\sim\boldsymbol{B},\boldsymbol{B}\sim\boldsymbol{A}$,则 $\boldsymbol{H}\sim\boldsymbol{A}$.

证明留给读者作练习.

如何着手研究本章的主要目标呢? 我们先来分析一下,

$$\boldsymbol{C}^{-1}\boldsymbol{AC}=\boldsymbol{B}\Leftrightarrow\boldsymbol{C}\text{ 是可逆的,并且 }\boldsymbol{AC}=\boldsymbol{CB}.\tag{7.1}$$

设 $\boldsymbol{C}$ 的第 j 列向量是 $\boldsymbol{\eta}_j$,则

$$\boldsymbol{AC}=\boldsymbol{A}(\boldsymbol{\eta}_1,\boldsymbol{\eta}_2,\cdots,\boldsymbol{\eta}_n)=(\boldsymbol{A\eta}_1,\boldsymbol{A\eta}_2,\cdots,\boldsymbol{A\eta}_n).\tag{7.2}$$

设 $\lambda_1,\lambda_2,\cdots,\lambda_n\in F$,用矩阵乘法的定义进行计算,有

$$\boldsymbol{C}\mathrm{diag}(\lambda_1,\lambda_2,\cdots,\lambda_n)=(\lambda_1\boldsymbol{\eta}_1,\lambda_2\boldsymbol{\eta}_2,\cdots,\lambda_n\boldsymbol{\eta}_n).\tag{7.3}$$

因此,

$$AC=C\mathrm{diag}(\lambda_1,\lambda_2,\cdots,\lambda_n)$$

的充分必要条件是：存在向量 $\eta_1,\eta_2,\cdots,\eta_n$，使

$$A\eta_1=\lambda_1\eta_1,A\eta_2=\lambda_2\eta_2,\cdots,A\eta_n=\lambda_n\eta_n. \tag{7.4}$$

而

$$C\text{ 是可逆的}\Leftrightarrow\{\eta_1,\eta_2,\cdots,\eta_n\}\text{线性无关}. \tag{7.5}$$

于是，问题归结为：（由(7.4)式）要找向量 η，使 $A\eta$ 是 η 的倍；而且（由(7.5)式），要找到 n 个线性无关的这样的向量.

习题 7.1

1. 证明定理 1.

2. 设 A,B 是 $n\times n$ 矩阵. 证明：如果 $A\sim B$，则 $|A|=|B|$，并且 $\mathrm{rank}A=\mathrm{rank}B$.

3. 设 A,B 是 $n\times n$ 矩阵，证明：如果 B 是可逆的，则 $AB\sim BA$.

4. 设 A,B 是 $n\times n$ 矩阵，证明：如果 $A\sim B$，则 $A^2\sim B^2$.

§2 特征值和特征向量

2.1 特征值和特征向量

定义 7.2 设 A 是 F 上 $n\times n$ 矩阵，如果存在 $\lambda_0\in F$，和 F 上 n 维非零列向量 α，使 $A\alpha=\lambda_0\alpha$，则称 λ_0 为 A 的一个特征值，称 α 为 A 的属于 λ_0 的一个特征向量.

有特征值 λ_0，必有属于 λ_0 的特征向量；而特征向量必是属于某一个特征值. 也就是说，特征值和特征向量"形影不离".

注意，特征向量不能为零向量（因为矩阵 A 必须是可逆的），特征值可以为零.

如果 λ_0 是 A 的一个特征值，设 α 是 A 的属于 λ_0 的一个特征向量，则有 $A\alpha=\lambda_0\alpha$，即：$o=\lambda_0\alpha-A\alpha=\lambda_0E_n\alpha-A\alpha=(\lambda_0E_n-A)\alpha$. 故

λ_0 是 $\boldsymbol{A}$ 的特征值$\Leftrightarrow$齐次线性方程组$(\lambda_0\boldsymbol{E}_n-\boldsymbol{A})\boldsymbol{X}=\boldsymbol{o}$ 有非零解

$$\Leftrightarrow|\lambda_0\boldsymbol{E}_n-\boldsymbol{A}|=0.$$

此时，$(\lambda_0\boldsymbol{E}-\boldsymbol{A})\boldsymbol{X}=\boldsymbol{o}$ 的非零解，都是 $\boldsymbol{A}$ 的属于 λ_0 的特征向量，反之亦然.

我们来看一看$|\lambda_0\boldsymbol{E}_n-\boldsymbol{A}|$.

设 $\boldsymbol{A}=\begin{bmatrix}-2&1&1\\0&2&0\\-4&1&3\end{bmatrix}$，则

$$|\lambda_0\boldsymbol{E}_3-\boldsymbol{A}|=\begin{vmatrix}\lambda_0+2&-1&-1\\0&\lambda_0-2&0\\4&-1&\lambda_0-3\end{vmatrix}=(\lambda_0-2)^2(\lambda_0+1).$$

找 λ_0 使$|\lambda_0\boldsymbol{E}_3-\boldsymbol{A}|=0$，就是解关于 λ 的方程：$(\lambda-2)^2(\lambda+1)=0$，也就是解关于 λ 的方程：$|\lambda\boldsymbol{E}_3-\boldsymbol{A}|=0$. 这个方程的左边是一个关于字母 λ 的 3 次多项式.

一般地，设 $\boldsymbol{A}$ 是 F 上 $n\times n$ 矩阵，则$|\lambda\boldsymbol{E}_n-\boldsymbol{A}|$是关于字母 λ 的 F 上的 n 次多项式.

定义 7.3 设 $\boldsymbol{A}$ 是 F 上 $n\times n$ 矩阵，则称关于字母 λ 的多项式$|\lambda\boldsymbol{E}-\boldsymbol{A}|$为 $\boldsymbol{A}$ 的特征多项式.

根据以上分析，有

定理 7.2 设 $\boldsymbol{A}$ 是 F 上 $n\times n$ 矩阵，$\lambda_0\in F$，

(1) λ_0 是 $\boldsymbol{A}$ 的一个特征值的充分必要条件是：λ_0 是 $\boldsymbol{A}$ 的特征多项式$|\lambda\boldsymbol{E}_n-\boldsymbol{A}|$在 F 中的一个根.

(2) 这时，α 是 $\boldsymbol{A}$ 的属于 λ_0 的一个特征向量的充分必要条件是：α 是齐次线性方程组$(\lambda_0\boldsymbol{E}_n-\boldsymbol{A})\boldsymbol{X}=\boldsymbol{o}$ 的(分量属于 F 的)非零解.

定义 7.4 设 $\lambda_0\in F$，$(\lambda_0\boldsymbol{E}_n-\boldsymbol{A})\boldsymbol{X}=\boldsymbol{o}$ 的解集合是一个 F 上的向量空间，称为 $\boldsymbol{A}$ 的属于 λ_0 的特征子空间.

记$(F^n)_{\lambda_0}=\{\alpha\in F^n\,|\,\boldsymbol{A}\alpha=\lambda_0\alpha\}$.（注：写这个记号时，我们没有要求 λ_0 必须是 $\boldsymbol{A}$ 的特征值. 只是 λ_0 是 $\boldsymbol{A}$ 的特征值的充分必要条

件是这个空间不是零空间. $\boldsymbol{A}$ 的属于 λ_0 的特征值空间的非零向量的集合就是 $\boldsymbol{A}$ 的属于 λ_0 的特征向量的集合.)

例 1 求 $\boldsymbol{A}$ 的全部特征值和属于每一个特征值的全部特征向量.

① $\boldsymbol{A}=\begin{bmatrix}2&-1&2\\5&-3&3\\-1&0&-2\end{bmatrix}$, ② $\boldsymbol{A}=\begin{bmatrix}-2&1&1\\0&2&0\\-4&1&3\end{bmatrix}$,

③ $F=\mathbf{R}$ 时, $\boldsymbol{A}=\begin{bmatrix}\cos\theta&-\sin\theta\\\sin\theta&\cos\theta\end{bmatrix}$,其中 $\theta\neq m\pi$, m 是整数.

解 ① $\boldsymbol{A}$ 的特征多项式是 $|\lambda\boldsymbol{E}_3-\boldsymbol{A}|=\begin{bmatrix}\lambda-2&1&-2\\-5&\lambda+3&-3\\1&0&\lambda+2\end{bmatrix}$ $=(\lambda+1)^3$,故 $\boldsymbol{A}$ 的全部特征值是 $\lambda_1(=\lambda_2=\lambda_3)=-1$.

用行的初等变换将齐次线性方程组 $(\lambda_1\boldsymbol{E}_3-\boldsymbol{A})\boldsymbol{X}=\boldsymbol{o}$ 的系数矩阵化成行最简形:

$$\begin{bmatrix}-3&1&-2\\-5&2&-3\\1&0&1\end{bmatrix}\rightarrow\begin{bmatrix}1&0&1\\0&1&1\\0&0&0\end{bmatrix},$$

得到它的一个基础解系: $\{\boldsymbol{\eta}_1=\begin{bmatrix}1\\1\\-1\end{bmatrix}\}$. 因此 $\boldsymbol{A}$ 的属于 -1 的全部特征向量是:

$$\{k_1\boldsymbol{\eta}_1\,|\,k_1 \text{ 是不为零的数}\}.$$

② $\boldsymbol{A}$ 的特征多项式是

$$|\lambda\boldsymbol{E}_3-\boldsymbol{A}|=\begin{bmatrix}\lambda+2&-1&-1\\0&\lambda-2&0\\4&-1&\lambda-3\end{bmatrix}=(\lambda-2)^2(\lambda+1),$$

故 $\boldsymbol{A}$ 的全部特征值是 $\lambda_1=-1$, $\lambda_2(=\lambda_3)=2$.

用行的初等变换将齐次线性方程组 $(\lambda_1\boldsymbol{E}_3-\boldsymbol{A})\boldsymbol{X}=\boldsymbol{o}$ 的系数矩

阵化成行最简形,得到它的一个基础解系:$\{\boldsymbol{\eta}_1=\begin{bmatrix}1\\0\\1\end{bmatrix}\}$.因此 $\boldsymbol{A}$ 的属于-1 的全部特征向量是:

$$\{k_1\boldsymbol{\eta}_1 \mid k_1\text{ 是不为零的数}\}.$$

用行的初等变换将齐次线性方程组$(\lambda_2\boldsymbol{E}_3-\boldsymbol{A})\boldsymbol{X}=\boldsymbol{o}$ 的系数矩阵化成行最简形,得到它的一个基础解系:$\{\boldsymbol{\eta}_2=\begin{bmatrix}0\\1\\-1\end{bmatrix},\boldsymbol{\eta}_3=\begin{bmatrix}1\\0\\4\end{bmatrix}\}$.因此 $\boldsymbol{A}$ 的属于 2 的全部特征向量是:

$$\{k_2\boldsymbol{\eta}_2+k_3\boldsymbol{\eta}_3 \mid k_2,k_3\text{ 是不全为零的数}\}.$$

③ $\boldsymbol{A}$ 的特征多项式是$|\lambda\boldsymbol{E}_2-\boldsymbol{A}|=\begin{bmatrix}\lambda-\cos\theta & \sin\theta\\ -\sin\theta & \lambda-\cos\theta\end{bmatrix}=\lambda^2-2\lambda\cos\theta+1$.这个多项式没有实根,故 $\boldsymbol{A}$ 没有特征值. □

在限定的数域中,有时一个方矩阵没有特征值,如上例的③中的 $\boldsymbol{A}$,本例有如下的几何解释:在平面中(建立了坐标系),$\boldsymbol{A}\boldsymbol{\alpha}$ 表示由 $\boldsymbol{\alpha}$ 旋转 θ 角而得到的向量.当 $\theta\neq m\pi$(m 是整数)时,$\boldsymbol{\alpha}$ 与 $\boldsymbol{A}\boldsymbol{\alpha}$ 当然不会在一条直线上.由于考虑现实的平面的问题,$\boldsymbol{A}$ 的特征多项式的非实数的复根,没有直接的价值,限定数域是必要的.

如果没有指定数域,我们在复数域中考虑.

当 λ_0 是 $\boldsymbol{A}$ 的特征多项式的 m 重根时,齐次线性方程组$(\lambda_0\boldsymbol{E}_n-\boldsymbol{A})\boldsymbol{X}=\boldsymbol{o}$ 的解的解空间维数可能是 m(上例中的②);也可能不是 m(上例中的①).λ_0 在特征多项式中的维数称为 λ_0 的代数重数,$\boldsymbol{A}$ 的属于 λ_0 的特征子空间的维数称为 λ_0 的几何重数.

2.2 相似不变性

我们来考虑当 $A\sim B$ 时,有哪些性质是 A,B 所共有的.

定理 7.3 设 $\boldsymbol{A},\boldsymbol{B}$ 是 F 上 $n\times n$ 矩阵，并且 $\boldsymbol{B}\sim\boldsymbol{A}$，则

(1) $|\boldsymbol{A}|=|\boldsymbol{B}|$，

(2) $\mathrm{rank}\boldsymbol{A}=\mathrm{rank}\boldsymbol{B}$，

(3) $\boldsymbol{A}$ 的特征多项式等于 $\boldsymbol{B}$ 的特征多项式，

(4) $\boldsymbol{A}$ 在 F 上的特征值与 $\boldsymbol{B}$ 在 F 上的特征值都相同，并且特征值在特征多项式中的重数也相等.

(5) 如果 λ_0 是 $\boldsymbol{A}$ 与 $\boldsymbol{B}$ 的特征值，则 $\boldsymbol{A}$ 的属于 λ_0 的特征子空间的维数等于 $\boldsymbol{B}$ 的属于 λ_0 的特征子空间的维数.

证明 $\boldsymbol{B}\sim\boldsymbol{A}$，即存在 F 上的可逆矩阵 $\boldsymbol{C}$，使 $\boldsymbol{B}=\boldsymbol{C}^{-1}\boldsymbol{A}\boldsymbol{C}$.

(5) 我们有，

$$\begin{aligned}\lambda_0\boldsymbol{E}_n-\boldsymbol{B}&=\lambda_0\boldsymbol{E}_n-\boldsymbol{C}^{-1}\boldsymbol{A}\boldsymbol{C}\\&=\boldsymbol{C}^{-1}(\lambda_0\boldsymbol{E}_n)\boldsymbol{C}-\boldsymbol{C}^{-1}\boldsymbol{A}\boldsymbol{C}=\boldsymbol{C}^{-1}(\lambda_0\boldsymbol{E}_n-\boldsymbol{A})\boldsymbol{C},\end{aligned}\tag{7.6}$$

因为 $\boldsymbol{C}^{-1},\boldsymbol{C}$ 都是可逆的，

$$\mathrm{rank}(\lambda_0\boldsymbol{E}_n-\boldsymbol{B})=\mathrm{rank}(\boldsymbol{C}^{-1}(\lambda_0\boldsymbol{E}_n-\boldsymbol{A})\boldsymbol{C})=\mathrm{rank}(\lambda_0\boldsymbol{E}_n-\boldsymbol{A}).$$

(3) 由式(7.6)有：

$$\begin{aligned}|\lambda_0\boldsymbol{E}_n-\boldsymbol{B}|&=|\boldsymbol{C}^{-1}(\lambda_0\boldsymbol{E}_n-\boldsymbol{A})\boldsymbol{C}|=|\boldsymbol{C}^{-1}|\,|\lambda_0\boldsymbol{E}_n-\boldsymbol{A}|\,|\boldsymbol{C}|\\&=|\boldsymbol{C}^{-1}|\,|\boldsymbol{C}|\,|\lambda_0\boldsymbol{E}_n-A|=|\boldsymbol{C}^{-1}\boldsymbol{C}|\,|\lambda_0\boldsymbol{E}_n-\boldsymbol{A}|\\&=|\boldsymbol{E}_n|\,|\lambda_0\boldsymbol{E}_n-\boldsymbol{A}|=|\lambda_0\boldsymbol{E}_n-\boldsymbol{A}|.\end{aligned}$$

(4) 可以由(3)立刻得到. □

注意：本定理的逆命题不成立. 例如：例 1①中的 $\boldsymbol{A}$ 与$(-\boldsymbol{E}_3)$有相同的特征多项式$(\lambda+1)^3$，但是对任意 3×3 可逆的矩阵 $\boldsymbol{C}$，都有 $\boldsymbol{C}^{-1}(-\boldsymbol{E}_3)\boldsymbol{C}=-\boldsymbol{E}_3$，都不等于 $\boldsymbol{A}$，故 $\boldsymbol{A}$ 不相似于$(-\boldsymbol{E}_3)$.

习题 7.2

1. 设 $\boldsymbol{A}$ 是 $n\times n$ 矩阵，λ_0 是 $\boldsymbol{A}$ 的一个特征值. 证明：

1) $(\lambda_0)^2$ 是 $\boldsymbol{A}^2$ 的一个特征值.

2) 如果 m 是正整数，则$(\lambda_0)^m$ 是 $\boldsymbol{A}^m$ 的一个特征值.

2. 设 $\boldsymbol{A}$ 是 $n\times n$ 矩阵，证明：$\boldsymbol{A}$ 的特征多项式与 $\boldsymbol{A}^{\mathrm{T}}$的特征多项式相等.

3. 求下列矩阵的所有的特征值和属于每一个特征值的所有的特征向量.

1) $\begin{bmatrix} 1 & 3 & -4 \\ 0 & -1 & 7 \\ 0 & 0 & 2 \end{bmatrix}$，　　2) $\begin{bmatrix} 2 & 0 & 1 \\ -7 & 3 & -2 \\ 1 & 0 & 2 \end{bmatrix}$，

3) $\begin{bmatrix} 0 & 1 & 0 \\ 0 & 0 & 1 \\ 0 & 0 & 0 \end{bmatrix}$.

4. 设 $\boldsymbol{A}$ 是 $n\times n$ 矩阵，证明：0 是 $\boldsymbol{A}$ 的一个特征值的充分必要条件是 $|\boldsymbol{A}|=0$.

5. 设 $\boldsymbol{A}$ 是 $n\times n$ 可逆矩阵，设 λ_0 是 $\boldsymbol{A}$ 的一个特征值. 证明：$\lambda_0\neq 0$，并且 λ_0^{-1} 是 $\boldsymbol{A}^{-1}$ 的一个特征值.

6. 设 1，−1，3 是 3×3 矩阵 $\boldsymbol{A}$ 的特征值，求 $|\boldsymbol{A}^2-4\boldsymbol{A}-5\boldsymbol{E}_3|$.

7*. 设 $\boldsymbol{A}$ 是 $n\times n$ 矩阵，记 $\boldsymbol{A}$ 的特征多项式为 $f(\lambda)$，它是一个关于 λ 的 n 次多项式. 证明：$f(\lambda)$ 的 λ^{n-1} 的系数等于 $\boldsymbol{A}$ 的主对角线各元素之和的相反的数，而它的常数项等于 $(-1)^n|\boldsymbol{A}|$.

§3 可对角化

3.1 特征向量的线性无关性

定义 7.5 设 $\boldsymbol{A}$ 是 F 上 $n\times n$ 矩阵，如果存在 F 上的可逆矩阵 $\boldsymbol{C}$，使 $\boldsymbol{C}^{-1}\boldsymbol{A}\boldsymbol{C}$ 是一个对角矩阵，则称 $\boldsymbol{A}$ 可对角化.

根据§1 的分析，要说明 $\boldsymbol{A}$ 可对角化，必须找到 n 个线性无关的特征向量.

设(Ⅱ)$_0$ 是 $\boldsymbol{A}$ 的属于 λ_0 的特征值空间的一个基，它含 t 个向量.(Ⅱ)$_0$ 线性无关，而任意 $t+1$ 个属于 λ_0 的特征向量线性相关. 因此最多只能找到含 t 个向量的由属于 λ_0 的特征向量组成的线性无关的向量组.

属于不同的特征值的特征向量之间有什么关系呢？

定理 7.4 设 $\boldsymbol{A}$ 是 F 上 $n\times n$ 矩阵，如果 $\lambda_1,\lambda_2,\cdots,\lambda_m$ 是 $\boldsymbol{A}$ 的

两两不同的特征值，α_j 是 A 的属于 λ_j 的一个特征向量，$j=1,2,\cdots,m$，则$\{\alpha_1,\alpha_2,\cdots,\alpha_m\}$线性无关.

证明 我们用数学归纳法，对 m 进行归纳.

当 $m=1$ 时，$\{\alpha_1\}$线性无关(因为 α_1 是特征向量，所以 $\alpha_1\neq o$).

假定当 $m=s$ 时结论成立(即有 $\alpha_1,\alpha_2,\cdots,\alpha_s$ 线性无关).

当 $m=s+1$，要证明 $\alpha_1,\alpha_2,\cdots,\alpha_s,\alpha_{s+1}$线性无关. 设

$$k_1\alpha_1+k_2\alpha_2+\cdots+k_s\alpha_s+k_{s+1}\alpha_{s+1}=o. \tag{7.7}$$

则

$$\begin{aligned}o&=Ao=A(k_1\alpha_1+k_2\alpha_2+\cdots+k_s\alpha_s+k_{s+1}\alpha_{s+1})\\&=k_1A\alpha_1+k_2A\alpha_2+\cdots+k_sA\alpha_s+k_{s+1}A\alpha_{s+1}\\&=k_1\lambda_1\alpha_1+k_2\lambda_2\alpha_2+\cdots+k_s\lambda_s\alpha_s+k_{s+1}\lambda_{s+1}\alpha_{s+1}.\end{aligned} \tag{7.8}$$

又(7.7)式的两边与 λ_{s+1}作数量乘积

$$\begin{aligned}o&=\lambda_{s+1}o=\lambda_{s+1}(k_1\alpha_1+k_2\alpha_2+\cdots+k_s\alpha_s+k_{s+1}\alpha_{s+1})\\&=k_1\lambda_{s+1}\alpha_1+k_2\lambda_{s+1}\alpha_2+\cdots+k_s\lambda_{s+1}\alpha_s+k_{s+1}\lambda_{s+1}\alpha_{s+1}.\end{aligned} \tag{7.9}$$

(7.9)式与(7.8)式相减得

$$\begin{aligned}&k_1(\lambda_{s+1}-\lambda_1)\alpha_1+k_2(\lambda_{s+1}-\lambda_2)\alpha_2+\cdots\\&\quad+k_s(\lambda_{s+1}-\lambda_s)\alpha_s+k_{s+1}(\lambda_{s+1}-\lambda_{s+1})\alpha_{s+1}=o.\end{aligned}$$

由归纳假设，$\alpha_1,\alpha_2,\cdots,\alpha_s$ 线性无关，$k_j(\lambda_{s+1}-\lambda_j)=0$，但$(\lambda_{s+1}-\lambda_j)\neq0$，迫使 $k_j=0$，$j=1,2,\cdots,s$. 现在(7.7)式，就是 $k_{s+1}\alpha_{s+1}=o$，故 $k_{s+1}=0$. 因此$\{\alpha_1,\alpha_2,\cdots,\alpha_s,\alpha_{s+1}\}$线性无关. □

推论 设 A 是 F 上 $n\times n$ 矩阵，如果 $\lambda_1,\lambda_2,\cdots,\lambda_m$ 是 A 的两两不同的特征值，$(\mathrm{I})_j$ 是属于 λ_j 的特征值空间一个基，(Ⅲ)是$(\mathrm{I})_1,(\mathrm{I})_2,\cdots,(\mathrm{I})_m$ 合并后所成的向量组，则(Ⅲ)线性无关.

3.2 矩阵可对角化的条件

引理 7.1 设 A 是 F 上 $n\times n$ 矩阵，

(1) A 可对角化的充分必要条件是 A 有一个由 n 个特征向量组成的线性无关的向量组.

(2) 这时，记这个向量组为$\{\alpha_1,\alpha_2,\cdots,\alpha_n\}$，令 C 是 $n\times n$ 矩

阵，$\boldsymbol{C}=(\boldsymbol{\alpha}_1,\boldsymbol{\alpha}_2,\cdots,\boldsymbol{\alpha}_n)$，其中 $\boldsymbol{\alpha}_j$ 是属于特征值 λ_j 的特征向量，则 $\boldsymbol{C}$ 是可逆的，并且 $\boldsymbol{C}^{-1}\boldsymbol{A}\boldsymbol{C}=\mathrm{diag}(\lambda_1,\lambda_2,\cdots,\lambda_n)$.

我们在本章 §1 的后半部，已经证明了这个引理

推论 7.1 设 $\boldsymbol{A}$ 是 F 上 $n\times n$ 矩阵，如果 $\boldsymbol{A}$ 的特征多项式有 n 个两两不同的 F 中的特征值，则 $\boldsymbol{A}$ 可对角化.

（注意到 A 的特征多项式是一个 n 次多项式，有 n 个复根，重根按重数计. 定理的条件就是：$\boldsymbol{A}$ 的特征多项式的根都属于 F，并且没有重根.）

证明 由定理的条件，设 $\lambda_1,\lambda_2,\cdots,\lambda_n$ 是 $\boldsymbol{A}$ 的两两不同的特征值. 利用定理 7.4 的推论的记号，$(\mathrm{II})_j$ 中至少有一个向量 $\boldsymbol{\eta}_j$，$j=1,2,\cdots,n$，于是 $\{\boldsymbol{\eta}_1,\boldsymbol{\eta}_2,\cdots,\boldsymbol{\eta}_n\}$ 线性无关，满足引理 7.1 的条件，因此有结论. □

在复数域 $\mathbf{C}$ 中，上述推论就是

推论 7.2 设 $\boldsymbol{A}$ 是 $\mathbf{C}$ 上 $n\times n$ 矩阵，如果 $\boldsymbol{A}$ 的特征多项式没有重根，则 $\boldsymbol{A}$ 可对角化.

本引理及其推论的逆命题不正确.

定理 7.5 设 A 是 F 上 $n\times n$ 矩阵，$\mu_1,\mu_2,\cdots,\mu_s$ 是 $\boldsymbol{A}$ 的特征多项式的所有的在 F 中两两不同的根，$(\mathrm{II})_j$ 是属于 μ_j 的特征子空间一个基，(III) 是 $(\mathrm{II})_1,(\mathrm{II})_2,\cdots,(\mathrm{II})_s$ 合并后所成的向量组（则 (III) 线性无关）. 那么 $\boldsymbol{A}$ 可对角化的充分必要条件是：(III) 中向量的个数等于 n.

证明 充分性可以由引理 7.1 立刻得到.

现在证明必要性. 记 $(\mathrm{II})_j$ 中的向量个数是 t_j，$t_1+t_2+\cdots+t_s=t$. 我们来证明：如果 $t<n$，则 A 不可对角化. 也就是要证明："如果 (VI)：$\{\boldsymbol{\beta}_1,\boldsymbol{\beta}_2,\cdots,\boldsymbol{\beta}_n\}$ 是一个由 $\boldsymbol{A}$ 的特征向量组成的向量组，则它必定线性相关". $\boldsymbol{\beta}_j$ 属于的特征值必定是 $\mu_1,\mu_2,\cdots,\mu_s$ 中的某一个，且只有这一个. (VI) 中属于 μ_j 的全部特征向量组成的向量组记为 $(\mathrm{VI})_j$，这样 (VI) 分成若干个两两不相交的子集合 $(\mathrm{VI})_j$，$j=1,2,\cdots,s$ 之并，于是必定有一个 m，$m=1,2,\cdots,s$，$(\mathrm{VI})_m$ 中的向量个数大于 t_m，$(\mathrm{VI})_m$ 线性相关，于是

(Ⅵ)线性相关. □

3.3 计算方法

设 $\boldsymbol{A}$ 是 F 上 $n\times n$ 矩阵，$\boldsymbol{A}$ 是否可对角化？如果 $\boldsymbol{A}$ 可对角化，求可逆矩阵 $\boldsymbol{C}$，使 $\boldsymbol{C}^{-1}\boldsymbol{A}\boldsymbol{C}$ 是对角矩阵. 这个问题的一般解法如下：

① 求 $\boldsymbol{A}$ 的特征多项式 $|\lambda\boldsymbol{E}_n-\boldsymbol{A}|$，求它在 F 中的所有的根：$\mu_1,\mu_2,\cdots,\mu_s$. 这就是 $\boldsymbol{A}$ 的所有的特征值.

② 对每一个 μ_j，求齐次线性方程组 $(\mu_j\boldsymbol{E}_n-\boldsymbol{A})\boldsymbol{X}=\boldsymbol{o}$ 的一个基础解系 $(\mathrm{II})_j$，$(\mathrm{II})_j$ 是属于 μ_j 的特征子空间一个基.

③ 把 $(\mathrm{II})_1,(\mathrm{II})_2,\cdots,(\mathrm{II})_s$ 合并后，得到向量组 $\{\boldsymbol{\alpha}_1,\boldsymbol{\alpha}_2,\cdots,\boldsymbol{\alpha}_t\}$，记这个向量组为(Ⅲ). 记 $\boldsymbol{\alpha}_i$ 所属的特征值是 λ_i.

④ 如果(Ⅲ)所含的向量个数小于 n，则 $\boldsymbol{A}$ 不可对角化.

⑤ 如果(Ⅲ)所含的向量个数等于 n，则 $\boldsymbol{A}$ 可对角化，令 $(\boldsymbol{\alpha}_1,\boldsymbol{\alpha}_2,\cdots,\boldsymbol{\alpha}_n)=\boldsymbol{C}$，则 $\boldsymbol{C}$ 是可逆的，并且 $\boldsymbol{C}^{-1}\boldsymbol{A}\boldsymbol{C}=\mathrm{diag}(\lambda_1,\lambda_2,\cdots,\lambda_n)$.

例 2 例 1 的①，③中的矩阵 $\boldsymbol{A}$ 不可对角化；②中的矩阵 $\boldsymbol{A}$ 可对角化.

例 3 设 $\boldsymbol{A}=\begin{bmatrix}1&2&2\\2&1&2\\2&2&1\end{bmatrix}$，$\boldsymbol{A}$ 是否可对角化？如果 $\boldsymbol{A}$ 可对角化，求可逆矩阵 $\boldsymbol{C}$，使 $\boldsymbol{C}^{-1}\boldsymbol{A}\boldsymbol{C}$ 是对角矩阵.

解 $\boldsymbol{A}$ 的特征多项式是

$$|\lambda\boldsymbol{E}_3-\boldsymbol{A}|=\begin{vmatrix}\lambda-1&-2&-2\\-2&\lambda-1&-2\\-2&-2&\lambda-1\end{vmatrix}=(\lambda+1)^2(\lambda-5),$$

故 $\boldsymbol{A}$ 的全部特征值是 $\lambda_1=5,\lambda_2(=\lambda_3)=-1$.

用行的初等变换将齐次线性方程组 $(\lambda_1\boldsymbol{E}_3-\boldsymbol{A})\boldsymbol{X}=\boldsymbol{o}$ 的系数矩阵化成行最简形，得到它的一个基础解系：$\left\{\boldsymbol{\eta}_1=\begin{bmatrix}1\\1\\1\end{bmatrix}\right\}$. 这也是 A

的属于 5 的特征子空间的一个基. 解齐次线性方程组$(\lambda_2\boldsymbol{E}_3-\boldsymbol{A})\boldsymbol{X}$ $=\boldsymbol{o}$,得到它的一个基础解系：$\{\boldsymbol{\eta}_2=\begin{bmatrix}-1\\0\\1\end{bmatrix},\boldsymbol{\eta}_3=\begin{bmatrix}0\\1\\-1\end{bmatrix}\}$. 这也是 $\boldsymbol{A}$ 的属于-1 的特征子空间的一个基. 令 $\boldsymbol{C}=(\eta_1,\eta_2,\eta_3)$,则 $\boldsymbol{C}$ 是可逆的,并且 $\boldsymbol{C}^{-1}\boldsymbol{AC}=\mathrm{diag}(5,-1,-1)$. □

3.4 Cayley-Hamilton 定理

设 $g(x)=a_mx^m+a_{m-1}x^{m-1}+\cdots+a_1x+a_0$ 是一个 F 上的多项式,设 $\boldsymbol{A}$ 是一个 F 上的 $n\times n$ 矩阵,则 $a_m\boldsymbol{A}^m+a_{m-1}\boldsymbol{A}^{m-1}+\cdots+a_1\boldsymbol{A}+a_0\boldsymbol{E}_n$ 是一个 F 上的 $n\times n$ 矩阵,记为 $g(\boldsymbol{A})$,叫做 $\boldsymbol{A}$ 的一个多项式.

下面,我们介绍一个很重要的定理.

定理 7.6 (Cayley-Hamilton 定理) 设 $\boldsymbol{A}$ 是 F 上 $n\times n$ 矩阵,设 $\boldsymbol{A}$ 的特征多项式是 $f(\lambda)=|\lambda E_n-\boldsymbol{A}|$,则 $f(\boldsymbol{A})=\boldsymbol{o}$.

它的证明难度很大,这儿就不作介绍,有兴趣的读者可以阅读有关参考书.

例 1①中的 $\boldsymbol{A}$ 的特征多项式是$(\lambda+1)^3$,则$(\boldsymbol{A}+\boldsymbol{E}_3)^3=\boldsymbol{o}$.

习题 7.3

1. 在实数域 **R** 上,下面的矩阵是否可对角化？在复数域 **C** 上呢？

1) $\begin{bmatrix}1&-3&5\\0&2&1\\0&0&-2\end{bmatrix}$, 2) $\begin{bmatrix}1&1\\0&1\end{bmatrix}$,

3) $\begin{bmatrix}3&3&2\\1&1&-2\\-3&-1&0\end{bmatrix}$, 4) $\begin{bmatrix}1&0&-3\\5&2&1\\1&0&2\end{bmatrix}$.

2. 设 $1,-1,2$ 是 3×3 矩阵 $\boldsymbol{A}$ 的特征值,求$(\boldsymbol{A}^2-2\boldsymbol{A}+7\boldsymbol{E}_3)$的行列式.

3. 设 α_1,α_2 是 $\boldsymbol{A}$ 的属于不同的特征值的特征向量,证明：$\alpha_1+\alpha_2$ 不是特

征向量.

4. 在实数域 **R** 上，下面的矩阵 $\boldsymbol{A}$ 是否可对角化？如果 $\boldsymbol{A}$ 可对角化，则求可逆矩阵 $\boldsymbol{C}$，使 $\boldsymbol{C}^{-1}\boldsymbol{A}\boldsymbol{C}$ 是对角矩阵.

1) $\begin{bmatrix} 0 & 0 & 1 \\ 0 & 1 & 0 \\ 1 & 0 & 0 \end{bmatrix}$，　2) $\begin{bmatrix} 1 & 0 & 1 \\ 3 & 2 & -1 \\ 1 & 0 & 1 \end{bmatrix}$，　3) $\begin{bmatrix} 1 & 3 & 0 \\ 3 & -2 & -1 \\ 0 & -1 & 1 \end{bmatrix}$.

第 8 章　欧几里得空间

§1　定义及性质

在空间解析几何中，向量的内积定义为

$$\boldsymbol{\alpha}\cdot\boldsymbol{\beta}=|\boldsymbol{\alpha}|\,|\boldsymbol{\beta}|\cos\theta,$$

其中，$|\boldsymbol{\alpha}|$，$|\boldsymbol{\beta}|$分别表示$\boldsymbol{\alpha}$，$\boldsymbol{\beta}$的长度，θ表示$\boldsymbol{\alpha}$与$\boldsymbol{\beta}$的夹角.

这样定义的内积具有性质：

(1) $\boldsymbol{\alpha}\cdot\boldsymbol{\beta}=\boldsymbol{\beta}\cdot\boldsymbol{\alpha}$；

(2) $k\boldsymbol{\alpha}\cdot\boldsymbol{\beta}=k(\boldsymbol{\alpha}\cdot\boldsymbol{\beta})$；

(3) $(\boldsymbol{\alpha}+\boldsymbol{\beta})\cdot\boldsymbol{\gamma}=\boldsymbol{\alpha}\cdot\boldsymbol{\gamma}+\boldsymbol{\beta}\cdot\boldsymbol{\gamma}$；

(4) $\boldsymbol{\alpha}\cdot\boldsymbol{\alpha}\geqslant 0$ 且 $\boldsymbol{\alpha}\cdot\boldsymbol{\alpha}=0$ 当且仅当 $\boldsymbol{\alpha}=\boldsymbol{o}$，

其中$\boldsymbol{\alpha}$，$\boldsymbol{\beta}$，$\boldsymbol{\gamma}$为空间中的任意向量，k为任意实数. 反过来，向量的长度和夹角可以用内积来表示：

$$|\boldsymbol{\alpha}|=\sqrt{\boldsymbol{\alpha}\cdot\boldsymbol{\alpha}},\quad \theta=\arccos\frac{\boldsymbol{\alpha}\cdot\boldsymbol{\beta}}{|\boldsymbol{\alpha}|\,|\boldsymbol{\beta}|}.$$

对于实数域上的一般的n维向量空间，我们用上述性质作为公理来定义内积.

定义 8.1　设V是实数域$\mathbf{R}$上的一个向量空间，V上的一个二元实函数，记为$(\boldsymbol{\alpha},\boldsymbol{\beta})$，称为是$V$上的一个**内积**，如果它具有下列性质：

(1) $(\boldsymbol{\alpha},\boldsymbol{\beta})=(\boldsymbol{\beta},\boldsymbol{\alpha})$；

(2) $(k\boldsymbol{\alpha},\boldsymbol{\beta})=k(\boldsymbol{\alpha},\boldsymbol{\beta})$；

(3) $(\boldsymbol{\alpha}+\boldsymbol{\beta},\boldsymbol{\gamma})=(\boldsymbol{\alpha},\boldsymbol{\gamma})+(\boldsymbol{\beta},\boldsymbol{\gamma})$；

(4) $(\boldsymbol{\alpha},\boldsymbol{\alpha})\geqslant 0$ 且$(\boldsymbol{\alpha},\boldsymbol{\alpha})=0$ 当且仅当 $\boldsymbol{\alpha}=\boldsymbol{o}$，

其中$\boldsymbol{\alpha}$，$\boldsymbol{\beta}$，$\boldsymbol{\gamma}$是V中任意向量，k为任意实数.

如果 V 带有内积，则称 V 是**欧几里得空间**.

例 1 在向量空间 $\mathbf{R}^n$ 中，对任意 $\boldsymbol{\alpha}=(a_1,a_2,\cdots,a_n)$，$\boldsymbol{\beta}=(b_1,b_2,\cdots,b_n)$，令

$$(\boldsymbol{\alpha},\boldsymbol{\beta})=a_1b_1+a_2b_2+\cdots+a_nb_n.$$

易见定义 8.1 中的公理都满足，所以 $(\boldsymbol{\alpha},\boldsymbol{\beta})$ 是 $\mathbf{R}^n$ 上的一个内积，$\mathbf{R}^n$ 关于这样定义的内积构成一个欧几里得空间，仍记为 $\mathbf{R}^n$.

例 2 在向量空间 $\mathbf{R}^n$ 中，对任意 $\boldsymbol{\alpha}=(a_1,a_2,\cdots,a_n)$，$\boldsymbol{\beta}=(b_1,b_2,\cdots,b_n)$，令

$$(\boldsymbol{\alpha},\boldsymbol{\beta})=a_1b_1+2a_2b_2+\cdots+na_nb_n.$$

易见，定义 8.1 中的公理仍满足，所以 $(\boldsymbol{\alpha},\boldsymbol{\beta})$ 也是 $\mathbf{R}^n$ 上的一个内积，$\mathbf{R}^n$ 关于这样定义的内积也构成一个欧几里得空间.

例 1 和例 2 中的内积都是向量空间 $\mathbf{R}^n$ 上的内积，且是不同的内积，由此可见，在同一个向量空间上，可以定义不同的内积，同一向量空间关于不同的内积构成不同的欧几里得空间.

例 3 设 $C[a,b]$ 是闭区间 $[a,b]$ 上的所有连续函数构成的 $\mathbf{R}$ 上的向量空间，对任意 $f(x),g(x)\in C[a,b]$，令

$$(f(x),g(x))=\int_a^b f(x)g(x)\mathrm{d}x.$$

易见，定义中的公理都满足，所以 $(f(x),g(x))$ 是 $C[a,b]$ 上的一个内积，$C[a,b]$ 关于这个内积构成一个欧几里得空间.

从内积的定义容易看出内积还具有下列性质：

(i) $(\boldsymbol{\alpha},k\boldsymbol{\beta})=k(\boldsymbol{\alpha},\boldsymbol{\beta})$.

(ii) $(\boldsymbol{\alpha},\boldsymbol{\beta}+\boldsymbol{\gamma})=(\boldsymbol{\alpha},\boldsymbol{\beta})+(\boldsymbol{\alpha},\boldsymbol{\gamma})$.

于是，对任意 $\boldsymbol{\alpha}_1,\boldsymbol{\alpha}_2,\cdots,\boldsymbol{\alpha}_r,\boldsymbol{\beta}_1,\boldsymbol{\beta}_2,\cdots,\boldsymbol{\beta}_r\in V$，$k_1,k_2,\cdots,k_r,l_1,l_2,\cdots,l_r\in\mathbf{R}$，有

$$\left(\sum_{i=1}^{r}k_i\boldsymbol{\alpha}_i,\sum_{j=1}^{s}l_j\boldsymbol{\beta}_j\right)=\sum_{i=1}^{r}\sum_{j=1}^{s}k_il_j(\boldsymbol{\alpha}_i,\boldsymbol{\beta}_j).$$

(iii) $(\boldsymbol{\alpha},\boldsymbol{o})=(\boldsymbol{o},\boldsymbol{\alpha})=0$.

(iv) 设 $\boldsymbol{\beta}\in V$，若对任意 $\boldsymbol{\alpha}\in V$ 都有 $(\boldsymbol{\beta},\boldsymbol{\alpha})=0$，则 $\boldsymbol{\beta}=\boldsymbol{o}$.

这是因为，必有$(\boldsymbol{\beta},\boldsymbol{\beta})=0$，从而 $\boldsymbol{\beta}=\boldsymbol{o}$.

有了内积，我们可以在欧几里得空间中引进长度和夹角的概念.

定义 8.2 设 V 是一个欧几里得空间，$\boldsymbol{\alpha}$ 是 V 中的任意向量，非负实数 $\sqrt{(\boldsymbol{\alpha},\boldsymbol{\alpha})}$ 称为是向量 $\boldsymbol{\alpha}$ 的**长度**，记为$|\boldsymbol{\alpha}|$，长度为 1 的向量称为是**单位向量**.

由内积的性质即得，对任意 $\boldsymbol{\alpha}\in V$，$|\boldsymbol{\alpha}|=0$ 当且仅当 $\boldsymbol{\alpha}=\boldsymbol{o}$；对任意 $\boldsymbol{\alpha}\in V$，$k\in\mathbf{R}$，我们有

$$|k\boldsymbol{\alpha}|=\sqrt{(k\boldsymbol{\alpha},k\boldsymbol{\alpha})}=\sqrt{k^2(\boldsymbol{\alpha},\boldsymbol{\alpha})}=|k|\sqrt{(\boldsymbol{\alpha},\boldsymbol{\alpha})}=|k|\,|\boldsymbol{\alpha}|.$$

于是，如果 $\boldsymbol{\alpha}\neq\boldsymbol{o}$，则 $\dfrac{1}{|\boldsymbol{\alpha}|}\boldsymbol{\alpha}$ 是一个单位向量，称之为向量 $\boldsymbol{\alpha}$ 的**单位化**.

为了引进夹角的概念，我们需要下列定理.

定理 8.1 设 V 是一个欧几里得空间，则对任意 $\boldsymbol{\alpha},\boldsymbol{\beta}\in V$ 都有

$$|(\boldsymbol{\alpha},\boldsymbol{\beta})|\leqslant|\boldsymbol{\alpha}|\,|\boldsymbol{\beta}|,$$

且当且仅当 $\boldsymbol{\alpha},\boldsymbol{\beta}$ 线性相关时，等号才成立.

证明 我们需要证明两点：

(1) 若 $\boldsymbol{\alpha},\boldsymbol{\beta}$ 线性相关，则$|(\boldsymbol{\alpha},\boldsymbol{\beta})|=|\boldsymbol{\alpha}|\,|\boldsymbol{\beta}|$；

(2) 若 $\boldsymbol{\alpha},\boldsymbol{\beta}$ 线性无关，则$|(\boldsymbol{\alpha},\boldsymbol{\beta})|<|\boldsymbol{\alpha}|\,|\boldsymbol{\beta}|$.

假设 $\boldsymbol{\alpha},\boldsymbol{\beta}$ 线性相关，则，或者 $\boldsymbol{\beta}=\boldsymbol{o}$，或者存在 $k\in\mathbf{R}$ 使 $\boldsymbol{\alpha}=k\boldsymbol{\beta}$. 若 $\boldsymbol{\beta}=\boldsymbol{o}$，则显然$|(\boldsymbol{\alpha},\boldsymbol{\beta})|=|\boldsymbol{\alpha}|\,|\boldsymbol{\beta}|$；若 $\boldsymbol{\alpha}=k\boldsymbol{\beta}$，则

$$|(\boldsymbol{\alpha},\boldsymbol{\beta})|=|(k\boldsymbol{\beta},\boldsymbol{\beta})|=|k(\boldsymbol{\beta},\boldsymbol{\beta})|=|k|(\boldsymbol{\beta},\boldsymbol{\beta});$$

$$|\boldsymbol{\alpha}|\,|\boldsymbol{\beta}|=|k\boldsymbol{\beta}|\,|\boldsymbol{\beta}|=|k|\,|\boldsymbol{\beta}|\,|\boldsymbol{\beta}|=|k|(\boldsymbol{\beta},\boldsymbol{\beta}).$$

所以$|(\boldsymbol{\alpha},\boldsymbol{\beta})|=|\boldsymbol{\alpha}|\,|\boldsymbol{\beta}|$.

如果 $\boldsymbol{\alpha},\boldsymbol{\beta}$ 线性无关，则对任意实数 t 都有 $\boldsymbol{\alpha}+t\boldsymbol{\beta}\neq\boldsymbol{o}$. 于是$(\boldsymbol{\alpha}+t\boldsymbol{\beta},\boldsymbol{\alpha}+t\boldsymbol{\beta})>0$，即对任意实数 t 都有

$$(\boldsymbol{\beta},\boldsymbol{\beta})t^2+2(\boldsymbol{\alpha},\boldsymbol{\beta})t+(\boldsymbol{\alpha},\boldsymbol{\alpha})>0.$$

因而一元二次方程$(\boldsymbol{\beta},\boldsymbol{\beta})x^2+2(\boldsymbol{\alpha},\boldsymbol{\beta})x+(\boldsymbol{\alpha},\boldsymbol{\alpha})=0$ 的判别式必小

于零，即

$$(\boldsymbol{\alpha},\boldsymbol{\beta})^2-(\boldsymbol{\alpha},\boldsymbol{\alpha})(\boldsymbol{\beta},\boldsymbol{\beta})<0.$$

所以 $|(\boldsymbol{\alpha},\boldsymbol{\beta})|<\sqrt{(\boldsymbol{\alpha},\boldsymbol{\alpha})}\sqrt{(\boldsymbol{\beta},\boldsymbol{\beta})}=|\boldsymbol{\alpha}||\boldsymbol{\beta}|$，定理得证. □

推论 8.1 对任意实数 $a_1,a_2,\cdots,a_n,b_1,b_2,\cdots,b_n$，都有

$$|a_1b_1+a_2b_2+\cdots+a_nb_n|\leqslant\sqrt{a_1^2+a_2^2+\cdots+a_n^2}\sqrt{b_1^2+b_2^2+\cdots+b_n^2}.$$

证明 在欧几里得空间 $\mathbf{R}^n$ 中，令 $\boldsymbol{\alpha}=(a_1,a_2,\cdots,a_n)$，$\boldsymbol{\beta}=(b_1,b_2,\cdots,b_n)$，则由定理 8.1 得

$$|(\boldsymbol{\alpha},\boldsymbol{\beta})|\leqslant|\boldsymbol{\alpha}||\boldsymbol{\beta}|.$$

而

$$(\boldsymbol{\alpha},\boldsymbol{\beta})=a_1b_1+a_2b_2+\cdots+a_nb_n,$$

$$|\boldsymbol{\alpha}|=\sqrt{a_1^2+a_2^2+\cdots+a_n^2},$$

$$|\boldsymbol{\beta}|=\sqrt{b_1^2+b_2^2+\cdots+b_n^2}.$$

所以上述不等式成立. □

推论 8.2 如果 $f(x),g(x)$ 都是闭区间 $[a,b]$ 上的连续函数，则有

$$\left|\int_a^b f(x)g(x)\mathrm{d}x\right|\leqslant\sqrt{\int_a^b f^2(x)\mathrm{d}x}\sqrt{\int_a^b g^2(x)\mathrm{d}x}.$$

证明 在欧几里得空间 $C[a,b]$ 中，令 $\boldsymbol{\alpha}=f(x)$，$\boldsymbol{\beta}=g(x)$. 根据定理 8.1，$|(\boldsymbol{\alpha},\boldsymbol{\beta})|\leqslant|\boldsymbol{\alpha}||\boldsymbol{\beta}|$. 而

$$(\boldsymbol{\alpha},\boldsymbol{\beta})=\int_a^b f(x)g(x)\mathrm{d}x,$$

$$|\boldsymbol{\alpha}|=\sqrt{\int_a^b f^2(x)\mathrm{d}x},\quad |\boldsymbol{\beta}|=\sqrt{\int_a^b g^2(x)\mathrm{d}x}.$$

代入即得上述不等式. □

定义 8.3 设 V 是一个欧几里得空间，$\boldsymbol{\alpha},\boldsymbol{\beta}$ 是 V 中的任意两个向量，$\boldsymbol{\alpha}$ 与 $\boldsymbol{\beta}$ 的**夹角** $\langle\boldsymbol{\alpha},\boldsymbol{\beta}\rangle$ 定义为

$$\langle\boldsymbol{\alpha},\boldsymbol{\beta}\rangle=\arccos\frac{(\boldsymbol{\alpha},\boldsymbol{\beta})}{|\boldsymbol{\alpha}||\boldsymbol{\beta}|},\quad 0\leqslant\langle\boldsymbol{\alpha},\boldsymbol{\beta}\rangle\leqslant\pi.$$

上述定义是有意义的，因为由定理 8.1，$\left|\dfrac{(\alpha,\beta)}{|\alpha||\beta|}\right|\leqslant 1$.

假设 V 是 n 维欧几里得空间，取 V 的一组基为 $\{\alpha_1,\alpha_2,\cdots,\alpha_n\}$，对任意 $\alpha,\beta\in V$，

令

$$\alpha=x_1\alpha_1+x_2\alpha_2+\cdots+x_n\alpha_n,$$
$$\beta=y_1\alpha_1+y_2\alpha_2+\cdots+y_n\alpha_n.$$

则

$$(\alpha,\beta)=\left(\sum_{i=1}^{n}x_i\alpha_i,\sum_{j=1}^{n}y_j\alpha_j\right)=\sum_{i=1}^{n}\sum_{j=1}^{n}(\alpha_i,\alpha_j)x_iy_j.$$

若令 $\alpha_{ij}=(\alpha_i,\alpha_j)$, $i,j=1,2,\cdots,n$, $\boldsymbol{A}=(a_{ij})_{n\times n}$,

$$\boldsymbol{X}=\begin{bmatrix}x_1\\x_2\\\vdots\\x_n\end{bmatrix},\quad \boldsymbol{Y}=\begin{bmatrix}y_1\\y_2\\\vdots\\y_n\end{bmatrix}.$$

则有 $(\alpha,\beta)=\boldsymbol{X}^T\boldsymbol{A}\boldsymbol{Y}$. 所以 V 的内积完全由矩阵 $\boldsymbol{A}$ 所决定，我们把 $\boldsymbol{A}$ 称为是基 $\{\alpha_1,\alpha_2,\cdots,\alpha_n\}$ 的**度量矩阵**.

习题 8.1

1. 设 V 是 $\mathbf{R}$ 上的所有 n 阶方阵构成的 $\mathbf{R}$ 上的 n^2 维向量空间，对任意 $\boldsymbol{A},\boldsymbol{B}\in V$，令 $\boldsymbol{A}=(a_{ij})$，$\boldsymbol{B}=(b_{ij})$，定义

$$(\boldsymbol{A},\boldsymbol{B})=\sum_{i,j=1}^{n}a_{ij}b_{ij}.$$

证明：$(\boldsymbol{A},\boldsymbol{B})$ 是 V 上的一个内积，V 关于这个内积构成一个欧几里得空间.

2. 在欧几里得空间 $\mathbf{R}^4$ 中，求 α 与 β 的夹角：

1) $\alpha=(1,2,-1,1)$，$\beta=(3,1,4,-1)$；

2) $\alpha=(3,1,5,1)$，$\beta=(1,2,2,3)$.

§2 正交基与正交子空间

在解析几何中，为讨论方便，我们往往取直角坐标系，即在正交基下讨论问题，在一般的欧几里得空间中，正交基也起着重要的作用.

设 V 是一个欧几里得空间，$\boldsymbol{\alpha},\boldsymbol{\beta}$ 是 V 中的两个向量，如果 $(\boldsymbol{\alpha},\boldsymbol{\beta})=0$，则称 $\boldsymbol{\alpha}$ 与 $\boldsymbol{\beta}$ **正交**或**互相垂直**，记为 $\boldsymbol{\alpha}\perp\boldsymbol{\beta}$.

由内积的性质知，零向量与任意向量正交，只有零向量才与自身正交. 如果 $\boldsymbol{\alpha}\neq\boldsymbol{o},\boldsymbol{\beta}\neq\boldsymbol{o}$，则 $\boldsymbol{\alpha}\perp\boldsymbol{\beta}$ 当且仅当 $\langle\boldsymbol{\alpha},\boldsymbol{\beta}\rangle=\dfrac{\pi}{2}$.

设 $\{\boldsymbol{\alpha}_1,\boldsymbol{\alpha}_2,\cdots,\boldsymbol{\alpha}_r\}$ 是 V 中的一个非零向量组，如果 $\{\boldsymbol{\alpha}_1,\boldsymbol{\alpha}_2,\cdots,\boldsymbol{\alpha}_r\}$ 两两正交，我们称 $\{\boldsymbol{\alpha}_1,\boldsymbol{\alpha}_2,\cdots,\boldsymbol{\alpha}_r\}$ 是一个**正交向量组**.

任意一个非零向量也是一个正交向量组，正交向量组是线性无关向量组，事实上，如果 $\{\boldsymbol{\alpha}_1,\boldsymbol{\alpha}_2,\cdots,\boldsymbol{\alpha}_r\}$ 是一个正交向量组且有实数 $k_1,k_2,\cdots,k_r$ 使

$$k_1\boldsymbol{\alpha}_1+k_2\boldsymbol{\alpha}_2+\cdots+k_r\boldsymbol{\alpha}_r=0,$$

则对 $i=1,2,\cdots,r$，由于 $(\boldsymbol{\alpha}_i,k_1\boldsymbol{\alpha}_1+k_2\boldsymbol{\alpha}_2-\cdots+k_r\boldsymbol{\alpha}_r)=0$，而 $\{\boldsymbol{\alpha}_1,\boldsymbol{\alpha}_2,\cdots,\boldsymbol{\alpha}_r\}$ 是正交向量组，所以

$$k_i(\boldsymbol{\alpha}_i,\boldsymbol{\alpha}_i)=0,$$

但 $\boldsymbol{\alpha}_i\neq\boldsymbol{o}$，从而 $(\boldsymbol{\alpha}_i,\boldsymbol{\alpha}_i)>0$，于是 $k_i=0$，因而 $\{\boldsymbol{\alpha}_1,\boldsymbol{\alpha}_2,\cdots,\boldsymbol{\alpha}_r\}$ 线性无关.

于是，如果 V 是 n 维欧几里得空间，$\{\boldsymbol{\alpha}_1,\boldsymbol{\alpha}_2,\cdots,\boldsymbol{\alpha}_n\}$ 是 V 中的一个正交向量组，那么 $\{\boldsymbol{\alpha}_1,\boldsymbol{\alpha}_2,\cdots,\boldsymbol{\alpha}_n\}$ 构成 V 的一组基.

定义 8.4 设 V 是 n 维欧几里得空间，如果 $\{\boldsymbol{\alpha}_1,\boldsymbol{\alpha}_2,\cdots,\boldsymbol{\alpha}_n\}$ 是 V 中的一个正交向量组，则称 $\{\boldsymbol{\alpha}_1,\boldsymbol{\alpha}_2,\cdots,\boldsymbol{\alpha}_n\}$ 是 V 的一组**正交基**，进一步地，如果 $\boldsymbol{\alpha}_1,\boldsymbol{\alpha}_2,\cdots,\boldsymbol{\alpha}_n$ 都是单位向量，则称 $\{\boldsymbol{\alpha}_1,\boldsymbol{\alpha}_2,\cdots,\boldsymbol{\alpha}_n\}$ 是 V 的一组**标准正交基**.

对正交基进行单位化即得标准正交基，$\{\boldsymbol{\varepsilon}_1,\boldsymbol{\varepsilon}_2,\cdots,\boldsymbol{\varepsilon}_n\}$ 构成 V

的一组标准正交基等价于

$$(\boldsymbol{\varepsilon}_i,\boldsymbol{\varepsilon}_j)=\begin{cases}1, & i=j,\\ 0, & i\neq j,\end{cases}\quad i,j=1,2,\cdots,n.$$

即，$\{\boldsymbol{\varepsilon}_1,\boldsymbol{\varepsilon}_2,\cdots,\boldsymbol{\varepsilon}_n\}$是 V 的一组度量矩阵为单位矩阵的基.

在标准正交基下，向量的坐标及内积可以简单地表示出来. 设$\{\boldsymbol{\varepsilon}_1,\boldsymbol{\varepsilon}_2,\cdots,\boldsymbol{\varepsilon}_n\}$是 V 的一组标准正交基. 对 V 中任意向量 $\boldsymbol{\alpha}$，设 $\boldsymbol{\alpha}=x_1\boldsymbol{\varepsilon}_1+x_2\boldsymbol{\varepsilon}_2+\cdots+x_n\boldsymbol{\varepsilon}_n$，用 $\boldsymbol{\varepsilon}_i$ 与等式两边作内积得

$$(\boldsymbol{\varepsilon}_i,\boldsymbol{\alpha})=x_i,\quad i=1,2,\cdots,n.$$

所以 $\boldsymbol{\alpha}$ 在基$\{\boldsymbol{\varepsilon}_1,\boldsymbol{\varepsilon}_2,\cdots,\boldsymbol{\varepsilon}_n\}$下的坐标为$((\boldsymbol{\varepsilon}_1,\boldsymbol{\alpha}),(\boldsymbol{\varepsilon}_2,\boldsymbol{\alpha}),\cdots,(\boldsymbol{\varepsilon}_n,\boldsymbol{\alpha}))$. 另一方面，若 $\boldsymbol{\beta}$ 也是 V 中的一个向量，设 $\boldsymbol{\beta}=y_1\boldsymbol{\varepsilon}_1+y_2\boldsymbol{\varepsilon}_2+\cdots+y_n\boldsymbol{\varepsilon}_n$，则

$$(\boldsymbol{\alpha},\boldsymbol{\beta})=x_1y_1+x_2y_2+\cdots+x_ny_n.$$

下列定理在理论上是有意义的，它表明从欧几里得空间的任意一个非零向量出发，逐步扩充可以得到一组正交基.

定理 8.2 设 V 是一个 n 维欧几里得空间，则 V 中任意一个正交向量组都可以扩充成为 V 的一组正交基.

证明 设$\{\boldsymbol{\alpha}_1,\boldsymbol{\alpha}_2,\cdots,\boldsymbol{\alpha}_m\}$是 V 的一个正交向量组，如果 $m=n$，则$\{\boldsymbol{\alpha}_1,\boldsymbol{\alpha}_2,\cdots,\boldsymbol{\alpha}_m\}$就是 V 的一组正交基，下面假设 $m<n$.

由于 $L(\boldsymbol{\alpha}_1,\boldsymbol{\alpha}_2,\cdots,\boldsymbol{\alpha}_m)\neq V$，所以存在 $\boldsymbol{\beta}\in V$ 但 $\boldsymbol{\beta}\notin L(\boldsymbol{\alpha}_1,\boldsymbol{\alpha}_2,\cdots,\boldsymbol{\alpha}_m)$，令

$$\boldsymbol{\alpha}_{m+1}=\boldsymbol{\beta}-\frac{(\boldsymbol{\beta},\boldsymbol{\alpha}_1)}{(\boldsymbol{\alpha}_1,\boldsymbol{\alpha}_1)}\boldsymbol{\alpha}_1-\frac{(\boldsymbol{\beta},\boldsymbol{\alpha}_2)}{(\boldsymbol{\alpha}_2,\boldsymbol{\alpha}_2)}\boldsymbol{\alpha}_2-\cdots-\frac{(\boldsymbol{\beta},\boldsymbol{\alpha}_m)}{(\boldsymbol{\alpha}_m,\boldsymbol{\alpha}_m)}\boldsymbol{\alpha}_m.$$

则必有 $\boldsymbol{\alpha}_{m+1}\neq\boldsymbol{o}$，又由于对 $i=1,2,\cdots,n$，都有

$$(\boldsymbol{\alpha}_{m+1},\boldsymbol{\alpha}_i)=(\boldsymbol{\beta},\boldsymbol{\alpha}_i)-(\boldsymbol{\beta},\boldsymbol{\alpha}_i)=0.$$

所以$\{\boldsymbol{\alpha}_1,\boldsymbol{\alpha}_2,\cdots,\boldsymbol{\alpha}_m,\boldsymbol{\alpha}_{m+1}\}$是 V 的一个正交向量组.

如果 $m+1=n$，则$\{\boldsymbol{\alpha}_1,\boldsymbol{\alpha}_2,\cdots,\boldsymbol{\alpha}_m,\boldsymbol{\alpha}_{m+1}\}$是 V 的一组正交基，如果 $m+1<n$，则继续上面的过程，有限步后，得 $\boldsymbol{\alpha}_{m+1},\cdots,\boldsymbol{\alpha}_n\in V$ 使$\{\boldsymbol{\alpha}_1,\boldsymbol{\alpha}_2,\cdots,\boldsymbol{\alpha}_m,\boldsymbol{\alpha}_{m+1},\cdots,\boldsymbol{\alpha}_n\}$是 V 的一个正交向量组，于是它是 V 的一组正交基. □

定理 8.3 设 V 是一个 n 维欧几里得空间，$\{\alpha_1,\alpha_2,\cdots,\alpha_n\}$是 V 的一组基，则存在 V 的一组正交基$\{\beta_1,\beta_2,\cdots,\beta_n\}$使

$$L\{\beta_1,\beta_2,\cdots,\beta_i\}=L\{\alpha_1,\alpha_2,\cdots,\alpha_i\},\quad i=1,2,\cdots,n.$$

证明 我们逐个地找出满足条件

$$L\{\beta_1,\beta_2,\cdots,\beta_i\}=L\{\alpha_1,\alpha_2,\cdots,\alpha_i\},\quad i=1,2,\cdots,n$$

的 $\beta_1,\beta_2,\cdots,\beta_n$.

令 $\beta_1=\alpha_1$，则显然 $L(\beta_1)=L(\alpha_1)$.

假设已找到 $\beta_1,\beta_2,\cdots,\beta_m$ 使得$\{\beta_1,\beta_2,\cdots,\beta_m\}$是一个正交向量组且

$$L\{\beta_1,\beta_2,\cdots,\beta_i\}=L\{\alpha_1,\alpha_2,\cdots,\alpha_i\},\quad i=1,2,\cdots,m.$$

令

$$\beta_{m+1}=\alpha_{m+1}-\frac{(\alpha_{m+1},\beta_1)}{(\beta_1,\beta_1)}\beta_1-\frac{(\alpha_{m+1},\beta_2)}{(\beta_2,\beta_2)}\beta_2-\cdots-\frac{(\alpha_{m+1},\beta_m)}{(\beta_m,\beta_m)}\beta_m.$$

由于 $\alpha_{m+1}\notin L(\beta_1,\beta_2,\cdots,\beta_m)$，所以 $\beta_{m+1}\neq 0$. 直接验证知 β_{m+1}与 β_1，$\beta_2,\cdots,\beta_m$ 都正交，因而$\{\beta_1,\beta_2,\cdots,\beta_{m+1}\}$是 V 的一个正交向量组. 易见

$$L(\beta_1,\beta_2,\cdots,\beta_{m+1})=L(\alpha_1,\alpha_2,\cdots,\alpha_{m+1}).$$

如果 $m+1=n$，则$\{\beta_1,\beta_2,\cdots,\beta_{m+1}\}$就是符合条件的正交基. 如果 $m+1<n$，则继续上面的过程，进行 n 次后即得符合条件的正交基. □

定理 8.3 中的正交基$\{\beta_1,\beta_2,\cdots,\beta_n\}$称为是基$\{\alpha_1,\alpha_2,\cdots,\alpha_n\}$的**正交化**. 定理 8.3 的证明中给出了基$\{\alpha_1,\alpha_2,\cdots,\alpha_n\}$的正交化的具体计算过程，通常称之为 Schmidt **正交化过程**. 若再对正交基$\{\beta_1,\beta_2,\cdots,\beta_n\}$进行单位化，即得 V 的一组标准正交基$\{\varepsilon_1,\varepsilon_2,\cdots,\varepsilon_n\}$使得

$$L(\varepsilon_1,\varepsilon_2,\cdots,\varepsilon_i)=L(\alpha_1,\alpha_2,\cdots,\alpha_i),\quad i=1,2,\cdots,n.$$

由此可见，由基$\{\alpha_1,\alpha_2,\cdots,\alpha_n\}$到基$\{\beta_1,\beta_2,\cdots,\beta_n\}$的过渡矩阵为上三角形矩阵.

例 4 对 $\mathbf{R}^4$ 的基 $\alpha_1=(2,0,1,0)$，$\alpha_2=(-1,1,0,0)$，$\alpha_3=(2,1,0,-1)$，$\alpha_4=(0,1,0,1)$施行 Schmidt 正交化得出 $\mathbf{R}^4$ 的一组标

准正交基.

解 先对 $\boldsymbol{\alpha}_1,\boldsymbol{\alpha}_2,\boldsymbol{\alpha}_3,\boldsymbol{\alpha}_4$ 进行正交化得

$$\boldsymbol{\beta}_1=\boldsymbol{\alpha}_1=(2,0,1,0),$$

$$\boldsymbol{\beta}_2=\boldsymbol{\alpha}_2-\frac{(\boldsymbol{\alpha}_2,\boldsymbol{\beta}_1)}{(\boldsymbol{\beta}_1,\boldsymbol{\beta}_1)}\boldsymbol{\beta}_1=\left(-\frac{1}{5},1,\frac{2}{5},0\right),$$

$$\boldsymbol{\beta}_3=\boldsymbol{\alpha}_3-\frac{(\boldsymbol{\alpha}_3,\boldsymbol{\beta}_1)}{(\boldsymbol{\beta}_1,\boldsymbol{\beta}_1)}\boldsymbol{\beta}_1-\frac{(\boldsymbol{\alpha}_3,\boldsymbol{\beta}_2)}{(\boldsymbol{\beta}_2,\boldsymbol{\beta}_2)}\boldsymbol{\beta}_2$$

$$=\left(\frac{1}{2},\frac{1}{2},-1,-1\right),$$

$$\boldsymbol{\beta}_4=\boldsymbol{\alpha}_4-\frac{(\boldsymbol{\alpha}_4,\boldsymbol{\beta}_1)}{(\boldsymbol{\beta}_1,\boldsymbol{\beta}_1)}\boldsymbol{\beta}_1-\frac{(\boldsymbol{\alpha}_4,\boldsymbol{\beta}_2)}{(\boldsymbol{\beta}_2,\boldsymbol{\beta}_2)}\boldsymbol{\beta}_2-\frac{(\boldsymbol{\alpha}_4,\boldsymbol{\beta}_3)}{(\boldsymbol{\beta}_3,\boldsymbol{\beta}_3)}\boldsymbol{\beta}_3$$

$$=\left(\frac{4}{15},\frac{4}{15},-\frac{8}{15},\frac{4}{5}\right).$$

再对 $\boldsymbol{\beta}_1,\boldsymbol{\beta}_2,\boldsymbol{\beta}_3,\boldsymbol{\beta}_4$ 进行单位化得 $\mathbf{R}^4$ 的一组标准正交基为

$$\boldsymbol{\varepsilon}_1=\frac{1}{|\boldsymbol{\beta}_1|}\boldsymbol{\beta}_1=\left(\frac{2\sqrt{5}}{5},0,\frac{\sqrt{5}}{5},0\right),$$

$$\boldsymbol{\varepsilon}_2=\frac{1}{|\boldsymbol{\beta}_2|}\boldsymbol{\beta}_2=\left(-\frac{\sqrt{30}}{30},\frac{\sqrt{30}}{6},\frac{\sqrt{30}}{15},0\right),$$

$$\boldsymbol{\varepsilon}_3=\frac{1}{|\boldsymbol{\beta}_3|}\boldsymbol{\beta}_3=\left(\frac{\sqrt{10}}{10},\frac{\sqrt{10}}{10},-\frac{\sqrt{10}}{5},-\frac{\sqrt{10}}{5}\right),$$

$$\boldsymbol{\varepsilon}_4=\frac{1}{|\boldsymbol{\beta}_4|}\boldsymbol{\beta}_4=\left(\frac{\sqrt{15}}{15},\frac{\sqrt{15}}{15},-\frac{2\sqrt{15}}{15},\frac{\sqrt{15}}{5}\right).$$

设 V 是一个欧几里得空间,W 是 V 作为向量空间的一个子空间,则 V 上的内积限制在 W 上得到了 W 上的一个内积. 于是 W 也是一个欧几里得空间. 设 V_1,V_2 是 V 的子空间,如果,对任意 $\boldsymbol{\alpha}\in V$,存在 $\boldsymbol{\alpha}_1\in V_1,\boldsymbol{\alpha}_2\in V_2$ 使 $\boldsymbol{\alpha}=\boldsymbol{\alpha}_1+\boldsymbol{\alpha}_2$,则称 V 是 V_1 与 V_2 的和,记为 $V=V_1+V_2$. 下面我们讨论欧几里得空间的子空间的一些进一步的性质.

定义 8.5 设 V 是欧几里得空间,V_1 和 V_2 是 V 的子空间. 如果对任意 $\boldsymbol{\alpha}\in V_1,\boldsymbol{\beta}\in V_2$,都有$(\boldsymbol{\alpha},\boldsymbol{\beta})=0$,则称 V_1 与 V_2 是**正交的**,

记为 $V_1 \perp V_2$.

若 $(\alpha,\alpha)=0$,则必有 $\boldsymbol{\alpha}=\boldsymbol{o}$. 由此即得,若 $V_1 \perp V_2$,则 $V_1 \cap V_2=\{\boldsymbol{o}\}$.

定义 8.6 设 V_1 和 V_2 是欧几里得空间 V 的子空间,如果 $V_1 \perp V_2$ 且 $V=V_1+V_2$,则称 V_2 是 V_1 的一个**正交补**.

由定义立即看出,若 V_2 是 V_1 的正交补,则 V_1 也是 V_2 的正交补.

下列定理表明子空间的正交补是唯一存在的.

定理 8.4 设 V_1 是欧几里德空间 V 的一个子空间,则 V_1 存在唯一的正交补.

证明 (存在性)若 $V_1=\{\boldsymbol{o}\}$,则 V 就是 V_1 的一个正交补. 下面假设 $V_1 \neq \{\boldsymbol{o}\}$. 在欧几里德空间 V_1 中任取一组正交基 $\{\boldsymbol{\varepsilon}_1,\boldsymbol{\varepsilon}_2,\cdots,\boldsymbol{\varepsilon}_m\}$,则 $\{\boldsymbol{\varepsilon}_1,\boldsymbol{\varepsilon}_2,\cdots,\boldsymbol{\varepsilon}_m\}$ 是 V 的一个正交向量组. 将 $\{\boldsymbol{\varepsilon}_1,\boldsymbol{\varepsilon}_2,\cdots,\boldsymbol{\varepsilon}_m\}$ 扩充成为 V 的一组正交基

$$\{\boldsymbol{\varepsilon}_1,\boldsymbol{\varepsilon}_2,\cdots,\boldsymbol{\varepsilon}_m,\boldsymbol{\varepsilon}_{m+1},\cdots,\boldsymbol{\varepsilon}_n\}.$$

令 $V_2=L(\boldsymbol{\varepsilon}_{m+1},\cdots,\boldsymbol{\varepsilon}_n)$. 由于 $\boldsymbol{\varepsilon}_1,\boldsymbol{\varepsilon}_2,\cdots,\boldsymbol{\varepsilon}_m$ 与 $\boldsymbol{\varepsilon}_{m+1},\cdots,\boldsymbol{\varepsilon}_n$ 都正交,所以 $V_1 \perp V_2$. 又显然 $V=V_1+V_2$. 因而 V_2 是 V_1 的正交补.

(唯一性) 假设 V_2 和 V'_2 都是 V_1 的正交补,则有

$$V_1 \perp V_2,\ V_1 \perp V_2',\ V=V_1+V_2=V_1+V_2'.$$

对任意 $\boldsymbol{\alpha} \in V_2$,则有 $\boldsymbol{\alpha}_1 \in V_1$,$\boldsymbol{\alpha}_2' \in V_2'$ 使 $\boldsymbol{\alpha}=\boldsymbol{\alpha}_1+\boldsymbol{\alpha}_2'$. 用 $\boldsymbol{\alpha}_1$ 与等式两边作内积得 $0=(\boldsymbol{\alpha}_1,\boldsymbol{\alpha}_1)$,故 $\boldsymbol{\alpha}_1=\boldsymbol{o}$,于是 $\boldsymbol{\alpha}=\boldsymbol{\alpha}_2' \in V_2'$. 所以 $V_2 \subseteq V_2'$. 同理得 $V_2' \subseteq V_2$. 因而 $V_2=V_2'$. □

V_1 的唯一的正交补记为 $V_1^{\perp}$. 若 $\boldsymbol{\alpha}$ 与 V_1 的每个向量正交,我们记为 $\boldsymbol{\alpha} \perp V_1$.

推论 8.3 设 V_1 是欧几里得空间 V 的子空间,则

$$V_1^{\perp}=\{\boldsymbol{\alpha} \in V \mid \boldsymbol{\alpha} \perp V_1\}.$$

证明 不妨设 $V_1 \neq \{\boldsymbol{o}\}$. 令 $V_3=\{\boldsymbol{\alpha} \in V \mid \boldsymbol{\alpha} \perp V_1\}$. 由于 $V_1 \perp V_3$,所以只须证明 $V=V_1+V_3$. 在定理 8.4 的存在性证明中可见 $V_2 \subseteq V_3$,而 $V=V_1+V_2$. 所以 $V=V_1+V_3$,得证. □

习题 8.2

1. 在欧几里得空间 V 中，假设 α 与 β 正交，证明：

$$|\alpha+\beta|^2=|\alpha|^2+|\beta|^2.$$

2. 证明：$\alpha_1=(0,1,0),\alpha_2=\left(\frac{\sqrt{2}}{2},0,-\frac{\sqrt{2}}{2}\right),\alpha_3=\left(\frac{\sqrt{2}}{2},0,\frac{\sqrt{2}}{2}\right)$ 是 $\mathbf{R}^3$ 的一组标准正交基.

3. 设 $\varepsilon_1,\varepsilon_2,\varepsilon_3$ 是欧几里得空间 V 的一组标准正交基，令

$$\alpha_1=\frac{2}{3}\varepsilon_1+\frac{2}{3}\varepsilon_2-\frac{1}{3}\varepsilon_3,\ \alpha_2=\frac{2}{3}\varepsilon_1-\frac{1}{3}\varepsilon_2+\frac{2}{3}\varepsilon_3,\ \alpha_3=\frac{1}{3}\varepsilon_1-\frac{2}{3}\varepsilon_2-\frac{2}{3}\varepsilon_3.$$

证明：$\alpha_1,\alpha_2,\alpha_3$ 也是 V 的一组标准正交基.

4. 对 $\mathbf{R}^4$ 的基 $\alpha_1=(1,0,1,0),\alpha_2=(1,1,0,0),\alpha_3=(-1,0,0,1),\alpha_4=(1,-1,-1,1)$ 施行 Schmidt 正交化，得出 $\mathbf{R}^4$ 的一组标准正交基.

§3 正交矩阵与正交变换

正交矩阵是一类在欧几里德空间的理论中经常出现的矩阵.

定义 8.7 设 $\boldsymbol{A}$ 是 n 级实方阵，如果 $\boldsymbol{A}\boldsymbol{A}^{\mathrm{T}}=\boldsymbol{E}$，则称 $\boldsymbol{A}$ 是**正交矩阵**.

根据定义，易见正交矩阵的逆矩阵也是正交矩阵，$\boldsymbol{A}=(a_{ij})$ 为正交矩阵当且仅当 $\boldsymbol{A}$ 可逆且 $\boldsymbol{A}^{-1}=\boldsymbol{A}^{\mathrm{T}}$，这也等价于

$$a_{1i}a_{1j}+a_{2i}a_{2j}+\cdots+a_{ni}a_{nj}=\begin{cases}1, & i=j,\\ 0, & i\neq j;\end{cases}$$

或

$$a_{i1}a_{j1}+a_{i2}a_{j2}+\cdots+a_{in}a_{jn}=\begin{cases}1, & i=j,\\ 0, & i\neq j.\end{cases}$$

定理 8.5 设 V 是 n 维欧几里得空间，$\{\alpha_1,\alpha_2,\cdots,\alpha_n\}$ 和 $\{\beta_1,\beta_2,\cdots,\beta_n\}$ 是 V 的两组基，A 是从基 $\{\alpha_1,\alpha_2,\cdots,\alpha_n\}$ 到基 $\{\beta_1,\beta_2,\cdots,\beta_n\}$ 的过渡矩阵，

(1) 若$\{\boldsymbol{\alpha}_1,\boldsymbol{\alpha}_2,\cdots,\boldsymbol{\alpha}_n\}$和$\{\boldsymbol{\beta}_1,\boldsymbol{\beta}_2,\cdots,\boldsymbol{\beta}_n\}$都是标准正交基,则$\boldsymbol{A}$是正交矩阵;

(2) 若$\{\boldsymbol{\alpha}_1,\boldsymbol{\alpha}_2,\cdots,\boldsymbol{\alpha}_n\}$是标准正交基且$A$是正交矩阵,则$\{\boldsymbol{\beta}_1,\boldsymbol{\beta}_2,\cdots,\boldsymbol{\beta}_n\}$也是标准正交基.

即:如果$\{\boldsymbol{\alpha}_1,\boldsymbol{\alpha}_2,\cdots,\boldsymbol{\alpha}_n\}$是标准正交基,则$\{\boldsymbol{\beta}_1,\boldsymbol{\beta}_2,\cdots,\boldsymbol{\beta}_n\}$也是标准正交基当且仅当$A$是正交矩阵.

证明 令$\boldsymbol{A}=(a_{ij})$,则有

$$\begin{aligned}(\boldsymbol{\beta}_i,\boldsymbol{\beta}_j)&=(a_{1i}\boldsymbol{\alpha}_1+a_{2i}\boldsymbol{\alpha}_2+\cdots+a_{ni}\boldsymbol{\alpha}_n,a_{1j}\boldsymbol{\alpha}_1+a_{2j}\boldsymbol{\alpha}_2+\cdots+a_{nj}\boldsymbol{\alpha}_n)\\&=\sum_{k=1}^{n}\sum_{l=1}^{n}(\boldsymbol{\alpha}_k,\boldsymbol{\alpha}_l)a_{ki}a_{lj}.\end{aligned}$$

(1) 若$\{\boldsymbol{\alpha}_1,\boldsymbol{\alpha}_2,\cdots,\boldsymbol{\alpha}_n\}$和$\{\boldsymbol{\beta}_1,\boldsymbol{\beta}_2,\cdots,\boldsymbol{\beta}_n\}$都是标准正交基,则有

$$(\boldsymbol{\alpha}_k,\boldsymbol{\alpha}_l)=\begin{cases}1, & k=l,\\0, & k\neq j;\end{cases}\qquad(\boldsymbol{\beta}_i,\boldsymbol{\beta}_j)=\begin{cases}1, & i=j,\\0, & i\neq j.\end{cases}$$

代入上式得

$$\sum_{k=1}^{n}a_{ki}a_{kj}=\begin{cases}1, & i=j,\\0, & i\neq j.\end{cases}$$

故$\boldsymbol{A}\boldsymbol{A}^{\mathrm{T}}=\boldsymbol{E}$. 因而$\boldsymbol{A}$是正交矩阵.

(2) 若$\{\boldsymbol{\alpha}_1,\boldsymbol{\alpha}_2,\cdots,\boldsymbol{\alpha}_n\}$是标准正交基且$\boldsymbol{A}$是正交矩阵,则

$$(\beta_i,\beta_j)=\sum_{k=1}^{n}a_{ki}a_{kj}=\begin{cases}1, & i=j,\\0, & i\neq j.\end{cases}$$

所以$\{\boldsymbol{\beta}_1,\boldsymbol{\beta}_2,\cdots,\boldsymbol{\beta}_n\}$是标准正交基. □

欧几里得空间是带有内积的向量空间,讨论欧几里得空间的线性变换自然地要求线性变换保持内积,这样的线性变换就是下面定义的正交变换.

定义 8.8 设V是欧几里得空间,σ是V的线性变换,如果σ保持内积,即,对任意$\boldsymbol{\alpha},\boldsymbol{\beta}\in V$都有

$$(\sigma(\boldsymbol{\alpha}),\sigma(\boldsymbol{\beta}))=(\boldsymbol{\alpha},\boldsymbol{\beta}),$$

则称σ是V的**正交变换**.

正交变换与前面讨论的正交矩阵有密切的联系,这从下列的

关于正交变换的几个等价条件中清楚可见.

定理 8.6 设 V 是欧几里得空间,σ 是 V 的线性变换,则下列条件等价:

(1) σ 是正交变换;

(2) σ 保持长度不变,即,对任意 $\boldsymbol{\alpha}\in V$ 都有 $|\sigma(\boldsymbol{\alpha})|=|\boldsymbol{\alpha}|$;

(3) σ 把标准正交基变成标准正交基,即,若 $\{\boldsymbol{\varepsilon}_1,\boldsymbol{\varepsilon}_2,\cdots,\boldsymbol{\varepsilon}_n\}$ 是 V 的一个标准正交基,则 $\{\sigma(\boldsymbol{\varepsilon}_1),\sigma(\boldsymbol{\varepsilon}_2),\cdots,\sigma(\boldsymbol{\varepsilon}_n)\}$ 也是 V 的一个标准正交基;

(4) σ 在任意标准正交基下的矩阵都是正交矩阵.

证明 (1)$\Rightarrow$(2). 假设 σ 是正交变换,则对任意 $\boldsymbol{\alpha}\in V$ 都有 $(\sigma(\boldsymbol{\alpha}),\sigma(\boldsymbol{\alpha}))=(\boldsymbol{\alpha},\boldsymbol{\alpha})$. 于是

$$|\sigma(\boldsymbol{\alpha})|=\sqrt{(\sigma(\boldsymbol{\alpha}),\sigma(\boldsymbol{\alpha}))}=\sqrt{(\boldsymbol{\alpha},\boldsymbol{\alpha})}=|\boldsymbol{\alpha}|.$$

(2)$\Rightarrow$(1). 假设 σ 保持长度不变,则对任意 $\boldsymbol{\alpha},\boldsymbol{\beta}\in V$,由于

$$(\sigma(\boldsymbol{\alpha}),\sigma(\boldsymbol{\alpha}))=(\boldsymbol{\alpha},\boldsymbol{\alpha}),\quad (\sigma(\boldsymbol{\beta}),\sigma(\boldsymbol{\beta}))=(\boldsymbol{\beta},\boldsymbol{\beta}),$$
$$(\sigma(\boldsymbol{\alpha}+\boldsymbol{\beta}),\sigma(\boldsymbol{\alpha}+\boldsymbol{\beta}))=(\boldsymbol{\alpha}+\boldsymbol{\beta},\boldsymbol{\alpha}+\boldsymbol{\beta}).$$

而

$$\begin{aligned}(\sigma(\boldsymbol{\alpha}+\boldsymbol{\beta}),\sigma(\boldsymbol{\alpha}+\boldsymbol{\beta}))&=(\sigma(\boldsymbol{\alpha})+\sigma(\boldsymbol{\beta}),\sigma(\boldsymbol{\alpha})+\sigma(\boldsymbol{\beta}))\\&=(\sigma(\boldsymbol{\alpha}),\sigma(\boldsymbol{\alpha}))+2(\sigma(\boldsymbol{\alpha}),\sigma(\boldsymbol{\beta}))\\&\quad+(\sigma(\boldsymbol{\beta}),\sigma(\boldsymbol{\beta}))\end{aligned}$$

$$(\boldsymbol{\alpha}+\boldsymbol{\beta},\boldsymbol{\alpha}+\boldsymbol{\beta})=(\boldsymbol{\alpha},\boldsymbol{\alpha})+2(\boldsymbol{\alpha},\boldsymbol{\beta})+(\boldsymbol{\beta},\boldsymbol{\beta}).$$

所以 $(\sigma(\boldsymbol{\alpha}),\sigma(\boldsymbol{\beta}))=(\boldsymbol{\alpha},\boldsymbol{\beta})$.

(1)$\Rightarrow$(3). 假设 $\{\boldsymbol{\varepsilon}_1,\boldsymbol{\varepsilon}_2,\cdots,\boldsymbol{\varepsilon}_n\}$ 是 V 的一个标准正交基,σ 是 V 的正交变换,则

$$(\boldsymbol{\varepsilon}_i,\boldsymbol{\varepsilon}_j)=\begin{cases}1, & i=j,\\ 0, & i\neq j.\end{cases}$$

因而

$$(\sigma(\boldsymbol{\varepsilon}_i),\sigma(\boldsymbol{\varepsilon}_j))=(\boldsymbol{\varepsilon}_i,\boldsymbol{\varepsilon}_j)=\begin{cases}1, & i=j,\\ 0, & i\neq j.\end{cases}$$

所以 $\{\sigma(\boldsymbol{\varepsilon}_1),\sigma(\boldsymbol{\varepsilon}_2),\cdots,\sigma(\boldsymbol{\varepsilon}_n)\}$ 也是 V 的一个标准正交基.

(3)⇒(4). 设$\{\varepsilon_1,\varepsilon_2,\cdots,\varepsilon_n\}$是 V 的一个标准正交基，σ 在这组基下的矩阵为 A. 根据假设，$\{\sigma(\varepsilon_1),\sigma(\varepsilon_2),\cdots,\sigma(\varepsilon_n)\}$也是 V 的一个标准正交基. 于是 A 是从标准正交基$\{\varepsilon_1,\varepsilon_2,\cdots,\varepsilon_n\}$到标准正交基$\{\sigma(\varepsilon_1),\sigma(\varepsilon_2),\cdots,\sigma(\varepsilon_n)\}$的过渡矩阵，所以，由定理 8.5，$A$ 是正交矩阵.

(4)⇒(1). 设$\{\varepsilon_1,\varepsilon_2,\cdots,\varepsilon_n\}$是 V 的一个标准正交基，σ 在这组基下的矩阵为 A. 根据假设，A 是正交矩阵. 由 A 可逆知，向量组$\{\varepsilon_1,\varepsilon_2,\cdots,\varepsilon_n\}$与向量组$\{\sigma(\varepsilon_1),\sigma(\varepsilon_2),\cdots,\sigma(\varepsilon_n)\}$可以互相线性表出，从而$\{\sigma(\varepsilon_1),\sigma(\varepsilon_2),\cdots,\sigma(\varepsilon_n)\}$是 V 的一组基，于是由定理 8.5 得$\{\sigma(\varepsilon_1),\sigma(\varepsilon_2),\cdots,\sigma(\varepsilon_n)\}$也是 V 的一个标准正交基.

对任意 $\alpha,\beta\in V$，令

$$\alpha=x_1\varepsilon_1+x_2\varepsilon_2+\cdots+x_n\varepsilon_n,$$
$$\beta=y_1\varepsilon_1+y_2\varepsilon_2+\cdots+y_n\varepsilon_n,$$

则

$$\sigma(\alpha)=x_1\sigma(\varepsilon_1)+x_2\sigma(\varepsilon_2)+\cdots+x_n\sigma(\varepsilon_n),$$
$$\sigma(\beta)=y_1\sigma(\varepsilon_1)+y_2\sigma(\varepsilon_2)+\cdots+y_n\sigma(\varepsilon_n).$$

由于$\{\varepsilon_1,\varepsilon_2,\cdots,\varepsilon_n\}$和$\{\sigma(\varepsilon_1),\sigma(\varepsilon_2),\cdots,\sigma(\varepsilon_n)\}$都是 V 的标准正交基，所以

$$(\sigma(\alpha),\sigma(\beta))=x_1y_1+x_2y_2+\cdots+x_ny_n=(\alpha,\beta).$$

因而 σ 是正交变换，定理得证. □

习题 8.3

1. 设 A 是正交矩阵，证明：$|A|=\pm 1$.
2. 设 A,B 是正交矩阵，证明：AB 也是正交矩阵.
3. 设 ε 是欧几里得空间 V 中的一个单位向量，对任意 $\alpha\in V$，令

$$\sigma(\alpha)=\alpha-2(\varepsilon,\alpha)\varepsilon,$$

证明：σ 是 V 的一个正交变换.

*第 9 章 二次型

§1 二次型

1.1 引言

解析几何中，我们讨论了有中心的，并且中心在原点的二次曲线，其一般形式是：

$$ax^2+2bxy+cy^2=1. \tag{9.1}$$

它的左边是关于 x,y 的二次齐次式. 我们讨论了所谓分类问题，即通过转轴. 将其变成标准形. 所谓标准形是只含平方项的形式. 所谓转轴就是令

$$\begin{bmatrix} x \\ y \end{bmatrix}=\boldsymbol{C}\begin{bmatrix} x' \\ y' \end{bmatrix},\quad 其中\ \boldsymbol{C}=\begin{bmatrix} \cos\theta & -\sin\theta \\ \sin\theta & \cos\theta \end{bmatrix} \tag{9.2}$$

（我们有 $|\boldsymbol{C}|\neq 0$，因此 $\boldsymbol{C}$ 是可逆的）. 通过转轴，将(9.1)式的左边变成标准形，如果得到的标准形是 $d_1(x')^2+d_2(y')^2$，其中 d_1,d_2 都是正实数，则(9.1)式是椭圆；得到的是 $d_1(x')^2-d_2(y')^2$，其中 d_1,d_2 都是正实数，则(9.1)式是双曲线.

微积分中，设 $y=\varphi(u_1,u_2,\cdots,u_n)$ 是一个 n 元实函数，并且它的一切二阶偏导数连续. 记 $x_j=\mathrm{d}u_j$ 是自变量 u_j 的一个增量，则 φ 在一点的二阶全微分是一个关于 $x_1,x_2,\cdots,x_n$ 的二次齐次式.

1.2 二次型的定义

定义 9.1 系数在数域 F 中的关于字母 $x_1,x_2,\cdots,x_n$ 的二次齐次式 $f(x_1,x_2,\cdots,x_n)$，叫做一个(F 上的 n 元的)二次型.

本章中 $f(x_1,x_2,\cdots,x_n)$ 总表示一个数域上的二次型(有时简

记为 f).

① 一个二次型的一般形式是

$$\begin{aligned} & f(x_1,x_2,\cdots,x_n) \\ & =a_{11}x_1^2+2a_{12}x_1x_2+2a_{13}x_1x_3+\cdots+2a_{1n}x_1x_n \\ & \qquad +a_{22}x_2^2+2a_{23}x_2x_3+\cdots+2a_{2n}x_2x_n \\ & \qquad\qquad +\cdots \\ & \qquad\qquad\qquad +a_{nn}x_n^2 \qquad (9.3) \\ & =\left(\sum_{i=1}^{n}a_{ii}x_i^2\right)+\left(\sum_{1\leqslant i<j\leqslant n}2a_{ij}x_ix_j\right), \end{aligned}$$

是一个 n 元二次型.

② (对称形式)我们令 $a_{ji}=a_{ij}$, $1\leqslant i<j\leqslant n$,则(9.3)式可写成

$$\begin{aligned} & f(x_1,x_2,\cdots,x_n) \\ & =a_{11}x_1^2+a_{12}x_1x_2+a_{13}x_1x_3+\cdots+a_{1n}x_1x_n \\ & \quad +a_{21}x_2x_1+a_{22}x_2^2+a_{23}x_2x_3+\cdots+a_{2n}x_2x_n \\ & \qquad \cdots \qquad \cdots \\ & \quad +a_{n1}x_nx_1+a_{n2}x_nx_2+a_{n3}x_nx_3+\cdots+a_{nn}x_n^2 \qquad (9.4) \\ & =\sum_{i=1}^{n}\sum_{j=1}^{n}a_{ij}x_ix_j, \end{aligned}$$

这种形式比(9.3)式整齐.

例 1 考虑引言中的实 n 元函数 $y=\varphi(u_1,u_2,\cdots,u_n)$,为明确计,我们取原点 O,令 a_{ij} 是 $\frac{\partial^2\varphi}{\partial u_i\partial u_j}$ 在原点的值,则 y 在原点的二阶全微分 d^2y 就是(9.4)式.

③ (矩阵形式)令 $\boldsymbol{A}=(a_{ij})_{n\times n}\in\mathrm{Mat}_{n\times n}(F)$,满足 $\boldsymbol{A}=\boldsymbol{A}^{\mathrm{T}}$,考虑

$$(x_1\ x_2\cdots\ x_n)\boldsymbol{A}\begin{bmatrix}x_1\\x_2\\\vdots\\x_n\end{bmatrix}, \qquad (9.5)$$

经过计算,其结果就是(9.3)式(这儿我们将 1×1"矩阵"看成"一

个数”).(9.5)式叫做(9.3)式的矩阵形式.

记 $\boldsymbol{X}=\begin{bmatrix}x_1\\x_2\\\vdots\\x_n\end{bmatrix}$,则(9.5)式就是 $\boldsymbol{X}^{\mathrm{T}}\boldsymbol{A}\boldsymbol{X}$(本章中,记号 $\boldsymbol{Y},\boldsymbol{Z},\boldsymbol{U}$ 等都是这样定义的,元素会在前文中给出,除非另加声明).

定义 9.2 形式(9.5)中的对称矩阵 $\boldsymbol{A}$ 叫该二次型的矩阵.

(注:设 $\boldsymbol{B}=(b_{ij})_{n\times n}\in\mathrm{Mat}_{n\times n}(F)$,则 $\boldsymbol{X}^{\mathrm{T}}\boldsymbol{B}\boldsymbol{X}$ 的计算结果也是一个二次型,其 x_j^2 的系数是 b_{jj},其 x_ix_j 的系数是 $b_{ij}+b_{ji}$,故满足 $\boldsymbol{X}^{\mathrm{T}}\boldsymbol{B}\boldsymbol{X}$ 的结果是(9.3)式的矩阵 $\boldsymbol{B}$ 有无穷多个,此时 $\boldsymbol{B}$ 不能称为(9.3)式的矩阵,但是要求 $\boldsymbol{X}^{\mathrm{T}}\boldsymbol{B}\boldsymbol{X}$ 的结果与(9.3)式一样并且 $\boldsymbol{B}$ 是对称的,这样的 $\boldsymbol{B}$ 是唯一的.因此在上述定义中“对称”的要求不能去掉.)

1.3 二次型在某点的值

设 $f(x_1,x_2,\cdots,x_n)=\boldsymbol{X}^{\mathrm{T}}\boldsymbol{A}\boldsymbol{X}$ 是一个 F 上的二次型,其中 $\boldsymbol{A}=(a_{ij})_{n\times n}$,$\boldsymbol{A}\in\mathrm{Mat}_{n\times n}(F)$,$\boldsymbol{A}$ 是对称的,设 $\boldsymbol{K}\in F^n$,$\boldsymbol{\alpha}=\boldsymbol{K}=\begin{bmatrix}k_1\\k_2\\\vdots\\k_n\end{bmatrix}$(本章中,对 $\boldsymbol{K},\boldsymbol{L}\in F^n$ 等,都是这样规定的),则

$$\boldsymbol{K}^{\mathrm{T}}\boldsymbol{A}\boldsymbol{K}=\sum_{i=1}^{n}\sum_{j=1}^{n}a_{ij}k_ik_j \tag{9.6}$$

是 F 中的一个数,叫这个二次型在点 $\boldsymbol{\alpha}$ 的值,记为 $f(k_1,k_2,\cdots,k_n)$,有时也记为 $f(\boldsymbol{\alpha})$.

如果 $m\in\mathbf{N}$,并且 $1\leqslant m\leqslant n$,则 $f(x_1,x_2,\cdots,x_m,0,\cdots,0)$(即在 $f(x_1,x_2,\cdots,x_n)$ 中令 $x_{m+1}=\cdots=x_n=0$)也是一个二次型(m 元的二次型),记为 $g(x_1,x_2,\cdots,x_m)$.如果对 X,A 做如下的分块:

$$X=\begin{bmatrix}X_1\\O\end{bmatrix},A=\begin{bmatrix}A_1 & A_2\\A_3 & A_4\end{bmatrix},$$

其中 X_1 是 $m\times 1$ 矩阵，A_1 是 $m\times m$ 矩阵，A_1 必是对称的，叫 A 的 m 阶顺序主子矩阵. 则

$$g(x_1,x_2,\cdots,x_m)=(X_1^{\mathrm{T}}\ O^{\mathrm{T}})\begin{bmatrix}A_1 & A_2\\A_3 & A_4\end{bmatrix}\begin{bmatrix}X_1\\O\end{bmatrix}=X_1{}^{\mathrm{T}}A_1X_1. \quad (9.7)$$

可见 $g(x_1,x_2,\cdots,x_m)$ 的矩阵是 A_1.

1.4 非退化的线性变换

我们来推广“转轴”. 受(9.2)式的启示，有：

定义 9.3 设 $C\in \mathrm{Mat}_{n\times n}(F)$，称 $X=CY$ 为一个(F 上的)线性变换，称 C 为这个线性变换的矩阵. 进一步地，如果 C 是可逆的，则称线性变换 $X=CY$ 是非退化的.

将 $X=CY$ 明白地写出来就是

$$\begin{aligned}x_1&=c_{11}y_1+c_{12}y_2+\cdots+c_{1n}y_n,\\x_2&=c_{21}y_1+c_{22}y_2+\cdots+c_{2n}y_n,\\&\vdots\\x_n&=c_{n1}y_1+c_{n2}y_2+\cdots+c_{nn}y_n.\end{aligned}\quad (9.8)$$

在这种形式下，它是非退化的线性变换的特征是：① (9.8)式的左边是关于 $y_1,y_2,\cdots,y_n$ 的一次齐次式，② $x_1,x_2,\cdots,x_n$ 与 $y_1,y_2,\cdots,y_n$ 能相互表出(其理由类似于练习 5.7 的第 4 题之 2).

如果连续作两次非退化的线性变换 $X=C_1Y,Y=C_2Z$，仍是一个非退化的线性变换 $X=C_1C_2Z$.

1.5 合同

设 $X=CY$ 是一个 F 上的非退化的线性变换. 在一个 F 上 n 元二次型 $X^{\mathrm{T}}AX$(其中 A 是对称的)中，用 $X=CY$ 代入，则得

$$(CY)^{\mathrm{T}}A(CY)=(Y^{\mathrm{T}}C^{\mathrm{T}})A(CY)=Y^{\mathrm{T}}(C^{\mathrm{T}}AC)Y. \quad (9.9)$$

不难验证 $B=C^{\mathrm{T}}AC$ 是对称的，而 $Y^{\mathrm{T}}BY$ 是一个以 B 为矩阵的 F 上

的 n 元二次型.

定理 9.1 非退化的线性变换 $\boldsymbol{X}=\boldsymbol{CY}$ 将 F 上的二次型 $\boldsymbol{X}^{\mathrm{T}}\boldsymbol{AX}$（$\boldsymbol{A}$ 是对称的）变成以 $\boldsymbol{B}=\boldsymbol{C}^{\mathrm{T}}\boldsymbol{AC}$ 为矩阵的 F 上的 n 元二次型 $\boldsymbol{Y}^{\mathrm{T}}\boldsymbol{BY}$.

定义 9.4 设 f 与 g 是两个 F 上的二次型，如果有一个 F 上的非退化的线性变换把 f 变成 g，则称 g 与 f 等价；设 $\boldsymbol{A},\boldsymbol{B}$ 是 F 上的 $n\times n$ 矩阵，如果 F 上存在可逆矩阵，使 $\boldsymbol{B}=\boldsymbol{C}^{\mathrm{T}}\boldsymbol{AC}$，则称 $\boldsymbol{B}$ 与 $\boldsymbol{A}$ 合同.

可见两个二次型等价，则它们的矩阵合同；两个对称矩阵合同，则以它们为矩阵的二次型等价.

定理 9.2（等价，合同的性质） 设 $\boldsymbol{A},\boldsymbol{B},\boldsymbol{H}\in \mathrm{Mat}_{n\times n}(F)$，设 f，g，h 是 F 上的二次型，

(1)（反身性） f 与 f 等价；$\boldsymbol{A}$ 与 $\boldsymbol{A}$ 合同.

(2)（对称性） 如果 g 与 f 等价，则 f 与 g 等价；如果 $\boldsymbol{B}$ 与 $\boldsymbol{A}$ 合同，则 $\boldsymbol{A}$ 与 $\boldsymbol{B}$ 合同.

(3)（传递性） 如果 h 与 g 等价，g 与 f 等价，则 h 与 f 等价；如果 $\boldsymbol{H}$ 与 $\boldsymbol{B}$ 合同，$\boldsymbol{B}$ 与 $\boldsymbol{A}$ 合同，则 $\boldsymbol{H}$ 与 $\boldsymbol{A}$ 合同.

请读者自己证明.

定义 9.5 设 $f=\boldsymbol{X}^{\mathrm{T}}\boldsymbol{AX}$ 是一个二次型，其中 $\boldsymbol{A}=\boldsymbol{A}^{\mathrm{T}}$，称 $\boldsymbol{A}$ 的秩为二次型 f 的秩.

由于乘一个可逆的矩阵，矩阵的秩不变，因此

定理 9.3 等价的两个二次型有相同的秩.

经过一个适当的非退化的线性变换，可以交换足标. 我们约定：仅字母名称不同、足标的排列不同的两个二次型被认为是一样的.

对定理 9.1 中的 $\boldsymbol{A},\boldsymbol{B}$，如果 $\boldsymbol{K},\boldsymbol{H}\in F^n$，满足 $\boldsymbol{K}=\boldsymbol{CH}$，则 $\boldsymbol{K}^{\mathrm{T}}\boldsymbol{AK}=\boldsymbol{H}^{\mathrm{T}}\boldsymbol{BH}$.

习题 9.1

1. 写出二次型 $f(x_1,x_2,x_3)=2x_1^2-x_1x_2-2x_1x_3+x_2^2+3x_2x_3-x_3^2$ 的对称形式和它的矩阵.

2. 证明定理 9.2.

3. 设 $\boldsymbol{A}$ 是一个 $n\times n$ 实对称矩阵. 如果 $\boldsymbol{A}$ 是可逆的, 并且 $\boldsymbol{A}$ 与 $(-\boldsymbol{A})$ 合同, 证明: n 是偶数.

§2 标 准 形

2.1 配方法化标准形

定义 9.6 二次型经过非退化的线性变换化成的只含平方项的二次型称为原二次型的一个标准形.

解析几何中, 我们用配方法化标准形, 这方法对 n 元二次型也是有效的. 下面举例说明.

情况 I 有非零平方项.

例 3 用非退化的线性变换将下述二次型

$$f(x_1,x_2,x_3)=-x_1^2+4x_1x_2-2x_1x_3+2x_2^2-4x_2x_3-x_3^2,$$

化成标准形, 并且写出所用的非退化的线性变换.

解
$$
\begin{aligned}
f(x_1,x_2,x_3) &= -(x_1^2-4x_1x_2+2x_1x_3)+2x_2^2-4x_2x_3-x_3^2 \\
&= -[x_1^2-2x_1(2x_2-x_3)+(2x_2-x_3)^2]+(2x_2-x_3)^2 \\
&\quad +2x_2^2-4x_2x_3-x_3^2 \\
&= -(x_1-2x_2+x_3)^2+6x_2^2-8x_2x_3 \\
&= -(x_1-2x_2+x_3)^2+6\left[x_2^2-2x_2\left(\frac{2}{3}x_3\right)+\left(\frac{2}{3}x_3\right)^2\right] \\
&\quad -6\left(\frac{2}{3}x_3\right)^2
\end{aligned}
$$

$$=-(x_1-2x_2+x_3)^2+6\left(x_2-\frac{2}{3}x_3\right)^2-\frac{8}{3}x_3^2.$$

令

$$\begin{cases} y_1=x_1-2x_2+x_3, \\ y_2=x_2-\frac{2}{3}x_3, \\ y_3=x_3. \end{cases}$$

即

$$\begin{cases} x_1=y_1+2y_2+\frac{1}{3}y_3, \\ x_2=y_2+\frac{2}{3}y_3, \\ x_3=y_3. \end{cases}$$

记 $\boldsymbol{X}=\begin{bmatrix} x_1 \\ x_2 \\ x_3 \end{bmatrix}$，$\boldsymbol{C}=\begin{bmatrix} 1 & 2 & \frac{1}{3} \\ 0 & 1 & \frac{2}{3} \\ 0 & 0 & 1 \end{bmatrix}$，$\boldsymbol{Y}=\begin{bmatrix} y_1 \\ y_2 \\ y_3 \end{bmatrix}$，因为 $|\boldsymbol{C}|\neq 0$，$\boldsymbol{X}=\boldsymbol{CY}$ 是一个非退化的线性变换，经 $\boldsymbol{X}=\boldsymbol{CY}$，将原二次型化成标准形：$-y_1^2+6y_2^2-\frac{8}{3}y_3^2$. □

情况Ⅱ　没有平方项(即平方项都为零).

例 4　用非退化的线性变换将下述二次型化成标准形，并且写出所用的非退化的线性变换.

$$f(u_1,u_2,u_3)=u_1u_2+u_1u_3-3u_2u_3.$$

解　(为了能进行配方，先用非退化的线性变换变成含有平方项的形式.)令

$$\begin{cases} u_1=x_1-x_2, \\ u_2=x_1+x_2, \\ u_3=x_3, \end{cases}$$

即

$$
\begin{aligned}
f(u_1,u_2,u_3)&=(x_1-x_2)(x_1+x_2)+(x_1-x_2)x_3-3(x_1+x_2)x_3\\
&=x_1^2-2x_1x_3-x_2^2-4x_2x_3\\
&=(x_1-x_3)^2-x_2^2-4x_2x_3-x_3^2\\
&=(x_1-x_3)^2-[x_2^2+4x_2x_3+(2x_3)^2]+(2x_3)^2-x_3^2\\
&=(x_1-x_3)^2-(x_2+2x_3)^2+3x_3^2.
\end{aligned}
$$

令

$$
\begin{cases}
y_1=x_1 \qquad - \ x_3,\\
y_2=\qquad x_2+2x_3,\\
y_3=\qquad\qquad x_3,
\end{cases}
$$

即

$$
\begin{cases}
x_1=y_1 \qquad + \ y_3,\\
x_2=\qquad y_2-2y_3,\\
x_3=\qquad\qquad y_3.
\end{cases}
$$

记

$$
\boldsymbol{X}=\begin{bmatrix}x_1\\x_2\\x_3\end{bmatrix},\quad \boldsymbol{Y}=\begin{bmatrix}y_1\\y_2\\y_3\end{bmatrix},\quad \boldsymbol{U}=\begin{bmatrix}u_1\\u_2\\u_3\end{bmatrix},
$$

$$
\boldsymbol{C}_1=\begin{bmatrix}1&-1&0\\1&1&0\\0&0&1\end{bmatrix},\boldsymbol{C}_2=\begin{bmatrix}1&0&1\\0&1&-2\\0&0&1\end{bmatrix},
$$

于是有 $\boldsymbol{U}=\boldsymbol{C}_1\boldsymbol{X}$，$\boldsymbol{X}=\boldsymbol{C}_2\boldsymbol{Y}$，因为 $|\boldsymbol{C}_1|\neq0$，$|C_2|\neq0$，因此 $\boldsymbol{U}=\boldsymbol{C}_1\boldsymbol{C}_2\boldsymbol{Y}$ 是一个非退化的线性变换，它把原二次型变成标准形：$y_1^2-y_2^2+3y_3^2$. □

由此可以得到用配方法，求非退化的线性变换化二次型为标准形的一般步骤：

1. 如果关于 $u_1,u_2,\cdots,u_n$ 的二次型没有平方项(通过交换足标，可以假定 u_1u_2 的系数不为零)，令 $u_1=x_1-x_2$，$u_2=x_1+x_2$，$u_j=x_j(j=3,4,\cdots,n)$. 经这个非退化的线性变换，变成一个有平方项的二次型.

2. 如果关于 $x_1,x_2,\cdots,x_n$ 的 n 元二次型有平方项(通过交换足标,可以假定 x_1^2 的系数不为零).将含有 x_1 的项并在一起,放进括号,将 x_1^2 的系数提到括号外,对括号内进行配方,得到一个完全平方项,剩下的是一个$(n-1)$元的二次型.

3. 对剩下的$(n-1)$元的二次型,继续上述过程,必定可以得到一个标准形.

定理 9.4 一个 F 上的二次型可以经过适当的非退化的线性变换化成标准形.

(上述一般步骤已经给出了证明的思路.详细的证明如下.)

证明 (用数学归纳法) 当 $n=1$ 时,$f(x_1)=a_{11}x_1^2$,已经是标准形了.

假定当 $n-1$ 时命题成立.

设 $f(u_1,u_2,\cdots,u_n)$是一个 F 上的 n 元二次型.

如果它没有平方项,不妨假定 u_1u_2 的系数 c_{12}不为零,则

$$f(u_1,u_2,\cdots,u_n)=\sum_{1\leqslant i<j\leqslant n}2c_{ij}u_iu_j. \qquad (9.10)$$

令 $\boldsymbol{C}_5=\begin{bmatrix}1 & -1\\ 1 & 1\end{bmatrix}$,$\boldsymbol{C}_2=\begin{bmatrix}\boldsymbol{C}_5 & \boldsymbol{O}_{2\times(n-2)}\\ \boldsymbol{O}_{(n-2)\times 2} & \boldsymbol{E}_{n-2}\end{bmatrix}$,$\boldsymbol{U}=\boldsymbol{C}_2\boldsymbol{X}$ 是一个非退化的线性变换,经这个非退化的线性变换(9.10)式变成

$$2c_{12}(x_1-x_2)(x_1+x_2)+2(x_1-x_2)\left(\sum_{j=3}^{n}c_{1j}x_j\right)$$
$$+2(x_1+x_2)\left(\sum_{j=3}^{n}c_{2j}x_j\right)+\sum_{3\leqslant i<j\leqslant n}2c_{ij}x_ix_j. \qquad (9.11)$$

这个二次型的 x_1^2 的系数是 $2c_{12}$,它不为零.

下面设 F 上的 n 元二次型

$$f(x_1,x_2,\cdots,x_n)=\left(\sum_{i=1}^{n}a_{ii}x_i^2\right)+\left(\sum_{1\leqslant i<j\leqslant n}2a_{ij}x_ix_j\right) \qquad (9.12)$$

其中 $a_{11}\neq 0$.(9.11)式等于

$$a_{11}\left[x_1^2+2x_1\left(\sum_{j=2}^{n}k_jx_j\right)+\left(\sum_{j=2}^{n}k_jx_j\right)^2\right]+g(x_2,x_3,\cdots,x_n)$$

$$=a_{11}\left(x_1+\sum_{j=2}^{n}k_jx_j\right)^2+g(x_2,x_3,\cdots,x_n),$$

其中 $k_j=\frac{a_{1j}}{a_{11}}, j=2,3,\cdots,n$；以及

$$g(x_2,x_3,\cdots,x_n)$$
$$=-a_{11}\left(\sum_{j=2}^{n}k_jx_j\right)^2+\sum_{i=2}^{n}(a_{ii}x_i^2)+\left(\sum_{2\leqslant i<j\leqslant n}2a_{ij}x_ix_j\right) \quad (9.13)$$

是一个 F 上的 $n-1$ 元的二次型. 由归纳假设有 F 上的 $(n-1)\times(n-1)$ 可逆矩阵 $\boldsymbol{C}_4$，令 $\boldsymbol{X}_2=\boldsymbol{C}_4\boldsymbol{Y}_2$，其中 $\boldsymbol{X}_2=\begin{bmatrix}x_2\\x_3\\\vdots\\x_n\end{bmatrix}$，$\boldsymbol{Y}_2=\begin{bmatrix}y_2\\y_3\\\vdots\\y_n\end{bmatrix}$，使(9.13)式变成

$$d_2y_2^2+d_3y_3^2+\cdots+d_ny_n^2. \quad (9.14)$$

我们有 $\boldsymbol{Y}_2=\boldsymbol{C}_4^{-1}\boldsymbol{X}_2$，令 $\boldsymbol{C}_3=\begin{bmatrix}1 & k_2 & \cdots & k_n\\ 0 & & & \\ \vdots & & C_4^{-1} & \\ 0 & & & \end{bmatrix}$，则 $\boldsymbol{C}_3$ 是 $\boldsymbol{F}$ 上的可逆矩阵，令 $\boldsymbol{C}_1=\boldsymbol{C}_3^{-1}$，以及 $\boldsymbol{X}=\boldsymbol{C}_2\boldsymbol{Y}$，则(9.11)式变成

$$d_1y_1^2+d_2y_2^2+d_3y_3^2+\cdots+d_ny_n^2, \quad (9.15)$$

其中 $d_1=a_{11}$. (9.15)式是(9.12)式的一个标准形. 如果(9.11)式就是(9.12)式，则令 $\boldsymbol{Z}=\boldsymbol{C}_1\boldsymbol{C}_2\boldsymbol{Y}$，经这个非退化的线性变换(9.10)式变成(9.15)式. □

推论 对任意 F 上的 $n\times n$ 对称矩阵 $\boldsymbol{A}$，都有 F 上的 $n\times n$ 可逆矩阵 $\boldsymbol{C}$，使 $\boldsymbol{C}^{\mathrm{T}}\boldsymbol{A}\boldsymbol{C}$ 是对角形的.

设 $\boldsymbol{X}^{\mathrm{T}}\boldsymbol{A}\boldsymbol{X}$ 是一个 F 上的 n 元二次型(其中 $\boldsymbol{A}^{\mathrm{T}}=\boldsymbol{A}$)，它的一个标准形是

$$d_1w_1^2+d_2w_2^2+\cdots+d_nw_n^2 \quad (9.16)$$

我们可以在(9.16)式中适当交换足标，使 $d_1,d_2,\cdots,d_r$ 全部不为零，而 $d_{r+1}=d_{r+2}=\cdots=d_n=0$. 于是 $\boldsymbol{X}^{\mathrm{T}}\boldsymbol{A}\boldsymbol{X}$ 等价于

$$d_1y_1^2+d_2y_2^2+\cdots+d_ry_r^2, \quad (9.17)$$

(9.17)式的矩阵是 $\boldsymbol{B}=\mathrm{diag}(d_1,d_2,\cdots,d_r,0,\cdots,0)$. 因为 $\boldsymbol{A}$ 合同于

$\boldsymbol{B}$,有 $\operatorname{rank}\boldsymbol{A}=\operatorname{rank}\boldsymbol{B}=r$,所以(9.16)式中的非零平方项的个数等于 $\operatorname{rank}\boldsymbol{A}$.

习题 9.2

1. 化下面二次型成标准形,并且写出所用的非退化的线性变换.

1) $x_1^2-4x_1x_2+4x_1x_3+3x_2^2-2x_2x_3-2x_3^2$,

2) $2x_1^2-4x_1x_2+2x_1x_3+x_2^2+2x_2x_3$,

3) $x_1x_2-x_1x_3+x_2x_3$.

2. 证明秩是 r 的(复)对称矩阵,可以表示成 r 个秩是 1 的对称矩阵的和.

§3 复数域上的二次型的规范形

本节中,我们取数域为复数域 $\mathbf{C}$.

定义 9.7 一个 $\mathbf{C}$ 上的二次型,如果

(1) 只含平方项,

(2) 平方项的系数是 1 或 0,

则称这个二次型为规范形.与一个复二次型 f 等价的规范形称为 f 的一个规范形.

一个 $\mathbf{C}$ 上 n 元的二次型的规范形由系数是 1 的项数所完全确定,就是说如果系数是 1 的项数是 r,则它的矩阵就是 $\begin{bmatrix}\boldsymbol{E}_r & \boldsymbol{O}\\ \boldsymbol{O} & \boldsymbol{O}\end{bmatrix}$,$r$ 是这个矩阵的秩.

如果 $\mathbf{C}$ 的二次型 $\boldsymbol{X}^{\mathrm{T}}\boldsymbol{A}\boldsymbol{X}$(其中 $\boldsymbol{A}$ 是复对称矩阵)的一个标准形是

$$d_1y_1^2+d_2y_2^2+\cdots+d_ry_r^2, \tag{9.18}$$

其中 $d_1,d_2,\cdots,d_r$ 是全不为零的复数(于是 $r=\operatorname{rank}\boldsymbol{A}$).记 d_j 的一个平方根的倒数为 b_j,令:$y_j=b_jz_j$, $j=1,2,\cdots,r$;$y_j=z_j$, $j=r+1,\cdots,n$. 这是一个 $\mathbf{C}$ 上的非退化的线性变换,经过它,(9.18)式变成

$$z_1^2+z_2^2+\cdots+z_r^2, \tag{9.19}$$

因此 $\boldsymbol{X}^{\mathrm{T}}\boldsymbol{A}\boldsymbol{X}$ 等价于规范形(9.19)式. 这就证明了

定理 9.5 一个 **C** 上的二次型等价于一个规范形,并且这个规范形(在本章 1.5 节中约定的意义下)是唯一的. 两个 **C** 上的 n 元二次型等价的充分必要条件是它们的秩相等.

定理 9.5′ 一个秩为 r 的 **C** 上的 n 阶对称矩阵必定合同于 $\begin{bmatrix}\boldsymbol{E}_r & \boldsymbol{O}\\ \boldsymbol{O} & \boldsymbol{O}\end{bmatrix}$. 两个 **C** 上的 n 阶对称矩阵合同的充分必要条件是它们的秩相等.

习题 9.3

1. 设 $\boldsymbol{X}^{\mathrm{T}}\boldsymbol{A}\boldsymbol{X}(\boldsymbol{A}^{\mathrm{T}}=\boldsymbol{A})$ 是 **C** 上 4 元二次型,并且 $|\boldsymbol{A}|\neq 0$,写出这个二次型的规范形.

2. 在 **C** 上,求习题 9.2 中,第 1 题之 2)的规范形.

3. 把合同的复二次型归成一类,四元复二次型一共有几个不同的类?

§4 实数域上的二次型的规范形

本节中,我们取数域为实数域 **R**.

4.1 规范形

定义 9.8 一个 **R** 上的二次型,如果① 只含平方项,② 平方项的系数是 1 或 -1 或 0,则称这个二次型为规范形. 与一个实二次型 f 等价的规范形称为 f 的一个规范形.

如果 **R** 上的二次型 $\boldsymbol{X}^{\mathrm{T}}\boldsymbol{A}\boldsymbol{X}$(其中 $\boldsymbol{A}$ 是实对称矩阵)的一个标准形是

$$d_1y_1^2+\cdots+d_py_p^2-d_{p+1}y_{p+1}^2-\cdots-d_{p+q}y_{p+q}^2, \tag{9.20}$$

其中 $d_1,\cdots,d_p,d_{p+1},\cdots,d_{p+q}$ 都是实数,并且都大于零(于是 $p+q$

$=\text{rank}\boldsymbol{A}$).

令

$$y_j=\frac{1}{\sqrt{d_j}}z_j,j=1,2,\cdots,p+q;y_j=z_j,j=p+q+1,\cdots,n.$$

这是一个实的非退化的线性变换，经过它，(9.20)式变成

$$z_1^2+\cdots+z_p^2-z_{p+1}^2-\cdots-z_{p+q}^2, \tag{9.21}$$

因此 $\boldsymbol{X}^{\mathrm{T}}\boldsymbol{A}\boldsymbol{X}$ 的一个规范形是(9.21)式.

（注：如果 $p+q\geqslant j\geqslant p+1$，$b_j$ 是$(-d_j)$的一个平方根的倒数，但是 b_j 不是实数，实的非退化的线性变换中不能有 $y_j=b_jz_j$. 因此经过上述的变换，正的平方项只能变成正的平方项，负的平方项只能变成负的平方项.）

由于(9.21)式中，$p+q=\boldsymbol{A}$ 的秩，$\boldsymbol{X}^{\mathrm{T}}\boldsymbol{A}\boldsymbol{X}$ 的规范形中的正项个数决定了这个规范形. $\boldsymbol{X}^{\mathrm{T}}\boldsymbol{A}\boldsymbol{X}$ 的规范形中的正项个数是不是不变的呢？下面我们讨论这个问题.

4.2 惯性定理

引理 9.1 **R** 上 n 元的二次型的两个规范形中的正项个数相等.

证明 ①（先引进一些符号） 设 n 元实二次型 $f=f(x_1,x_2,\cdots,x_n)$，经非退化的线性变换 $\boldsymbol{X}=\boldsymbol{C}_1\boldsymbol{Y}$，变成规范形

$$\begin{aligned}&g(y_1,y_2,\cdots,y_n)\\&=y_1^2+\cdots+y_p^2-y_{p+1}^2-\cdots-y_{p+q}^2,\end{aligned} \tag{9.22}$$

经非退化的线性变换 $\boldsymbol{X}=\boldsymbol{C}_2\boldsymbol{Z}$，变成规范形

$$\begin{aligned}&h(z_1,z_2,\cdots,z_n)\\&=z_1^2+\cdots+z_s^2-z_{s+1}^2-\cdots-z_{s+t}^2,\end{aligned} \tag{9.23}$$

有 $p+q=s+t=r$，而 r 是 f 的秩. 由于 $\boldsymbol{C}_2$ 是可逆的，因此有 $\boldsymbol{Z}=\boldsymbol{C}_2^{-1}\boldsymbol{C}_1\boldsymbol{Y}$，令$\boldsymbol{C}=\boldsymbol{C}_2^{-1}\boldsymbol{C}_1=(c_{ij})_{n\times n}=\begin{bmatrix}\boldsymbol{H}_1 & \boldsymbol{H}_2\\ \boldsymbol{H}_3 & \boldsymbol{H}_4\end{bmatrix}$，其中 $\boldsymbol{H}_1$ 是 $s\times p$ 矩阵，则 $\boldsymbol{Z}=\boldsymbol{C}\boldsymbol{Y}$ 是一个非退化的线性变换，它把(9.22)式变成(9.23)式.

下面我们用反证法，假定 $p>s$.

②′ 我们来分析一下，该如何进行. 为明白计，取 $n=5,p=3,q=1,s=2,t=2$，这时(9.22)式明白地写成

$$y_1^2+y_2^2+y_3^2-y_4^2, \tag{9.22′}$$

(9.23)式明白地写成

$$z_1^2+z_2^2-z_3^2-z_4^2, \tag{9.23′}$$

注意到，如果取 $\boldsymbol{K},\boldsymbol{L}\in\mathbf{R}^5$，满足

$$\boldsymbol{L}=\boldsymbol{CK} \tag{9.24′}$$

则用 $\boldsymbol{K}$ 代入(9.22′)式的值等于用 $\boldsymbol{L}$ 代入(9.23′)式的值，就是说

$$k_1^2+k_2^2+k_3^2-k_4^2=l_1^2+l_2^2-l_3^2-l_4^2, \tag{9.25′}$$

如果我们能取到 $k_4=0,k_5=0,k_1,k_2,k_3$ 不全为零，并且在满足(9.24′)式的 L 中，有 $l_1=0,l_2=0$. 这样(9.25′)的左边是正的，而右边是非正的，就引起矛盾. 能不能取得到呢？由(9.24′)式有

$$\begin{cases}c_{11}k_1+c_{12}k_2+c_{13}k_3+c_{14}k_4+c_{15}k_5=l_1,\\ c_{21}k_1+c_{22}k_2+c_{23}k_3+c_{24}k_4+c_{25}k_5=l_2,\end{cases}$$

现在令 $k_4=0,k_5=0,l_1=0,l_2=0$，则要下述等式成立

$$\begin{cases}c_{11}k_1+c_{12}k_2+c_{13}k_3=0,\\ c_{21}k_1+c_{22}k_2+c_{23}k_3=0,\end{cases}$$

于是归结为找齐次线性方程组

$$\begin{cases}c_{11}x_1+c_{12}x_2+c_{13}x_3=0,\\ c_{21}x_1+c_{22}x_2+c_{23}x_3=0\end{cases} \tag{9.26′}$$

的非零解. 这个齐次线性方程组的系数矩阵是 $\boldsymbol{C}$ 中的一块 $\boldsymbol{H}_1$. (9.26′)式中方程个数($s=2$)小于未知数个数($p=3$)，(9.26′)式必定有非零解，设 k_1,k_2,k_3 是(9.26′)式的一个非零解，取 $\boldsymbol{K}=\begin{bmatrix}k_1\\k_2\\k_3\\0\\0\end{bmatrix}$，则 $\boldsymbol{CK}$ 形为 $\begin{bmatrix}0\\0\\l_3\\l_4\\l_5\end{bmatrix}$，这时等式(9.25′)不能成立，引起矛盾.

将其一般化，并且经过整理，得到下面的推理.

② 现在考虑齐次线性方程组 $\boldsymbol{H}_1\boldsymbol{X}=\boldsymbol{o}$，注意到 $\boldsymbol{H}_1$ 是 $s\times p$ 矩阵，$\boldsymbol{X}$

是 p 元的. 因为 $p>s$,故 $\boldsymbol{H}_1\boldsymbol{X}=\boldsymbol{o}$ 有非零解 $\boldsymbol{K}_1=\begin{bmatrix}k_1\\ \vdots\\ k_p\end{bmatrix}$. 令 $\boldsymbol{K}\in\mathbf{R}^5$,$\boldsymbol{K}=\begin{bmatrix}\boldsymbol{K}_1\\ \boldsymbol{O}_{n-p}\end{bmatrix}$,令

$$\boldsymbol{L}=\boldsymbol{C}\boldsymbol{K}=\begin{bmatrix}\boldsymbol{H}_1 & \boldsymbol{H}_2\\ \boldsymbol{H}_3 & \boldsymbol{H}_4\end{bmatrix}\begin{bmatrix}\boldsymbol{K}_1\\ \boldsymbol{O}_{n-p}\end{bmatrix}=\begin{bmatrix}\boldsymbol{H}_1\boldsymbol{K}_1+\boldsymbol{H}_2\boldsymbol{O}\\ \boldsymbol{H}_3\boldsymbol{K}_1+\boldsymbol{H}_4\boldsymbol{O}\end{bmatrix}=\begin{bmatrix}\boldsymbol{O}_s\\ \boldsymbol{H}_3\boldsymbol{K}_1\end{bmatrix}.$$

则

$$g(\boldsymbol{K})=h(\boldsymbol{L}), \tag{9.25}$$

而

$$g(K)=k_1^2+k_2^2+\cdots+k_p^2>0,$$
$$h(L)=-l_{s+1}^2-l_{s+2}^2-\cdots-l_{s+t}^2\leqslant 0,$$

因此反证假定不能成立,即必定有 $s=p$. □

定理 9.6 一个实二次型 f 合同于一个规范形. 并且 f 的规范形(在本章 1.5 节中约定的意义下)唯一.

用本节 4.1 的过程将一个二次型 f 的一个标准形化成规范形,正(负)平方项的个数不变,因此 f 的任何标准形中的正(负)平方项的个数是一样的.

定义 9.9 一个实二次型 f 的规范形(标准形)中的正的平方项的个数称为 f 的正惯性指数,记为 p;负的平方项的个数称为 f 的负惯性指数,记为 q;称 $s=p-q$ 为符号差.

如果二次型 f 的秩为 r,沿用上述记号,则 $r=p+q$,于是 p,q,r,s 中只要有两个已知,则这四个全确定了.

定理 9.7 两个实二次型等价的充分必要条件是它们的正惯性指数、负惯性指数,对应相等.

习题 9.4

1. 求下列实二次型的正惯性指数.

1) $f(x_1,x_2,x_3)=x_1^2+4x_1x_2+2x_1x_3+4x_2^2+4x_2x_3+x_3^2$,

2) $f(x_1,x_2,x_3)=4x_1x_2-2x_1x_3$.

2. 把等价的实二次型归成一类，四元实二次型一共有几个不同的类？

3. 证明：如果一个实二次型可以分解成两个一次齐次多项式的乘积，则这个二次型或秩是 2，并且符号差是零；或秩是 1.

4. 设 $\boldsymbol{A}$ 是实对称矩阵，如果 $\boldsymbol{A}$ 与 $(-\boldsymbol{A})$ 合同，求 $\boldsymbol{A}$ 的符号差.

5. 设 $\boldsymbol{X}^{\mathrm{T}}\boldsymbol{A}\boldsymbol{X}$ 是一个 n 元实二次型 $(\boldsymbol{A}^{\mathrm{T}}=\boldsymbol{A})$，如果有 $\boldsymbol{\alpha},\boldsymbol{\beta}\in\mathbf{R}^n$，使 $\boldsymbol{\alpha}^{\mathrm{T}}\boldsymbol{A}\boldsymbol{\alpha}>0$，$\boldsymbol{\beta}^{\mathrm{T}}\boldsymbol{A}\boldsymbol{\beta}<0$，证明：必定存在 $\boldsymbol{\eta}\in\mathbf{R}^n$，使 $\boldsymbol{\eta}^{\mathrm{T}}\boldsymbol{A}\boldsymbol{\eta}=0$.

§5 正定二次型

本节中，在实数域 $\mathbf{R}$ 上讨论.

5.1 引言

我们熟悉：如果一元实函数 $y=\varphi(u)$ 在原点的导数为零，由 Taylor 公式，

$$\varphi(\Delta u)=\varphi(0)+\mathrm{d}^2y+o(\Delta u)^2,$$

其中 $\mathrm{d}^2y=\dfrac{1}{2}\varphi''(0)(\Delta u)^2$. 因此 φ 在原点有极小值的充分条件是 $\varphi''(0)>0$，即对任意 $\Delta u\neq 0$，代入（一元）二次型 d^2y，其值非负. 对引言中的 n 元函数 $y=\varphi(u_1,u_2,\cdots,u_n)$，如果 φ 在原点的所有的一阶偏导数全为零，φ 在原点有极小值的充分条件是用任意不全为零的 $k_1,k_2,\cdots,k_n\in\mathbf{R}$ 代入二次型 d^2y 的 $x_1,x_2,\cdots,x_n$，其值恒正.

5.2 定义

定义 9.10 $f(x_1,x_2,\cdots,x_n)=\boldsymbol{X}^{\mathrm{T}}\boldsymbol{A}\boldsymbol{X}$，（其中 $\boldsymbol{A}$ 是 $n\times n$ 实对称矩阵），是一个实 n 元二次型，如果对任意非零的 $\boldsymbol{\alpha}=\boldsymbol{K}=\begin{bmatrix}k_1\\k_2\\\vdots\\k_n\end{bmatrix}$，都有 $f(k_1,k_2,\cdots,k_n)=\boldsymbol{K}^{\mathrm{T}}\boldsymbol{A}\boldsymbol{K}>0$，则称 $f(x_1,x_2,\cdots,x_n)$ 为正定的

二次型,称实对称矩阵 A 为正定的矩阵.

例 5 设 n 元实二次型 $f(x_1,x_2,\cdots,x_n)=d_1x_1^2+d_2x_2^2+\cdots+d_nx_n^2(d_j\in\mathbf{R},j=1,2,\cdots,n)$是正定的充分必要条件是: $d_1>0$, $d_2>0,\cdots,d_n>0$.

例 6 设 $f(x_1,x_2,\cdots,x_n)$是 n 元正定的实二次型,设 m 是正整数,并且 $m\leqslant n$,令 $g(x_1,x_2,\cdots,x_m)=f(x_1,x_2,\cdots,x_m,0,\cdots,0)$,证明: $g(x_1,x_2,\cdots,x_m)$是一个 m 元正定的实二次型.

证明 (由本章的 1.3 节可知 g 是一个 m 元的实二次型)对任意不全为零的 $k_1,k_2,\cdots,k_m\in\mathbf{R}$,都有 $g(k_1,k_2,\cdots,k_m)=f(k_1,k_2,\cdots,k_m,0,\cdots,0)>0$,故有结论. □

(注: 沿用本章 1.3 节的记号,有 $\boldsymbol{A}_1$ 也是正定的. 因此本例结果的矩阵形式是: 正定矩阵的顺序主子矩阵也是正定矩阵.)

定理 9.8 经过非退化的线性变换,正定性不变.

证明 设 $\boldsymbol{X}^{\mathrm{T}}\boldsymbol{A}\boldsymbol{X}$ 是 n 元实二次型,经过非退化的线性变换 $\boldsymbol{X}=\boldsymbol{C}\boldsymbol{Y}$,它变成 $\boldsymbol{Y}^{\mathrm{T}}\boldsymbol{B}\boldsymbol{Y}$.

① 如果 $\boldsymbol{X}^{\mathrm{T}}\boldsymbol{A}\boldsymbol{X}$ 是正定的,对任意 $\boldsymbol{o}\neq\boldsymbol{\beta}\in\mathbf{R}^n$,令 $\boldsymbol{\alpha}=\boldsymbol{C}\boldsymbol{\beta}$,因为 $\boldsymbol{C}$ 是可逆的,有 $\boldsymbol{\beta}=\boldsymbol{C}^{-1}\boldsymbol{\alpha}$,故 $\boldsymbol{\alpha}\neq\boldsymbol{o}$(不然 $\boldsymbol{\beta}=\boldsymbol{C}^{-1}\boldsymbol{o}=\boldsymbol{o}$).

$$\boldsymbol{\beta}^{\mathrm{T}}\boldsymbol{B}\boldsymbol{\beta}=\boldsymbol{\beta}^{\mathrm{T}}(\boldsymbol{C}^{\mathrm{T}}\boldsymbol{A}\boldsymbol{C})\boldsymbol{\beta}=(\boldsymbol{C}\boldsymbol{\beta})^{\mathrm{T}}\boldsymbol{A}(\boldsymbol{C}\boldsymbol{\beta})=\boldsymbol{\alpha}^{\mathrm{T}}\boldsymbol{A}\boldsymbol{\alpha}>0.$$

因此 $\boldsymbol{Y}^{\mathrm{T}}\boldsymbol{B}\boldsymbol{Y}$ 也是正定的.

② 如果 $\boldsymbol{X}^{\mathrm{T}}\boldsymbol{A}\boldsymbol{X}$ 不是正定的,则存在 $\boldsymbol{o}\neq\boldsymbol{\alpha}\in\mathbf{R}^n$,使 $\boldsymbol{\alpha}^{\mathrm{T}}\boldsymbol{A}\boldsymbol{\alpha}\leqslant 0$,令 $\boldsymbol{\beta}=\boldsymbol{C}^{-1}\boldsymbol{\alpha}$,则 $\boldsymbol{\beta}\neq\boldsymbol{o}$,并且

$$\boldsymbol{\beta}^{\mathrm{T}}\boldsymbol{B}\boldsymbol{\beta}=\boldsymbol{\beta}^{\mathrm{T}}(\boldsymbol{C}^{\mathrm{T}}\boldsymbol{A}\boldsymbol{C})\boldsymbol{\beta}=(\boldsymbol{C}\boldsymbol{\beta})^{\mathrm{T}}\boldsymbol{A}(\boldsymbol{C}\boldsymbol{\beta})=\boldsymbol{\alpha}^{\mathrm{T}}\boldsymbol{A}\boldsymbol{\alpha}\leqslant 0,$$

因此 $\boldsymbol{Y}^{\mathrm{T}}\boldsymbol{B}\boldsymbol{Y}$ 也不是正定的. □

结合例 5,有

定理 9.9 设 $f(x_1,x_2,\cdots,x_n)=\boldsymbol{X}^{\mathrm{T}}\boldsymbol{A}\boldsymbol{X}$ 是 n 元实二次型(其中 $\boldsymbol{A}^{\mathrm{T}}=\boldsymbol{A}$),$\boldsymbol{X}^{\mathrm{T}}\boldsymbol{A}\boldsymbol{X}$ 是正定的充分必要条件是它的正惯性指数等于 n.

定理 9.9 的矩阵形式是

定理 9.9′ $n\times n$ 实对称矩阵 $\boldsymbol{A}$ 是正定的充分必要条件是 $\boldsymbol{A}$ 合同于 $\boldsymbol{E}_n$.

例 7 证明：$n\times n$ 实对称矩阵 A 是正定的，则 $|A|>0$.

证明 A 是正定的，则存在 $C\in \mathrm{Mat}_{n\times n}(\mathbf{R})$，并且 C 是可逆的，使 $C^{\mathrm{T}}AC=E_n$. 于是

$$1=|E_n|=|C^{\mathrm{T}}AC|=|C^{\mathrm{T}}||A||C|=|C^{\mathrm{T}}||C||A|=|C|^2|A|,$$

因为 C 是可逆的实矩阵，$|C|$ 是正实数，有 $|C|^2>0$，故 $|A|>0$. □

（注① 本例的逆命题不成立，试研究三元二次型 $y_1^2-y_2^2-y_3^2$. ② 本例说明了两个合同的矩阵的行列式同正，同负，同为零.）

定义 9.11 $n\times n$ 矩阵 A 的 m 阶顺序主子矩阵的行列式称为 A 的 m 阶顺序主子式.

一个 $n\times n$ 实对称矩阵 A 有 n 个顺序主子式，n 阶顺序主子式就是 $|A|$.

由例 6 和例 7 有，如果 $n\times n$ 矩阵 A 是正定的，则 A 的各阶顺序主子式都大于零. 这个命题的逆命题也是成立的.

定理 9.10 设 A 是一个 $n\times n$ 实对称矩阵，则 A 是正定的充分必要条件是 A 的各阶顺序主子式都大于零.

例 8 判定二次型 $f(x_1,x_2,x_3)=5x_1^2-4x_1x_2-4x_1x_3+6x_2^2+4x_3^2$，是否正定.

解 f 的矩阵是 $A=\begin{bmatrix}5&-2&-2\\-2&6&0\\-2&0&4\end{bmatrix}$，$A$ 的顺序主子式（有 3 个）是 $|5|>0$，$\begin{vmatrix}5&-2\\-2&6\end{vmatrix}=26>0$，$\begin{vmatrix}5&-2&-2\\-2&6&0\\-2&0&4\end{vmatrix}=80>0$，因此 f 是正定的. □

5.3* 定理 9.10 的证明

该定理的必要性已经证明，现在证明充分性，即证明：如果 $n\times n$ 实对称矩阵 A 的各阶顺序主子式都大于零，则 $X^{\mathrm{T}}AX$ 正定. 我们采用数学归纳法.

$n=1$ 时，结论当然成立.

现在假定当$(n-1)$时结论成立.

设 $f(x_1,x_2,\cdots,x_n)$是一个 n 元的实二次型,并且用对称形式(9.4)式表示它.为了利用归纳假定,写成

$$
\begin{aligned}
&f(x_1,x_2,\cdots,x_n)\\
&=g(x_1,x_2,\cdots,x_{n-1})+\left(\sum_{i=1}^{n-1}(a_{in}+a_{ni})x_ix_n\right)+a_{nn}x_n^2.
\end{aligned}
$$

其中

$$
g(x_1,x_2,\cdots,x_{n-1})=\sum_{i=1}^{n-1}\sum_{j=1}^{n-1}a_{ij}x_ix_j,
$$

这是一个 $n-1$ 元实二次型,它的矩阵是 f 的矩阵 $\boldsymbol{A}$ 的$(n-1)$阶顺序主子矩阵 $\boldsymbol{A}_1$. $\boldsymbol{A}_1$ 的 m 阶顺序主子式就是 $\boldsymbol{A}$ 的 m 阶顺序主子式$(m=1,2,\cdots,n-1)$,因此 $\boldsymbol{A}_1$ 的各阶顺序主子式都大于零,由归纳假定 $\boldsymbol{A}_1$ 正定.于是通过一个实的非退化的线性变换把 $g(x_1,x_2,\cdots,x_{n-1})$变成规范形 $y_1^2+y_2^2+\cdots+y_{n-1}^2$,这个非退化的线性变换可以表示成

$$
\begin{bmatrix}x_1\\x_2\\\vdots\\x_{n-1}\end{bmatrix}=\boldsymbol{C}_2\begin{bmatrix}y_1\\y_2\\\vdots\\y_{n-1}\end{bmatrix}\tag{9.27}
$$

其中 $\boldsymbol{C}_2$ 是一个$(n-1)\times(n-1)$实可逆矩阵.令 $x_n=y_n$,连同(9.27)式,组成一个对于 $f(x_1,x_2,\cdots,x_n)$的非退化的线性变换(其矩阵是 $\boldsymbol{C}_1=\begin{bmatrix}\boldsymbol{C}_2&\boldsymbol{O}\\\boldsymbol{O}&1\end{bmatrix}$,这是一个 $n\times n$ 矩阵并且$|\boldsymbol{C}_1|=1\times|\boldsymbol{C}_2|\neq0$.注意到这变换把 x_i 变成关于 $y_1,y_2,\cdots,y_{n-1}$的一次齐次多项式,$i=1,2,\cdots n-1$),它把 f 变成形为

$$
y_1^2+y_2^2+\cdots+y_{n-1}^2+\left(\sum_{i=1}^{n-1}(b_{in}+b_{ni})y_iy_n\right)+a_{nn}y_n^2
$$

的 n 元二次型,其中 $b_{in}=b_{ni}$,通过配方得

$$
\sum_{i=1}^{n-1}(y_i+b_{in}y_n)^2+a_{nn}{y_n}^2-\sum_{i=1}^{n-1}{b_{in}}^2{y_n}^2.\tag{9.28}
$$

记 $b=a_{nn}-\sum\limits_{i=1}^{n-1}b_{in}$. 经过非退化的线性变换

$$
y_n=z_n,\quad y_i=z_i-b_{in}z_n\quad(i=1,2,\cdots,n-1),
$$

(9.28)式变成

$$
{z_1}^2+{z_2}^2+\cdots+{z_{n-1}}^2+b{z_n}^2,
$$

其矩阵是 $\boldsymbol{B}=\text{diag}(1,1,\cdots,1,b)$. 由例 7 的注，因为 $|\boldsymbol{A}|>0$，所以 $b=|\boldsymbol{B}|>0$. 因此 $f(x_1,x_2,\cdots,x_n)$ 的正惯性指数是 n，故 f 是正定的. □

习题 9.5

1. 正定的 $n\times n$ 矩阵是不是都是可逆的？是不是都互相合同？

2. 设 $\boldsymbol{A}$ 是 $n\times n$ 正定矩阵，证明：$\boldsymbol{A}^6,\boldsymbol{A}^7$ 也都是正定的.

3. 设 $\boldsymbol{A}$ 是 $n\times n$ 正定矩阵，证明：$\boldsymbol{A}^{-1}$ 也是正定的.

4. 设 $\boldsymbol{A},\boldsymbol{B}$ 是 $n\times n$ 正定矩阵，证明：$\boldsymbol{A}+\boldsymbol{B}$ 也是正定的.

5. 判断下列实二次型是否正定.

1) $f(x_1,x_2,x_3)=5x_1^2+4x_1x_2-8x_1x_3+x_2^2-4x_2x_3+5x_3^2$，

2) $f(x_1,x_2,x_3)=x_1^2+4x_1x_2-4x_1x_3-2x_2^2-4x_2x_3+x_3^2$.

6. 设抛物线 $y=ax^2+bx+c$ 开口向上并且与 x 轴不相交，证明：三元实二次型 $f(x_1,x_2,x_3)=x_1^2+ax_2^2+2bx_2x_3+4cx_3^2$ 是正定的.

7. 设 $\boldsymbol{A}$ 是实对称矩阵，证明：如果 $|\boldsymbol{A}|<0$，则存在 $\alpha\in\mathbf{R}^n$，使 $\alpha^{\mathrm{T}}\boldsymbol{A}\alpha<0$.

§6　实对称矩阵的对角化

本节中，我们在实数域中讨论.

定理 9.11　设 $\boldsymbol{A}$ 是 $\mathbf{R}$ 上 $n\times n$ 矩阵，设 λ_1,λ_2 是 $\boldsymbol{A}$ 的两个不同的实特征值，设 $\alpha_1,\alpha_2\in\mathbf{R}^n$，分别是 $\boldsymbol{A}$ 的属于 λ_1,λ_2 的(实)特征向量，则 α_1,α_2 正交.

证明　我们知道 $(\alpha_1,\alpha_2)=\alpha_1{}^{\mathrm{T}}\alpha_2$，则

$$(\alpha_1,\boldsymbol{A}\alpha_2)=\alpha_1{}^{\mathrm{T}}(\boldsymbol{A}\alpha_2)=\alpha_1{}^{\mathrm{T}}\boldsymbol{A}\alpha_2,$$

$$(\boldsymbol{A}\alpha_1,\alpha_2)=(\boldsymbol{A}\alpha_1)^{\mathrm{T}}\alpha_2=\alpha_1{}^{\mathrm{T}}\boldsymbol{A}^{\mathrm{T}}\alpha_2=\alpha_1{}^{\mathrm{T}}\boldsymbol{A}\alpha_2,$$

另一方面

$$(\alpha_1,\boldsymbol{A}\alpha_2)=(\alpha_1,\lambda_2\alpha_2)=\lambda_2\alpha_1{}^{\mathrm{T}}\alpha_2,$$

$$(\boldsymbol{A}\alpha_1,\alpha_2)=(\lambda_1\alpha_1,\alpha_2)=\lambda_1\alpha_1{}^{\mathrm{T}}\alpha_2,$$

综合以上四式，由 $\lambda_1\neq\lambda_2$ 得 $(\alpha_1,\alpha_2)=0$，因此 α_1 与 α_2 正交.

我们知道一个 $n\times n$ 矩阵未必能相似于一个对角矩阵，但是对

实对称矩阵有：

定理 9.12 设 A 是一个 $n\times n$ 实对称矩阵，则存在一个正交矩阵 P，使 $P^{T}AP=P^{-1}AP$ 是一个实对角矩阵 $\mathrm{diag}(\lambda_1,\lambda_2,\cdots,\lambda_n)$.

这个定理的证明很长，我们在下节中证明. 现在来说明怎样求定理中的正交矩阵.

定理 9.12 说明实对称矩阵必可对角化. 如果 $\mu_1,\mu_2,\cdots,\mu_s$ 是 A 的特征多项式 $|\lambda E_n-A|$ 的所有的实根，$(\mathrm{I})'_j$ 是属于的 μ_j 的特征子空间一个标准正交基，则把 $(\mathrm{I})'_1,(\mathrm{I})'_2,\cdots,(\mathrm{I})'_s$ 合并后得到的向量组，记为 $(\mathrm{III})'$，由第 7 章定理 7.5，$(\mathrm{III})'$ 必含有 n 个向量. 记 $(\mathrm{III})'$ 为 $\{\beta_1,\beta_2,\cdots,\beta_n\}$. 由定理 9.11，$(\mathrm{III})'$ 是一个正交向量组，并且每一个向量的长度是 1，因此 $(\mathrm{III})'$ 是 $\mathbf{R}^n$ 的一个标准正交基，矩阵 $(\beta_1,\beta_2,\cdots,\beta_n)$ 是一个正交矩阵，并且 β_j 都是 A 的特征向量. 于是已知一个实对称矩阵 A，要求定理 9.12 中的正交矩阵 P，只要在第 7 章的 3.3 节的步骤中由每一个 μ_j 对应的齐次线性方程组 $(\mu_j E_n-A)X=o$ 的一个基础解系 $(\mathrm{I})_j$，用 Schmidt 正交化方法求得齐次线性方程组的解空间（它是 $\mathbf{R}^n$ 的一个子空间）的一个标准正交基 $(\mathrm{I})'_j$，在后面的步骤中用 $(\mathrm{I})'_j$，代替 $(\mathrm{I})_j$，即可.

例 9 设 $A=\begin{bmatrix}1&2&2\\2&1&2\\2&2&1\end{bmatrix}$，求正交矩阵 P，使 $P^{-1}AP$ 是对角矩阵.

解 A 的特征多项式是 $|\lambda E_3-A|=\begin{vmatrix}\lambda-1&-2&-2\\-2&\lambda-1&-2\\-2&-2&\lambda-1\end{vmatrix}=(\lambda+1)^2(\lambda-5)$，故 A 的全部特征值是 $\lambda_1=5,\lambda_2(=\lambda_3)=-1$.

用行的初等变换将齐次线性方程组 $(\lambda_1E_3-A)X=o$ 的系数矩阵化成行最简形，得到它的一个基础解系：$\{\eta_1=\begin{bmatrix}1\\1\\1\end{bmatrix}\}$.

（现在进行单位化）因为$(\eta_1,\eta_1)=3$，取 $\boldsymbol{\beta}_1=\frac{1}{\sqrt{3}}\boldsymbol{\eta}_1$，则$\{\boldsymbol{\beta}_1\}$是 $\boldsymbol{A}$ 的属于 5 的特征子空间的一个标准正交基.

将齐次线性方程组$(\lambda_2\boldsymbol{E}_3-\boldsymbol{A})\boldsymbol{X}=\boldsymbol{o}$ 的系数矩阵化成行最简形，得它的一个基础解系：$\{\boldsymbol{\eta}_2=\begin{bmatrix}-1\\0\\1\end{bmatrix},\boldsymbol{\eta}_3=\begin{bmatrix}-1\\1\\0\end{bmatrix}\}$.

（现在进行 Schmidt 正交化过程）取

$$\boldsymbol{\alpha}_2=\boldsymbol{\eta}_2,\qquad \boldsymbol{\alpha}_3=\boldsymbol{\eta}_3-\frac{(\boldsymbol{\eta}_3,\boldsymbol{\alpha}_2)}{(\boldsymbol{\alpha}_2,\boldsymbol{\alpha}_2)}\boldsymbol{\alpha}_2=\frac{1}{2}\begin{bmatrix}-1\\2\\-1\end{bmatrix},$$

$$\boldsymbol{\beta}_2=\frac{1}{\sqrt{2}}\boldsymbol{\alpha}_2,\quad \boldsymbol{\beta}_3=\frac{2}{\sqrt{6}}\boldsymbol{\alpha}_3,$$

则$\{\boldsymbol{\beta}_2,\boldsymbol{\beta}_3\}$是 $\boldsymbol{A}$ 的属于-1 的特征子空间的一个标准正交基.

令

$$\boldsymbol{P}=(\boldsymbol{\beta}_1,\boldsymbol{\beta}_2,\boldsymbol{\beta}_3)=\begin{bmatrix}\frac{1}{\sqrt{3}} & -\frac{1}{\sqrt{2}} & -\frac{1}{\sqrt{6}}\\ \frac{1}{\sqrt{3}} & 0 & \frac{2}{\sqrt{6}}\\ \frac{1}{\sqrt{3}} & \frac{1}{\sqrt{2}} & -\frac{1}{\sqrt{6}}\end{bmatrix},$$

则 $\boldsymbol{P}$ 是一个正交矩阵，并且 $\boldsymbol{P}^{-1}\boldsymbol{A}\boldsymbol{P}=\mathrm{diag}(5,-1,-1)$. □

设 $\boldsymbol{X}^{\mathrm{T}}\boldsymbol{A}\boldsymbol{X}$ 是一个实二次型，其中 $\boldsymbol{A}$ 是一个实对称矩阵. 取 $\boldsymbol{X}=\boldsymbol{P}\boldsymbol{Y}$，其中 $\boldsymbol{P}$ 是定理中的正交矩阵（注意到正交矩阵必定是可逆的），定理 9.12 还说明，经过这个非退化的线性变换将 $\boldsymbol{X}^{\mathrm{T}}\boldsymbol{A}\boldsymbol{X}$ 变成以 $\mathrm{diag}(\lambda_1,\lambda_2,\cdots,\lambda_n)$为矩阵的二次型，即

$$\lambda_1y_1^2+\lambda_2y_2^2+\cdots+\lambda_ny_n^2. \tag{9.29}$$

线性变换 $\boldsymbol{X}=\boldsymbol{P}\boldsymbol{Y}$，其中 $\boldsymbol{P}$ 是正交矩阵，也叫正交的线性变换.

例 10 设 $f(x_1,x_2,x_3)=x_1^2+4x_1x_2+4x_1x_3+x_2^2+4x_2x_3+x_3^2$ 是一个三元实二次型. 试用正交的线性变换将其变成标准形.

解 这个实二次型的矩阵是$\begin{bmatrix}1&2&2\\2&1&2\\2&2&1\end{bmatrix}$.重复例 9 的过程,得

正交矩阵 $\boldsymbol{P}=\begin{bmatrix}\frac{1}{\sqrt{3}}&-\frac{1}{\sqrt{2}}&-\frac{1}{\sqrt{6}}\\\frac{1}{\sqrt{3}}&0&\frac{2}{\sqrt{6}}\\\frac{1}{\sqrt{3}}&\frac{1}{\sqrt{2}}&-\frac{1}{\sqrt{6}}\end{bmatrix}$,令 $\boldsymbol{X}=\boldsymbol{PY}$,这是一个正交的线性变换,经过它,原二次型变成标准形 $5y_1^2-y_2^2-y_3^2$. □

注意到(9.29)式中的 $\lambda_1,\lambda_2,\cdots,\lambda_n$ 是 $\boldsymbol{A}$ 的全部特征值,因此

推论 9.2 设 $\boldsymbol{A}$ 是实对称矩阵,二次型 $\boldsymbol{X}^{\mathrm{T}}\boldsymbol{AX}$ 是正定的充分必要条件是 $\boldsymbol{A}$ 的特征值都是正的.

习题 9.6

1. 求正交矩阵 $\boldsymbol{P}$,使 $\boldsymbol{P}^{-1}\boldsymbol{AP}$ 是对角矩阵.

1) $\boldsymbol{A}=\begin{bmatrix}2&-2&0\\-2&1&-2\\0&-2&0\end{bmatrix}$ 2) $\boldsymbol{A}=\begin{bmatrix}2&2&-2\\2&5&-4\\-2&-4&5\end{bmatrix}$

2. 试用正交的线性变换将实三元二次型 $x_1^2-4x_1x_2+4x_1x_3-2x_2^2+8x_2x_3-2x_3^2$ 变成标准形.

§7 定理 9.12 的证明

7.1 实对称矩阵的特征值

现在我们在复数域中讨论.

设 $\boldsymbol{A}=(a_{ij})$是一个 $m\times n$ 复矩阵,以 $\boldsymbol{A}$ 的每一个元素的共轭复数排成的 $m\times n$ 矩阵$(\overline{a_{ij}})$记为 $\overline{\boldsymbol{A}}$,$\overline{\boldsymbol{A}}$ 的转置记为 $\boldsymbol{A}^{\mathrm{H}}$.

例 11 设 $\alpha=\begin{bmatrix}a_1\\a_2\\\vdots\\a_n\end{bmatrix}\in\mathbf{C}^n$，则 $\bar{\alpha}=\begin{bmatrix}\bar{a}_1\\\bar{a}_2\\\vdots\\\bar{a}_n\end{bmatrix}$，$\alpha^{\mathrm{H}}=(\bar{a}_1\ \bar{a}_2\cdots\ \bar{a}_n)$.

$\alpha^{\mathrm{H}}\alpha=a_1\bar{a}_1+a_2\bar{a}_2+\cdots+a_n\bar{a}_n$ 是一个非负实数，并且 $\alpha=\boldsymbol{o}$ 的充分必要条件是 $\alpha^{\mathrm{H}}\alpha=0$.

经计算，不难得到：设 $A\in\mathrm{Mat}_{n\times m}(\mathbf{C})$，$B\in\mathrm{Mat}_{m\times s}(\mathbf{C})$，$k\in\mathbf{C}$. 则① $(AB)^{\mathrm{H}}=B^HA^H$. ② $(kA)^{\mathrm{H}}=\bar{k}A^{\mathrm{H}}$. ③ A 是实对称矩阵充分必要条件是 $\bar{A}=A$.

设 B 是一个 $n\times n$ 实矩阵，则它的特征多项式 $g(\lambda)=|\lambda E_n-B|$ 是一个实系数的 n 次多项式，它必有 n 个复根（重根按重数计算），一般地，这些复根不都是实数. 如果 λ_0 是 $g(\lambda)$ 的一个不是实数的复根，则齐次线性方程组 $(\lambda_0E_n-B)X=\boldsymbol{o}$ 的系数矩阵中的元素有不是实数的复数，方程组也许没有实分量的非零解. 但是有：

定理 9.13 设 A 是一个 $n\times n$ 实对称矩阵，则 $f(\lambda)=|\lambda E_n-A|$ 的 n 个根全都是实数.

证明 设 λ_0 是 $|\lambda E_n-A|$ 的一个复根，$\alpha\in\mathbf{C}^n$ 是 $(\lambda E_n-A)X=\boldsymbol{o}$ 的一个非零解，则 $A\alpha=\lambda_0\alpha$.

$$\alpha^{\mathrm{H}}A\alpha=\alpha^{\mathrm{H}}(\lambda_0\alpha)=\lambda_0(\alpha^{\mathrm{H}}\alpha),$$
$$(A\alpha)^{\mathrm{H}}\alpha=(\lambda_0\alpha)^{\mathrm{H}}\alpha=\bar{\lambda}_0\alpha^{\mathrm{H}}\alpha,$$

另一方面

$$(A\alpha)^{\mathrm{H}}\alpha=\alpha^{\mathrm{H}}A^{\mathrm{H}}\alpha=\alpha^{\mathrm{H}}A\alpha,$$

因此

$$\lambda_0\alpha^{\mathrm{H}}\alpha=\bar{\lambda}_0\alpha^{\mathrm{H}}\alpha;$$

又 $\alpha^{\mathrm{H}}\alpha\neq0$，故 $\lambda_0=\bar{\lambda}_0$，所以 $\lambda_0\in\mathbf{R}$. □

设 λ_0 是实对称矩阵 A 的一个特征值，则齐次线性方程组 $(\lambda_0E_n-A)\alpha=\boldsymbol{o}$ 的系数矩阵是一个实矩阵，解这个方程组可以在实数域中进行,因此必定能得到一个所有的分量都是实数的非零解,即存在 $\alpha\in\mathbf{R}^n$,使 $A\alpha=\lambda_0\alpha$.

推论 9.3 实对称矩阵必有实特征值 λ_0 和属于 λ_0 的实特征向量.

7.2 定理 9.12 的证明

证明 我们对 n 应用数学归纳法.

当 $n=1$,结论当然成立.假定当 $n=m$ 时结论成立.

当 $n=m+1$ 时:

① 由推论 9.3,有实特征值 λ_{m+1} 和属于 λ_{m+1} 的实特征向量 α_{m+1},将 α_{m+1} 单位化得 η_{m+1},η_{m+1} 也是属于 λ_{m+1} 的特征向量,将 $\{\eta_{m+1}\}$ 扩充成 $\mathbf{R}^{m+1}$ 的一个标准正交基 $\{\eta_1,\eta_2,\cdots,\eta_m,\eta_{m+1}\}$,令 $\boldsymbol{P}_1=(\eta_1,\eta_2,\cdots,\eta_{m+1})$,则 $\boldsymbol{P}_1$ 是一个 $(m+1)\times(m+1)$ 正交矩阵.

② $\boldsymbol{G}=\boldsymbol{P}_1^{\mathrm{T}}\boldsymbol{A}\boldsymbol{P}_1=\boldsymbol{P}_1^{-1}\boldsymbol{A}\boldsymbol{P}_1=\begin{bmatrix}\boldsymbol{A}_1 & \boldsymbol{O}_{m\times1}\\ \boldsymbol{A}_3 & \lambda_{m+1}\end{bmatrix}$,

其中 $\boldsymbol{A}_1$ 是 $m\times m$ 矩阵,$\boldsymbol{A}_3$ 是 $1\times m$ 矩阵.

③ 因为

$$(\boldsymbol{P}_1^{-1}\boldsymbol{A}\boldsymbol{P}_1)^{\mathrm{T}}=\boldsymbol{P}_1^{\mathrm{T}}\boldsymbol{A}^{\mathrm{T}}(\boldsymbol{P}_1^{-1})^{\mathrm{T}}=\boldsymbol{P}_1^{-1}\boldsymbol{A}(\boldsymbol{P}_1^{\mathrm{T}})^{\mathrm{T}}=\boldsymbol{P}_1^{-1}\boldsymbol{A}\boldsymbol{P}_1,$$

说明 $\boldsymbol{G}$ 是实对称矩阵,于是 $\boldsymbol{A}_3=\boldsymbol{O}_{1\times m}$,$\boldsymbol{A}_1$ 是 $m\times m$ 实对称矩阵.由归纳假设,存在正交矩阵 Q,使 $Q^{\mathrm{T}}A_1Q=Q^{-1}A_1Q$ 是对角矩阵 $\mathrm{diag}(\lambda_1,\lambda_2,\cdots,\lambda_m)$.

④ 取 $\boldsymbol{P}_2=\begin{bmatrix}\boldsymbol{Q} & \boldsymbol{O}_{m\times1}\\ \boldsymbol{O}_{1\times m} & 1\end{bmatrix}$,则

$$\boldsymbol{P}_2^{-1}=\begin{bmatrix}\boldsymbol{Q}^{-1} & \boldsymbol{O}_{m\times1}\\ \boldsymbol{O}_{1\times m} & 1\end{bmatrix}=\begin{bmatrix}\boldsymbol{Q}^{\mathrm{T}} & \boldsymbol{O}_{m\times1}\\ \boldsymbol{O}_{1\times m} & 1\end{bmatrix}=\boldsymbol{P}_2^{\mathrm{T}},$$

故 $\boldsymbol{P}_2$ 是正交矩阵,令 $\boldsymbol{P}=\boldsymbol{P}_1\boldsymbol{P}_2$,则(自己验证)$\boldsymbol{P}$ 也是正交矩阵.

$$\begin{aligned}\boldsymbol{P}^{\mathrm{T}}\boldsymbol{A}\boldsymbol{P}&=\boldsymbol{P}^{-1}\boldsymbol{A}\boldsymbol{P}=(\boldsymbol{P}_1\boldsymbol{P}_2)^{-1}\boldsymbol{A}(\boldsymbol{P}_1\boldsymbol{P}_2)=\boldsymbol{P}_2^{-1}\boldsymbol{P}_1^{-1}\boldsymbol{A}\boldsymbol{P}_1\boldsymbol{P}_2=\boldsymbol{P}_2^{-1}\boldsymbol{G}\boldsymbol{P}_2\\&=\begin{bmatrix}\boldsymbol{Q}^{-1} & \boldsymbol{O}_{m\times1}\\ \boldsymbol{O}_{1\times m} & 1\end{bmatrix}\begin{bmatrix}\boldsymbol{A}_1 & \boldsymbol{O}_{m\times1}\\ \boldsymbol{O}_{1\times m} & \lambda_{m+1}\end{bmatrix}\begin{bmatrix}\boldsymbol{Q} & \boldsymbol{O}_{m\times1}\\ \boldsymbol{O}_{1\times m} & 1\end{bmatrix}\\&=\begin{bmatrix}\boldsymbol{Q}^{-1}\boldsymbol{A}_1\boldsymbol{Q} & \boldsymbol{O}_{m\times1}\\ \boldsymbol{O}_{1\times m} & \lambda_{m+1}\end{bmatrix}\\&=\mathrm{diag}(\lambda_1,\lambda_2,\cdots,\lambda_n).\end{aligned}$$

□

后　记

高等代数是数学专业的重要基础课.它是初等代数的继续,也是现代数学的所有分支及其他学科的必备的基础.因而,学好高等代数至关重要.本书是为五年制师范理科专业编写的教材.本书有两个特点：一是以学生易于接受的线性方程组的消元解法开始,并贯穿和展开全书的内容,二是采用归纳法定义行列式并以此推导行列式的理论,这样做,使学生更容易理解和接受行列式的知识.

本书是根据江苏省五年制师范理科专业高等代数的课程方案编写的.针对学生的特点和学时的限制,我们对课程的内容作了一些调整.为保持内容的完整性,一些章节打"*"号作为选学内容,部分定理的证明以小字排出也作为选学内容.尽管如此,教师在使用本书时,仍可根据情况,对内容作进一步的取舍.

由于编写时间的限制,本书一定会有许多不足之处,有待进一步修改和完善,敬请读者提出宝贵意见.

编　者

1999年7月于苏州大学